CorelDRAW X7
中文版标准教程

时代印象◎编著

人民邮电出版社

北　京

图书在版编目（CIP）数据

CorelDRAW X7中文版标准教程 / 时代印象编著. --
北京 : 人民邮电出版社, 2015.11(2019.3重印)
ISBN 978-7-115-39970-0

Ⅰ. ①C… Ⅱ. ①时… Ⅲ. ①图形软件—教材 Ⅳ.
①TP391.41

中国版本图书馆CIP数据核字(2015)第163454号

内 容 提 要

本书是一本全面介绍中文版 CorelDRAW X7 使用方法及应用的学习教程。本书完全针对零基础读者开发，是入门级读者快速、全面掌握 CorelDRAW X7 的优秀参考书。

全书共 14 章，分别介绍了 CorelDRAW X7 的基础知识、工作环境、操作和管理对象、绘制图形、填充图形、编辑图形、文本处理、表格的绘制和操作、特殊效果、图层、样式、模板、位图处理、滤镜的应用、管理文件和打印等内容。本书内容全面，文字通俗易懂，技法与实例结合，读者可以通过本书快速掌握 CorelDRAW X7 的使用方法。

为了方便读者的学习和工作，本书还给读者提供了相关的学习资源和素材资源。读者可以通过在线下载的方式获得本书所有案例的源文件和素材文件，以及视频教学录像和 PPT 教学课件。扫描封底"资源下载"二维码即可获得下载方法，如需资源下载技术支持，请致函 szys@ptpress.com.cn。

本书可作为高等院校设计专业计算机辅助设计课程的教材。另外，本书也非常适合其他相关培训班及广大自学人员阅读参考。

◆ 编　　著　　时代印象
　　责任编辑　　张丹丹
　　责任印制　　程彦红

◆ 人民邮电出版社出版发行　　北京市丰台区成寿寺路 11 号
　　邮编　100164　　电子邮件　315@ptpress.com.cn
　　网址　http://www.ptpress.com.cn
　　固安县铭成印刷有限公司印刷

◆ 开本：787×1092　1/16
　　印张：22.5
　　字数：680 千字　　　　　　　　2015 年 11 月第 1 版
　　印数：5 101 – 5 700 册　　　　2019 年 3 月河北第 7 次印刷

定价：49.00 元

读者服务热线：(010)81055410　印装质量热线：(010)81055316
反盗版热线：(010)81055315

前 言

CorelDRAW是由Corel公司开发的专业矢量设计软件，主要应用于相关设计领域，是目前主流的设计软件之一。CorelDRAW功能强大，自诞生以来就一直受到平面设计师的喜爱，并被广泛运用于平面设计、工业设计、服装设计、插画绘制等领域。CorelDRAW以其独特的功能满足了设计师在图形设计方面的各种需求，因此它在设计领域占据着非常重要的地位，是全球最受欢迎的矢量设计软件之一。

目前，Corel公司发布了最新的CorelDRAW X7版本，在继续保持原有强大功能的基础上，新版本在色彩编辑、绘图造型、描摹、照片编辑和版面设计等方面有了很大增强，可以让设计师更加轻松、快捷地完成设计项目。

作为一本CorelDRAW标准学习教程，本书采用通俗易懂的语言，由浅入深地介绍了CorelDRAW X7的概念、功能和使用方法。读者通过本书的基础功能学习、案例实战操作以及章节后面的练习巩固，可以快速、轻松地掌握CorelDRAW X7的使用方法。

本书共有14章，下面对各章节内容做简要介绍。

第1章：主要介绍CorelDRAW X7的功能特色和应用、软件的安装和卸载方法、在CorelDRAW中获取帮助的方法，以及矢量图和位图的区别。

第2章：主要介绍CorelDRAW X7的工作界面布局、文档的操作方法、设置页面的方法、视图显示控制的方法和辅助绘图工具的使用方法。

第3章：主要讲解对象的操作方法，包括选择对象、复制对象、变换对象、缩放对象、镜像对象、控制对象、对齐对象和分布对象等，在讲解的过程中结合了相应的实例进行操作。

第4章：详细讲解了CorelDRAW X7绘制几何图形、绘制线段、绘制曲线、智能绘图的方法和技巧，这些都是图形设计创作的基本技能。

第5章：详细讲解了填充图形的方法和技巧，包括均匀填充、渐变填充、图样填充、交互式填充等，通过填充可以给图形创造丰富的色彩效果。

第6章：主要介绍了编辑曲线对象、切割图形、修饰图形、编辑轮廓线、重新整形图形、图框精确裁剪对象的操作方法和技巧。

第7章：详细讲解了添加文本、选择文本、设置美术字和文本段落、书写工具、查找和替换文本、编辑和转换文本、图文混排的操作方法。

第8章：主要讲解了绘制表格、编辑表格的操作方法。

第9章：主要介绍了为对象创建和编辑调和效果、轮廓图效果、变形效果、透明度效果、立体化效果和阴影效果等的操作方法，这些交互式效果的应用，可以让图形产生有创意的效果。

第10章：主要介绍了图层、样式和模板的使用方法，这些都是非常实用的管理和设计工具，熟练使用这些工具可以大大提升工作效率。

第11章：讲解CorelDRAW X7中的位图操作，包括导入位图的方法，对位图进行颜色、色调和颜色模式的调整，以及将位图描摹为矢量图的方法。

第12章：讲解各种滤镜效果的应用方法，包括三维效果、艺术笔触效果、模糊效果、颜色变换效果、相机效果和轮廓图效果等，使用滤镜可以使位图产生丰富的效果。

第13章：主要介绍了在CorelDRAW X7中管理和打印文件的方法，同时介绍了印刷方面的知识。

第14章：通过4个不同类型的设计案例来加深和巩固前面所学的软件功能，提高读者的实际操作能力。

对于本书相关章节中的"实例"和"练习"，以及最后的"综合练习实例"，读者可以通过在线下载的方式获取这些案例的源文件和素材文件，另外还可以下载案例的视频教学录像和图书配套的PPT教学课件（扫描封底"资源下载"二维码即可获得下载方法）。下载完成后，读者可随时调用随书练习。

我们衷心地希望能够为广大读者提供力所能及的学习服务，尽可能地帮读者解决一些实际问题，如果读者在学习过程中需要我们的支持，请通过邮箱press@iread360.com与我们取得联系。

编者

2015年6月

目 录

第1章
CorelDRAW X7基础

作为一款专业的矢量设计软件，CorelDRAW具备强大、全面的图形处理功能，成为了应用最为广泛的平面设计软件之一。目前，CorelDRAW X7是该软件的最新版本，本章主要针对CorelDRAW X7的功能特点、应用领域、安装方法、卸载方法，以及在CorelDRAW中获取帮助的方法等内容进行介绍。

学习要点

❖ CorelDRAW X7的功能特色和应用

❖ CorelDRAW X7的安装和卸载方法

❖ 在CorelDRAW X7中获取帮助的方法

❖ 矢量图与位图的区别

1.1　认识CorelDRAW X7

　　CorelDRAW是由加拿大Corel公司开发的一款平面设计软件，目前该软件的最新版本是CorelDRAW X7。在平面设计领域，CorelDRAW一直位居矢量设计软件的领导地位，深受广大用户的好评。设计师可以使用CorelDRAW从事多种设计工作，例如，制作矢量图形和动画、进行平面设计和排版、制作网站和网页动画等。

　　CorelDRAW是一套屡获殊荣的图形、图像编辑软件，主要包含两个绘图应用程序：一个用于矢量图和页面设计，另一个用于图像编辑。CorelDRAW给用户提供了强大的交互式工具，使用户可以随意创作出各种出色的设计效果。目前，CorelDRAW在平面设计领域的应用非常广泛，是设计师进行日常工作的必备软件工具。

1.2　CorelDRAW X7的功能特色和应用

　　CorelDRAW是一款通用且强大的图形设计软件，被广泛运用于商标设计、模型绘制、插图绘制、排版设计和网页设计等诸多领域，是设计创意过程中不可或缺的有力助手。

1.2.1　绘制矢量图形

　　CorelDRAW X7在计算机图形领域一直保持着专业的领先地位，尤其是在矢量图形的绘制和编辑方面，是其他同类软件不可比拟的。

　　用CorelDRAW X7绘制的矢量插画具有很强的形式美感，可以分解为层重新编辑，在放大与缩小时仍然清晰无比，如图1-1所示。

图1-1

1.2.2　页面排版

　　由于文字设计在页面排版中非常重要，而CorelDRAW X7的文字设计功能又非常强大，因此设计师经常使用CorelDRAW X7来做单页排版，如图1-2所示。当然，CorelDRAW X7还可以进行多页面排版，如画册设计和杂志内页设计等，如图1-3所示。

图1-2

图1-3

1.2.3 位图处理

作为专业的图像处理软件，CorelDRAW X7针对位图添加了很多新的特效功能，另外还增加了一款辅助软件Corel PHOTO-PAINT X7，在处理位图时可以让特效更全面且丰富，如图1-4所示。

图1-4

1.2.4 色彩处理

在进行图形设计时，CorelDRAW X7提供了很全面的色彩编辑功能，利用各种颜色填充工具或面板，用户可以轻松快捷地为图形编辑丰富的色彩效果，甚至可以进行对象间色彩属性的复制，提高了图形编辑的效率，如图1-5所示。

图1-5

1.2.5 良好的兼容支持

平面图形的设计表现已经成为数字艺术设计中的基本表现方式，美观、优秀的图形视觉效果，可以为信息的传播提供有力支持。CorelDRAW X7除了可以兼容使用多种格式的文件内容外，还支持将编辑好的图形内容以多种方式进行输出发布，例如，可以将绘制好的矢量图形输出为.ai格式的文件，方便在Photoshop、Flash等其他图形编辑软件中导入使用。

1.3 CorelDRAW X7的安装和卸载

在使用CorelDRAW X7之前，首先要做的就是安装CorelDRAW X7，下面就对CorelDRAW X7的安装方法进行详细讲解。由于设计行业对软件的需求很严格，因此建议用户购买官方正版CorelDRAW X7。

1.3.1 安装软件

CorelDRAW X7的安装方法比较简单，请读者根据下面介绍的安装步骤进行操作即可。

第1步：CorelDRAW X7分32位和64位版本，分别对应32位和64位的计算机操作系统。如果计算机采用的是32位操作系统，那就必须安装32位版的CorelDRAW X7。下面以64位版的CorelDRAW X7为例进行介绍。安装时单击安装程序进入安装对话框，等待程序初始化，如图1-6所示。

正在初始化安装程序

请稍候 …

图1-6

技巧与提示

注意，在安装CorelDRAW X7的时候，必须确保没有其他版本的CorelDRAW正在运行，否则将无法正常安装。

第2步：等待初始化完毕以后，进入到用户许可协议界面，然后勾选"我接受该许可证协议中的条款"，接着单击"下一步"按钮 下一步 (N) ，如图1-7所示。

第3步：接受许可协议后，会进入产品注册界面。对于"用户名"选项，可以不用更改，如果已经购买了CorelDRAW X7的正式产品，可以勾选"我有序列号或订阅代码"选项，然后手动输入序列号即可，如果没有序列号或订阅代码，可以选择"我没有序列号，我想试用产品"选项。选择完相应选项以后，单击"下一步"按钮 下一步 (N) ，如图1-8所示。

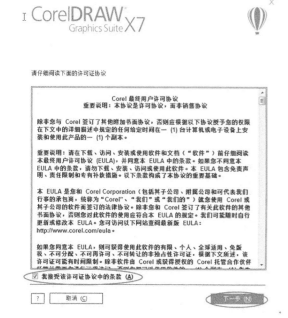

图1-7   图1-8

技巧与提示

如果选择"我没有序列号，我想试用产品"选项，只能对CorelDRAW X7试用30天，30天以后会提醒用户进行注册。

第4步：进入到安装选项界面以后，可以选择"典型安装"或者"自定义安装"两种方式（这里推荐使用"自定义安装"方式），如图1-9所示。然后在打开的界面中勾选想要安装的插件，接着单击"下一步"按钮 下一步 (N)，如图1-10所示。

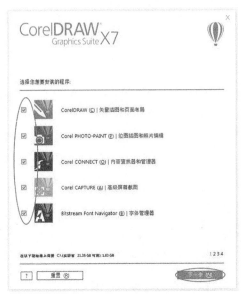

图1-9　　　　　　　　　　　　　　　　　图1-10

技巧与提示

注意，所选择的安装盘必须要预留足够的空间，否则安装将会自动终止。

第5步：选择好安装方式以后，在打开的界面中根据自己的需要更改软件的安装路径，如图1-11所示，然后单击"立即安装"按钮 立即安装 (I)，软件会自动进行安装。安装完成后，单击"完成"按钮 完成 (F)，退出安装界面，如图1-12所示。

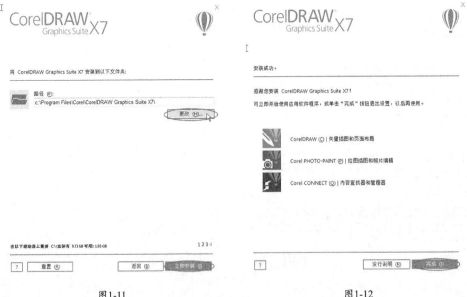

图1-11　　　　　　　　　　　　　　　　　图1-12

第6步：单击桌面上的快捷图标，启用CorelDRAW X7，图1-13所示是其启动画面。

图1-13

1.3.2 卸载软件

对于CorelDRAW X7的卸载，可以采用常规卸载方法，也可以采用专业的卸载方法，这里简要介绍一下常规卸载方法。

执行"开始>控制面板"菜单命令，打开"控制面板"对话框，然后双击"添加或删除程序"图标，如图1-14所示，接着在打开的"添加或删除程序"对话框中选择CorelDRAW X7的安装程序，最后进行卸载即可，如图1-15所示。

图1-14

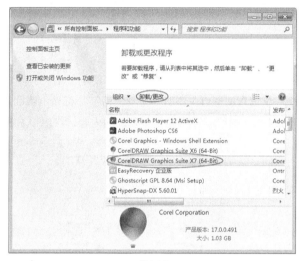

图1-15

1.4 在CorelDRAW X7中获取帮助

CorelDRAW X7在"帮助"菜单中提供了对软件功能和使用方法的详细介绍，可以帮助用户更好地学习该软件，并帮助用户系统地解决实际操作中遇到的问题。

1.4.1 获取帮助

"帮助"菜单主要用于新手入门，以及查看CorelDRAW X7的软件信息，同时还提供了有关CorelDRAW X7的其他信息，如图1-16所示。

图1-16

执行"帮助>产品帮助"菜单命令，CorelDRAW X7将启动浏览器打开Corel的官方网站，并显示"CorelDRAW X7帮助"内容网页，如图1-17所示。

图1-17

单击帮助窗口左侧的"目录"标签，可显示帮助主题中列出的目录。单击目录左侧的■按钮，可以展开该目录的下一级目录。单击需要帮助的内容，在窗口右侧会显示该内容的具体细节，如图1-18所示。

图1-18

1.4.2 提示

执行"帮助>提示"菜单命令，打开"提示"面板，该面板提供了各种工具的使用信息。当在工具箱中选择一个工具后，"提示"面板中将显示该工具的使用方法。选择不同工具时，"提示"面板中的提示信息也将会不同，如图1-19所示。

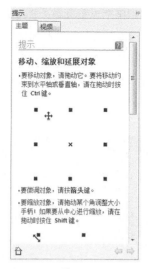

图1-19

1.4.3 快速开始指南

执行"帮助>快速开始指南"菜单命令，打开快速入门指南网页，这里包含了对CorelDRAW X7各项功能的使用方法和编辑技巧的详细介绍，可以作为用户学习和查询的参考，如图1-20所示。

图1-20

1.5 矢量图与位图

在CorelDRAW X7中，可以进行编辑的图像包含矢量图和位图。在特定情况下，两者可以进行互相转换，但是转换后的对象与原图有一定的偏差。

1.5.1 矢量图

CorelDRAW X7主要以矢量图形为基础进行创作，矢量图也称为"矢量形状"或"矢量对象"，在数学上定义为"一系列由线连接的点"。矢量文件中每个对象都是一个自成一体的实体，它具有颜色、形状、轮廓、大小和屏幕位置等属性，可以直接进行轮廓修饰、颜色填充和效果添加等操作。

矢量图与分辨率无关，因此在进行任意移动或修改时都不会丢失细节或影响其清晰度。当调整矢量图形的大小、将矢量图形打印到任何尺寸的介质上、在PDF文件中保存矢量图形或将矢量图形导入到基于矢量的图形应用程序中时，矢量图形都将保持清晰的边缘。打开一个矢量图形文件，如图1-21所示，将其放大，图像上不会出现锯齿（通常称为"马赛克"），如图1-22所示。

图1-21

图1-22

1.5.2　位图

位图也称为"栅格图像"，位图由众多像素组成，每个像素都会被分配一个特定位置和颜色值。在编辑位图图像时，只能针对图像像素而无法直接编辑形状或填充颜色。将位图放大后，图像会"发虚"，并且可以清晰地观察到图像中有很多像素小方块，这些小方块就是构成图像的像素。打开一张位图图像，如图1-23所示，将其放大就会出现马赛克现象，如图1-24所示。

图1-23

图1-24

第2章
CoreIDRAW X7的工作环境

一直以来，CorelDRAW X7都是平面设计师的必备软件工具之一，正确、合理地使用CorelDRAW X7可以创作出非常优秀的设计作品。在学习CorelDRAW X7的使用方法之前，一定要先熟悉它的工作环境，掌握文件、视图的基本操作，以及常用辅助工具的使用方法。

学习要点

❖ CorelDRAW X7的工作界面
❖ 文档的操作方法
❖ 设置页面的方法
❖ 视图显示控制的方法
❖ 辅助绘图工具的使用

2.1 认识CorelDRAW X7的工作界面

在一般情况下，用户可以采用以下两种方法来启动CorelDRAW X7软件。

第1种：执行"开始>程序>CorelDRAW Graphics Suite X7（64-Bit）"菜单命令，如图2-1所示。

第2种：在计算机桌面上双击CorelDRAW X7的快捷图标，启动软件。

当首次启动CorelDRAW X7后，软件会打开"欢迎屏幕"对话框，如图2-2所示。在"立即开始"对话框中，用户可以快速新建文档，从模板新建文档和打开最近使用过的文档，欢迎屏幕的导航使浏览和查找大量可用资源变得更加容易，包括工作区选择、新增功能、启发用户灵感的作品库、应用程序更新、提示与技巧、视频教程、成员和订阅信息等。

图2-1　　　　　　　　　　　　　　　　　图2-2

技巧与提示

在"欢迎屏幕"对话框的左下角有一个选项，如图2-3所示，关闭其中的"启动时始终显示欢迎屏幕"选项，就可以让软件在启动时不显示"欢迎屏幕"对话框，直接进入软件的工作界面。如果要重新显示"欢迎屏幕"对话框，可以在常用工具栏上单击"欢迎屏幕"按钮。

图2-3

为了方便用户进行高效率的操作，CorelDRAW X7的工作界面布局很人性化。在默认情况下，CorelDRAW

X7的界面组成元素包含标题栏、菜单栏、常用工具栏、属性栏、文档标题栏、工具箱、页面、工作区、标尺、导航器、状态栏、调色板、泊坞窗、视图导航器、滚动条和用户登录，如图2-4所示。

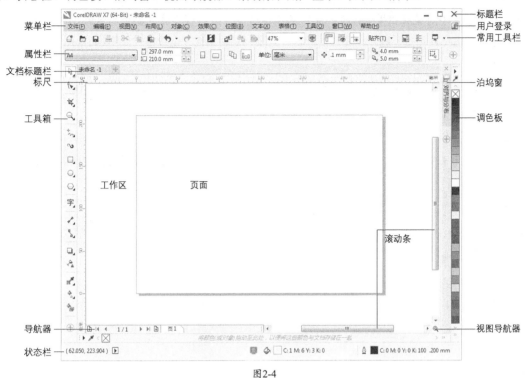

图2-4

2.1.1 标题栏

标题栏位于工作界面的最上方，上面显示软件名称CorelDRAW X7（64-Bit）和当前编辑文档的名称，标题栏的右端还有3个控制按钮，如图2-5所示。当标题显示为黑色时，表示处于激活状态。

图2-5

2.1.2 菜单栏

菜单栏中包含了CorelDRAW X7常用的各种菜单命令，分别是"文件""编辑""视图""布局""对象""效果""位图""文本""表格""工具""窗口"和"帮助"菜单，每个菜单命令下面都分别集成了不同类型的功能命令，如图2-6所示。

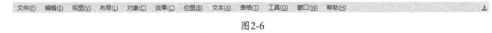

图2-6

1.文件菜单

"文件"菜单可以对文档进行基本操作，选择相应的菜单命令可以进行页面的新建、打开、关闭、保存等操作，也可以进行导入、导出、打印和退出等操作，如图2-7所示。

2.编辑菜单

"编辑"菜单用于对象编辑操作，选择相应的菜单命令可以进行步骤的撤销与重做，可以进行对象的剪切、复制、粘贴、选择性粘贴、删除，还可以再制、克隆、复制属性、全选等，如图2-8所示。

3.视图菜单

"视图"菜单用于文档的视图操作，选择相应的菜单命令可以对文档视图模式进行切换、调整视图预览模式和界面显示操作，如图2-9所示。

4.布局菜单

"布局"菜单用于文本编排时的操作，使用该菜单中的相关命令可以执行页面和页码的基本操作，如图2-10所示。

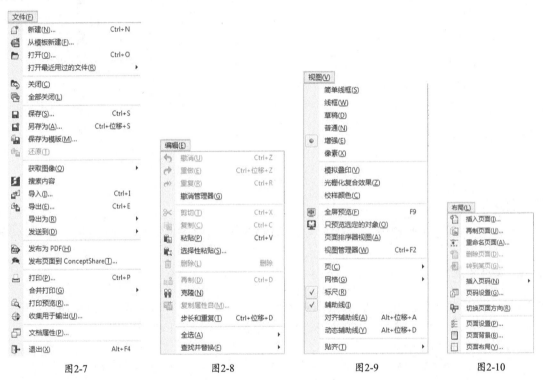

图2-7   图2-8   图2-9   图2-10

5.对象菜单

"对象"菜单用于对象编辑的辅助操作，使用菜单中的相关命令可以进行插入条码、插入QR码、验证条形码、插入新对象、变换、排序等操作，还可以将轮廓转换为对象、链接曲线、叠印填充、叠印轮廓、叠印位图等，如图2-11所示。

6.效果菜单

"效果"菜单主要用于图像的效果编辑，使用其中的命令可以进行位图的颜色校正和矢量图材质效果的加载，如图2-12所示。

7.位图菜单

"位图"菜单可以进行位图的编辑和调整，也可以为位图添加特殊效果，如图2-13所示。

8.文本菜单

"文本"菜单用于文本的编辑和设置，使用其中的命令可以进行文本的段落设置、路径设置和查询操作，如图2-14所示。

图2-11 图2-12 图2-13 图2-14

9.表格菜单

"表格"菜单用于文本中表格的创建和设置,使用其中的命令可以进行表格的创建和编辑,也可以进行文本与表格的转换操作,如图2-15所示。

10.工具菜单

"工具"菜单用于打开样式管理器,以便进行对象的批量处理,如图2-16所示。

11.窗口菜单

"窗口"菜单用于调整窗口文档视图和切换编辑窗口,使用其中的命令可以进行文档窗口的添加、排放和关闭,如图2-17所示。

12.帮助菜单

"帮助"菜单用于新手入门学习和查看CorelDRAW X7软件的信息,如图2-18所示。

图2-15 图2-16 图2-17 图2-18

2.1.3 常用工具栏

"常用工具栏"中包含CorelDRAW X7的常用工具，这些工具以图标按钮的方式呈现，用户直接单击这些按钮即可激活相应的操作，如图2-19所示。

图2-19

2.1.4 属性栏

单击工具箱中的某工具时，"属性栏"中就会显示该工具的属性设置。属性栏在默认情况下为页面属性设置，如图2-20所示。如果单击"工具箱"中的"矩形工具" ⬚，则"属性栏"将显示"矩形工具"的属性设置，如图2-21所示。

图2-20

图2-21

2.1.5 工具箱

"工具箱"中集成了CorelDRAW X7最常用的设计工具，这些设计工具根据用途进行分类，如图2-22所示。按住鼠标左键拖曳工具图标右下角的下拉箭头（ ◢ ），可以打开隐藏的工具组，如图2-23所示，然后单击其中的图标可以进行工具的切换。

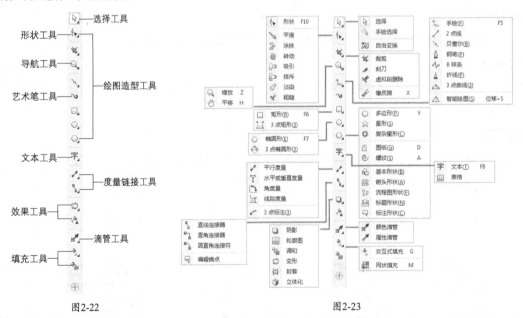

图2-22   图2-23

2.1.6 标尺

标尺可以帮助用户准确地绘制、缩放和对齐对象，执行"视图>标尺"菜单命令，即可显示或隐藏标尺，当"标尺"命令前显示有勾选标记（√）时，表示标尺已显示，反之则被关闭。

2.1.7 绘图页面

工作区中一个常带阴影的矩形，称为绘图页面。用户可以根据实际的尺寸需要，对绘图页面的大小进行调整。在进行图形处理时，可根据纸张大小设置页面大小，同时对象必须放置在页面范围之内，否则无法完全输出。

2.1.8 泊坞窗

泊坞窗主要是用来放置管理器和选项面板的，单击对象激活展开相应选项面板，执行"窗口>泊坞窗"菜单命令，可以添加相应的泊坞窗，如图2-24所示。

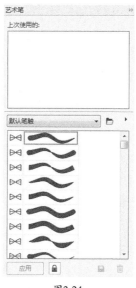

图2-24

2.1.9 调色板

调色板可以方便用户快速进行颜色填充，在色样上单击鼠标左键可以填充对象颜色，单击鼠标右键可以填充轮廓线颜色。

技巧与提示

文档调色板位于导航器下方，显示文档编辑过程中使用过的颜色，方便用户进行文档用色预览和重复填充对象，如图2-25所示。

图2-25

2.1.10 状态栏

状态栏位于工作界面的最下方，用户在绘图过程中，状态栏会显示相应的提示，帮助用户了解对象信息，还可以显示当前鼠标所在位置、文档信息，如图2-26所示。

图2-26

2.2 文档操作和页面设置

在CorelDRAW X7中进行一项新的设计工作之前，新建文件是首先要进行的操作。在新建文件后，用户要根据设计要求、目标用途对默认的页面进行相应的设置，以满足不同的工作要求，这将有利于节省后期制作的时间，减少不必要的工作。

2.2.1 新建和打开文件

启动CorelDRAW X7后，工作界面是浅灰色的，如图2-27所示。

图2-27

1.新建文档

新建文档的方法有以下4种。

第1种：在"常用工具栏"中单击"新建"按钮 ，打开"创建新文档"对话框，如图2-28所示，在该对话框中可以详细设置文档的相关参数。

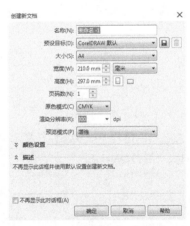

图2-28

第2种：在"欢迎屏幕"对话框中单击"新建文档"或"从模板新建"选项。

第3种：执行"文件>新建"菜单命令或直接按快捷键 Ctrl+N。

第4种：在文档标题栏上单击"新建"按钮 未命名-1 ⊕ （也就是其中的十字符号）。

2.打开文件

如果计算机中有CorelDRAW X7的保存文件，可以采用以下5种方法将其打开，以便继续进行编辑。

第1种：执行"文件>打开"菜单命令，然后在打开的"打开绘图"对话框中找到要打开的CorelDRAW X7文件（标准格式为.cdr），如图2-29所示。在"打开绘图"对话框的右上角单击预览图标按钮 □，还可以查看文件的缩略图效果。

第2种：在"常用工具栏"中单击"打开"按钮 ☎，打开"打开绘图"对话框。

第3种：在"欢迎屏幕"对话框中单击最近使用过的文档（最近使用过的文档会以列表的形式排列在"打开最近用过的文档"下面）。

第4种：在文件夹中找到要打开的CorelDRAW X7文件，然后双击鼠标左键将其打开。

第5种：在文件夹里找到要打开的CorelDRAW X7文件，然后使用鼠标左键将其拖曳到CorelDRAW X7工作界面中的灰色区域，如图2-30所示。

图2-29   图2-30

技巧与提示

注意，使用拖曳方法打开文件时，如果将文件拖曳到非灰色区域，会出现非鼠标指示，提醒用户应拖曳到灰色区域才能将其打开，如图2-31所示。

图2-31

2.2.2 保存和关闭文件

在绘图过程中，为避免文件意外丢失，需要及时将编辑好的文件保存到磁盘中。

1.保存文件

在CorelDRAW X7中，保存文件的方法有3种，具体如下。

第1种：执行"文件>保存"菜单命令，打开"保存绘图"对话框，在"文件名"后面的文本框中输入文件名称，然后选择"保存类型"，接着单击"保存"按钮 保存 ，如图2-32所示。注意，文件进行首次保存才会打开"保存绘图"对话框，以后就可以直接覆盖保存。

图2-32

技巧与提示

如果要将当前文件另存一份，可以执行"文件>另存为"菜单命令，打开"保存绘图"对话框，然后在"文件名"后面的文本框中修改当前文件的名称，接着单击"保存"按钮 保存 ，保存的文件就不会覆盖原文件，如图2-33所示。

如果要把当前文件保存为模板，可以执行"文件>保存为模板"菜单命令，打开"保存绘图"对话框，将文件保存为模板即可。注意，保存为模板时默认保存路径为默认模板位置Corel>Core Content>Templates，"保存类型"为CDT- CorelDRAW Template，如图2-34所示。

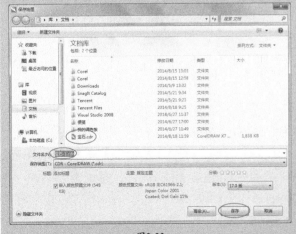

图2-33　　　　　　　　　　　　　　　　　　　　　图2-34

第2种：在"常用工具栏"中单击"保存"按钮 🖬 ，进行快速保存。

第3种：按快捷键Ctrl+S进行快速保存。

技巧与提示

注意，在文档编辑过程中难免会发生断电、死机等意外状况，所以要习惯运用快捷键Ctrl+S随时保存文件。

2.关闭文件

关闭文档的方法有以下两种。

第1种：单击标题栏右端的 × 按钮可以快速关闭文档。在关闭文档时，未进行编辑的文档可以直接关闭，编辑后的文档在关闭时会打开提示用户是否进行保存的对话框，如图2-35所示。单击 取消 按钮将取消关闭，单击 否(N) 按钮表示不保存文档，单击 是(Y) 按钮会打开"保存绘图"对话框。

图2-35

第2种：执行"文件>关闭"菜单命令可以关闭当前编辑文档，执行"文件>全部关闭"菜单命令可以关闭打开的所有文档。如果关闭的文档都编辑过，那么在关闭时会依次打开提醒是否保存的对话框。

2.2.3 设置和切换页面

下面介绍页面尺寸的设置方法和页面的切换方法。

1.设置页面

除了在新建文档时可以设置页面外，还可以在编辑过程中重新设置页面，其设置方法有以下两种。

第1种：执行"布局>页面设置"菜单命令，打开"选项"对话框，如图2-36所示，在该对话框中可以对页面的尺寸和分辨率进行重新设置，在"页面尺寸"选项组下有一个"只将大小应用到当前页面"复选项，如果勾选该复选项，那么所修改的尺寸就只针对当前页面，而不会影响到其他页面。

图2-36

"页面尺寸"参数介绍

* 大小：在该下拉列表中选择需要的预设页面大小样式。

* 宽度/高度：输入数值或选择单位类型，设置需要的尺寸，单击后面的"纵向"按钮，设置页面为纵向，单击"横向"按钮，设置页面为横向。

＊只将大小应用到当前页面：如果当前文件存在多个页面，选中该复选项，可以只对当前页面进行调整。

＊分辨率：输入数值，设置需要的图像渲染分辨率。

＊出血：用于设置页面四周的出血宽度。

＊第2种：单击页面或其他空白处，可以切换到页面的设置属性栏，如图2-37所示。在属性栏中可以对页面的尺寸、方向以及应用方式进行调整。调整相关数值以后，单击"当前页"按钮 可以将设置仅应用于当前页，单击"所有页面"按钮 可以将设置应用于所有页面。

图2-37

"属性栏"参数介绍

＊页面大小 A4 ：用于选择系统预设的页面大小。

＊"纸张宽度"和"纸张高度"数值框：在其中输入所需的页面宽度和高度值，按Enter键即可。

＊"纵向" 和"横向" 按钮：用于设置页面的方向。

2.切换页面

如果需要切换到其他的页面进行编辑，可以单击页面导航器上的页面标签进行快速切换，或者单击 和 按钮进行跳页操作。如果要切换到起始页或结束页，可以单击 按钮和 按钮。

技巧与提示

注意，如果当前文档的页面过多，不好执行页面切换操作，可以在页面导航器的页数上单击鼠标左键，如图2-38所示，然后在弹出的"转到某页"对话框中输入要转到的页码，如图2-39所示。

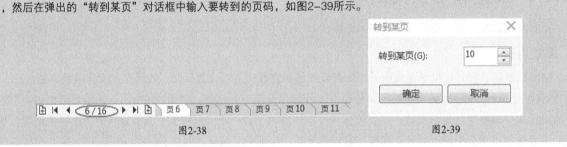

图2-38   图2-39

2.2.4 设置多页文档

如果页面不够，还可以在原有页面上快速添加页面，在页面下方的导航器上有页数显示和添加页面的相关按钮，如图2-40所示，添加页面的方法有以下4种。

图2-40

第1种：单击页面导航器前后的"添加页"按钮 ，可以在当前页的前后添加一个或多个页面。这种方法适用于在当前页前后快速添加多个连续的页面。

第2种：选中要插入页的页面标签，然后单击鼠标右键，接着在弹出的菜单中选择"在后面插入页面"命令或"在前面插入页面"命令，如图2-41所示。注意，这种方法适用于在当前页面的前后添加一个页面。

第3种：在当前页面上单击鼠标右键，然后在打开的菜单中选择"再制页面"命令，打开"再制页面"对话框，如图2-42所示，在该对话框中可以插入页面，同时还可以选择插入页面的前后顺序。另外，如果在插入页面的同时勾选"仅复制图层"单选项，那么插入的页面将保持与当前页面相同的设置，如果勾选"复制图层及其内容"单选项，那么不仅可以复制当前页面的设置，还会将当前页面上的所有内容也复制到插入的页面上。

第4种：在"布局"菜单下执行相关的命令。

图2-41　　　　　　　　　　　图2-42

2.3 视图显示控制

在CorelDRAW X7中，通过选择"视图"菜单中的预览菜单项，用户可以对文件中的所有图形进行预览，也可以选定区域中的对象进行预览，还可以分页预览。

2.3.1 视图的显示模式

"视图"菜单提供了以下6种视图显示模式，如图2-43所示，在更改显示模式时，只是改变了图形在屏幕上的显示方式，而图形的内容没有影响。

图2-43

1.简单线框

执行该命令可以将界面中的对象显示为轮廓线框，在这种视图模式下，矢量图形将隐藏所有效果（渐变、立体等）只是显示轮廓线，如图2-44所示，位图将颜色统一为灰度，如图2-45所示。

图2-44

图2-45

2.线框

    线框模式的显示效果与简单线框显示模式相似，只显示立体模型、轮廓线与中间调和形状，区别在于位图是以单色进行显示。

3.草稿

    执行该命令可以将界面中的对象显示为低分辨率图像，使打开文件和编辑文件的速度变快。在这种模式下，矢量图边线粗糙，填色与效果以基本图案显示，如图2-46所示，位图则会出现明显的马赛克，如图2-47所示。

图2-46

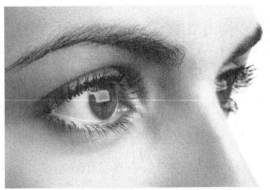

图2-47

4.普通

    执行该命令可以将界面中的对象正常显示（以原本分辨率显示），如图2-48和图2-49所示。

图2-48

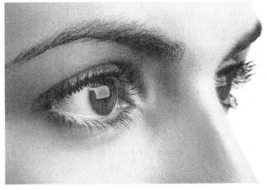

图2-49

5.增强

    执行该命令可以将界面中的对象显示为最佳效果。在这种模式下，矢量图的边缘会尽可能的平滑，图像越复杂，处理时间越长，如图2-50所示，位图以高分辨率显示，如图2-51所示。

图2-50

图2-51

6.像素

执行该命令可以将界面中的对象显示为像素格效果，放大矢量图与位图对象的显示比例可以看见每个像素格，如图2-52和图2-53所示。

图2-52

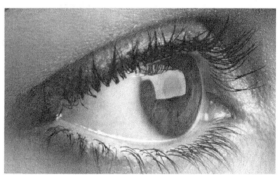

图2-53

2.3.2 使用缩放工具查看对象

在CorelDRAW X7中编辑文件时，经常会将页面进行放大或缩小来查看图像的细节或整体效果。缩放视图的方法有以下3种。

第1种：在工具箱中单击"缩放工具" ，光标会变成 形状，此时在图像上单击鼠标左键，可以放大图像的显示比例。如果要缩小显示比例，则可以单击鼠标右键或按住Shift键，待光标变成 形状后单击鼠标左键，然后进行缩小显示比例操作。

技巧与提示

注意，如果要让所有编辑内容都显示在工作区内，可以直接双击"缩放工具" 。

第2种：单击"缩放工具" ，然后在该工具的属性栏上进行相关操作，如图2-54所示。

图2-54

缩放工具介绍

* 单击"放大"按钮 ，其快捷键为F2，视图放大两倍，按下鼠标右键会缩小为原来的50%显示。

* 单击"缩小"按钮 ，其快捷键为F3，视图缩小为原来的50%显示。

* 单击"缩放选定对象"按钮 ，其快捷键为Shift+F2，会将选定的对象最大化地显示在页面上。

* 单击"缩放全部对象"按钮 ，其快捷键为F4，会将对象全部缩放到页面上，按下鼠标会缩小为原来

的50%显示。

　　＊单击"显示页面"按钮 ，其快捷键为Shift+ F4，会将页面的宽和高最大化地全部显示出来。

　　＊单击"按页宽显示"按钮，会按页面宽度显示，按下鼠标右键会将页面缩小为原来的50%显示。

　　＊单击"按页高显示"按钮，会最大化地将页面高度显示，按下鼠标右键会将页面缩小为原来的50%显示。

技巧与提示

　　注意，在全页面显示或最大化全界面显示时，文档内容并不会紧靠工作区边缘标尺，而是会留出出血范围，方便进行选择编辑和查看边缘。

第3种：滚动鼠标中键（滑轮）进行放大缩小操作，按住Shift键滚动，则可以微调显示比例。

2.3.3 使用"视图管理器"显示对象

打开一个图形文件，然后执行"视图>视图管理器"菜单命令，打开"视图管理器"对话框，如图2-55所示。

图2-55

"视图管理器"的工具介绍

　　＊缩放一次：按快捷键F2并用鼠标左键单击，可以放大一次绘图区域，用鼠标右键单击，可以缩小一次绘图区域。如果在操作过程中一直按住F2键，再用鼠标左键或右键在绘图区域拉出一个区域，可以对该区域进行放大或缩小操作。

　　＊放大：单击该图标可以放大图像。

　　＊缩小：单击该图标可以缩小图像。

　　＊缩放选定对象：单击该图标可以缩放已选定的对象，也可以按快捷键Shift+F2进行操作。

　　＊缩放所有对象：单击该图标可以显示所有编辑对象，快捷键为F4。

　　＊添加当前的视图：单击该图标可以保存当前显示的视图样式。

　　＊删除当前的视图：单击该图标可以删除当前保存的视图样式。

2.4　设置辅助绘图工具

辅助绘图工具用于在图形绘制过程中提供操作参考或辅助作用，可以帮助用户更快捷、更准确地完成操作。CorelDRAW X7中的辅助绘图工具包括标尺、辅助线和网格等，用户可以根据绘图需要，进行应用和设置。

2.4.1 设置辅助线

辅助线是帮助用户进行准确定位的虚线。辅助线可以位于绘图窗口的任何地方，不会在文件输出时显示，用鼠标左键拖曳可以添加或移动平行辅助线、垂直辅助线和倾斜辅助线。

1.显示和隐藏辅助线

在"选项"对话框中选择"文档>辅助线"选项，勾选"显示辅助线"复选项为显示辅助线，反之为隐藏辅助线，为了分辨辅助线，用户还可以设置显示辅助线的颜色，如图2-56所示。

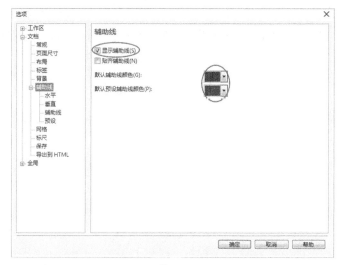

图2-56

"辅助线"工具的参数介绍

＊ 显示辅助线：用于隐藏或显示辅助线。

＊ 贴齐辅助线：选中该复选项后，在页面中移动对象的时候，对象将自动向辅助线靠齐。

＊ "默认辅助颜色"和"默认预设辅助线颜色"：在对应的下拉列表中选择需要的颜色，可以修改辅助线和预设辅助线在绘图窗口中显示的颜色。

2.添加辅助线

添加辅助线的方法有以下两种。

第1种：将光标移动到水平或垂直标尺上，然后按住鼠标左键直接拖曳即可添加辅助线。如果要设置倾斜辅助线，可以选中垂直或水平辅助线，然后对其做倾斜处理，这种方法用于大概定位。

第2种：在"选项"对话框进行辅助线设置，然后添加辅助线，用于精确定位。

水平辅助线：在"选项"对话框选择"辅助线>水平"选项，设置好数值后单击"添加""移动""删除"或"清除"按钮进行操作，如图2-57所示。

垂直辅助线：在"选项"对话框选择"辅助线>垂直"选项，设置好数值后单击"添加""移动""删除"或"清除"按钮进行操作，如图2-58所示。

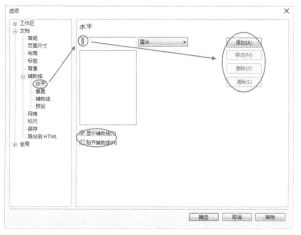

图2-57   图2-58

　　倾斜辅助线：在"选项"对话框选择"辅助线>辅助线"选项，设置旋转角度后单击"添加""移动""删除"或"清除"按钮进行操作，如图2-59所示。"2点"选项表示x、y轴上的两点，可以分别输入数值精确定位，如图2-60所示。"角度和1点"选项表示某一点和某角度，可以精确设定角度，如图2-61所示.

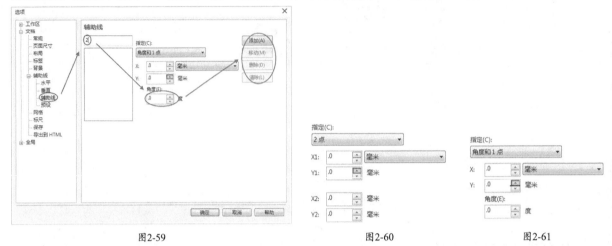

图2-59　　　　　　　　　　　　图2-60　　　　　　　　　　　　图2-61

　　辅助线的预设：在"选项"对话框选择"辅助线>预设"选项，可以勾选"Corel预设"或"用户定义预设"单选项进行设置（默认为"Corel预设"），用户根据需要勾选"一厘米页边距""出血区域""页边框""可打印区域""三栏通讯""基本网格"和"左上网格"进行预设，如图2-62所示。选择"用户定义预设"可以自定义设置，如图2-63所示。

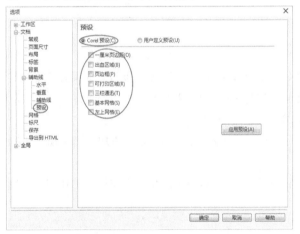
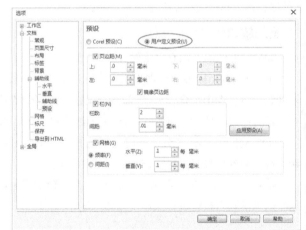

图2-62　　　　　　　　　　　　　　　　　　图2-63

3.辅助线的使用技巧

　　辅助线的使用技巧包括辅助线的选择、旋转、锁定和删除等，各项技巧的具体使用方法如下。

　　选择单条辅助线：使用"选择工具"单击辅助线，则该条辅助线呈红色选中状态。

　　选择所有辅助线：执行"编辑>全选>辅助线"菜单命令，则全部的辅助线呈现红色选中状态。

　　旋转辅助：使用"选择工具"单击两次辅助线，当显示倾斜手柄时，将光标移动到倾斜手柄上按住鼠标左键不放，拖动鼠标即可对辅助线进行旋转。

　　锁定辅助线：选择辅助线后，执行"对象>锁定>锁定对象"菜单命令，该辅助线即被锁定，这时不能对其进行移动、删除等操作。

　　解锁辅助线：将光标对准锁定的辅助线，然后单击鼠标右键，在打开的快捷键菜单中选择"解锁对象"命令即可。

贴齐辅助线：为了在绘图过程中对图形进行更加精准的操作，可以执行"视图>贴齐辅助线"菜单命令，或者单击"常用工具栏"中的"贴齐" 贴齐(T) · 按钮，从打开的下拉列表中选择"贴齐辅助线"命令来激活对齐辅助线功能。打开对齐辅助线功能后，移动选定的对象时，图形对象中的节点将向距离最近的辅助线及其交叉点靠拢对齐。

删除辅助线：选择辅助线，然后按Delete键即可。

2.4.2 设置贴齐对象

在移动或绘制对象时，通过设置贴齐功能，可以将该对象与绘图中的另一个对象贴齐，也可以与目标对象中的多个贴齐点贴齐。当光标移动到贴齐点时，贴齐点会突出显示，表示该贴齐点就是光标要贴齐的目标。

通过贴齐对象，可以将对象中的节点、交集、中点、象征、正切、垂直、边缘、中心和文本基线等设置为贴齐点，使用户在贴齐对象时得到实时的反馈。

在"选项"对话框中选择"贴齐对象"选项，然后进行相关设置，如图2-64所示。

1.打开或关闭贴齐

要打开贴齐功能，执行"视图>贴齐>对象"菜单命令，或者单击"常用工具栏"中的 贴齐(T) · 按钮，从弹出的下拉列表中选择"贴齐对象"命令，使"贴齐对象"命令前显示勾选标记。

2.贴齐对象

打开贴齐功能后，选择要与目标对象贴齐的对象，将光标移到对象上，此时会突出显示光标所在处的贴齐点，然后将该对象移至目标对象，当目标对象上突出显示贴齐点时，释放鼠标，即可使选择的对象与目标对象贴齐。

3.设置贴齐选项

默认状态下，对象可以与目标对象中的节点、交集、中点、象征、正切、垂直、边缘、中心和文本基线等贴齐点对齐。通过设置贴齐选项，可以选择是否设置为贴齐点。执行"工具>选项>贴齐对象"菜单命令，打开"选项"对话框中的"贴齐对象"选项设置，如图2-65所示。

图2-64

图2-65

"贴齐对象"工具的参数介绍

* 贴齐对象：选中该复选项，打开贴齐对象功能。

* 显示贴齐位置标记：选中该复选项，在贴齐对象时显示贴齐点标记，反之则隐藏贴齐点标记。

* 屏幕提示：选中该复选项，显示屏幕提示，反之则隐藏屏幕提示。

* 模式：在该选项栏中可启用一个或多个模式复选项，以打开相应的贴齐模式。单击"选择全部"按

钮，可启用所有贴齐模式。单击"全部取消"按钮，可禁用所有贴齐模式但不关闭贴齐功能。

＊贴齐半径：用于设置光标激活贴齐点时的相应距离。例如，设置贴齐点半径为10像素，则当光标距离贴齐点为10个屏幕像素时，即可激活贴齐点。

＊贴齐页面：勾选该复选项，可以在对象靠近页面边缘时，即可激活贴齐功能，对齐到当前靠近的页面边缘。

2.4.3 设置标尺

标尺是放置在页面上用来测量对象大小、位置的测量工具。使用标尺工具，可以帮助用户准确地绘制、缩放和对齐对象。

1.显示和隐藏标尺

在默认状态下，标尺处于显示状态。为方便操作，用户可以自行设置是否显示标尺。执行"视图>标尺"菜单命令，菜单中的"标尺"命令前出现勾选标记，即说明标尺显示在工作界面上，反之则被隐藏。

2.设置标尺

用户可根据绘图的需要，对标尺的单位、原点、刻度记号等进行设置。在"选项"对话框中选择"标尺"选项，然后即可进行标尺的相关设置，如图2-66所示。

图2-66

"标尺"工具的参数介绍

＊单位：在下拉列表中可选择一种测量单位，默认的单位是"毫米"。

＊原始：在"水平"和"垂直"文字框中输入精确的数值，以自定义坐标原点的位置。

＊记号划分：在文字框中输入数值来修改标尺的刻度记号，输入的数值决定每一段数值之间刻度记号的数量。

＊编辑缩放比例：单击"编辑缩放比例"按钮，打开"绘图比例"对话框，在"典型比例"下拉列表中，可选择不同的刻度比例。

2.4.4 设置网格

网格是由均匀分布的水平和垂直线组成的，使用网格可以在绘图窗口中精确地对齐和定位对象，通过指定频率或间隔，可以设置网格线或点之间的距离，从而使定位更加精确。

在"选项"对话框中选择"网格"选项，然后进行网格的相关设置，如图2-67所示。

图2-67

2.5 本章练习

练习1：切换视图模式

素材位置	素材文件>CH02>01.jpg
实用指数	★★☆☆☆
技术掌握	视图模式的使用方法

导入一张素材图片，单击"视图"菜单切换视图模式，观察视图模式的显示效果，如图2-68所示。

图2-68

练习2：设置辅助线颜色

素材位置	无
实用指数	★☆☆☆☆
技术掌握	设置辅助线的使用方法

单击常用工具栏中的"选项"按钮，打开"选项"对话框，选择"辅助线"选项，在其中自定义设置辅助

线的颜色，如图2-69所示。

图2-69

练习3：设置封面和封底

素材位置	无
实用指数	★★★☆☆
技术掌握	设置页面的使用方法

在同一个文件中插入两个页面，将页面大小设置为100mm×100mm，并分别将页面设置为封面和封底，如图2-70所示。

图2-70

第3章
对象的操作和管理

在CorelDRAW X7中，对象是最基本的图形元素，软件的操作都是在对象的基础上进行的。要熟练掌握CorelDRAW X7进行平面设计，首先就要掌握对象的操作和管理方法。在绘图过程中，设计师通常都要选择对象，或者复制、变换、控制和排列对象等，以便得到理想的设计效果。

学习要点

❖ 选择对象
❖ 复制对象
❖ 变换对象
❖ 缩放对象
❖ 镜像对象
❖ 控制对象
❖ 对齐对象
❖ 分布对象

3.1 选择对象

在CorelDRAW X7中，对图形对象的选择是编辑图形时最基本的操作。对象的选择可以分为选择单个对象、选择多个对象和选择工作区中所有对象，下面进行详细的学习。

3.1.1 选择单一对象

单击工具箱中的"选择工具" ，然后鼠标左键单击要选择的对象，当该对象四周出现黑色控制点时，表示对象被选中，选中后可以对其进行移动和变换等操作，如图3-1所示。

图3-1

技巧与提示

注意，利用空格键可以从其他工具快速切换到"选择工具"，再按一下空格键，则切换回原来的工具。在实际工作中，这种切换方式会让用户的操作更加流畅和便利。

3.1.2 选择多个对象

在实际操作中，经常需要同时选择多个对象进行编辑，选择多个对象的方法有3种。

第1种：单击工具箱中的"选择工具" ，然后按住鼠标左键拖曳出一个矩形选框，将要选择的对象全部包含在矩形框中，如图3-2所示，松开鼠标后，该范围内的对象全部被选中，如图3-3所示。

图3-2

图3-3

第2种：单击工具箱中的"手绘选择工具" ，然后按住鼠标左键围绕待选择对象绘制一个不规则选区，如图3-4所示，选区范围内的对象被全部选中。

图3-4

第3种：按住Shift键不放，然后用鼠标左键逐个单击将要选择的对象。

技巧与提示

注意，在框选多个对象时，如选择了多余的对象，可以按住Shift键并单击多选的对象，即可取消对该对象的选择。

3.1.3 按一定顺序选择对象

使用快捷键，可以很方便地按图形的图层关系，在工作区中从上到下快速地依次选择对象，并依次循环选择，其操作方法如下。

在工具箱中单击"选择工具" ，然后按Tab键可以在CorelDRAW X7中直接选择最后绘制的图形，继续按Tab键，系统会按用户绘制图形的先后顺序从后到前逐步选择对象，如图3-5所示。

图3-5

3.1.4 选择重叠对象

在CorelDRAW X7中，使用选择工具选择被覆盖在对象下的图形时，总是会先选到最上层的对象。要方便地选择重叠的对象，其操作方法如下。

在工具箱中单击"选择工具" ，按住Alt键的同时，在重叠处单击鼠标左键，即可选择被覆盖的对象。再次单击鼠标左键，则可以选择下一层的对象，依次类推，重叠在后面的图形都可以被选中，如图3-6所示。

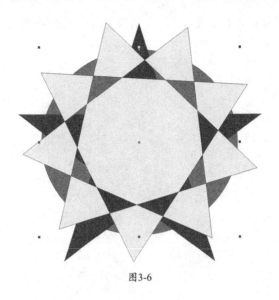

图3-6

3.1.5 全选对象

全选对象是指选择绘图窗口中的所有对象，其中包括所有的图形对象、文本、辅助线和相应对象上的所有节点。全选对象的方法有3种。

第1种：单击工具箱中的"选择工具" ，然后按住鼠标左键拖曳出一个框选所有对象的矩形选区，松开鼠标后将所有对象选中。

第2种：鼠标左键双击"选择工具" ，可以快速选择所有的图形对象。

第3种：执行"编辑>全选"菜单命令，然后在弹出的子菜单中选择相应的对象类型，就可以将该类型的所有对象选中，如图3-7所示。

图3-7

"全选"命令介绍

* 对象：选择绘图窗口中所有的对象。

* 文本：选择绘图窗口中所有的文本对象。

* 辅助线：选择绘图窗口中的所有辅助线，被选择的辅助线呈红色选中状态。

* 节点：在选择当前页中的其中一个对象后，该命令才能使用，且被选择的对象必须是曲线对象。执行该命令后，所选对象的全部节点都将被选中。

技巧与提示

注意，在执行"编辑>全选"菜单命令时，锁定的对象、文本或辅助线将不会被选中。双击"选择工具" 进行全选时，全选类型不包含辅助线和节点。

3.2 复制对象

CorelDRAW X7为用户提供了两种复制的类型，一种为对象的复制，另一种是对象属性的复制，本节将进行具体讲解。

3.2.1 对象的基本复制

对象复制的方法有以下6种。

第1种：选中对象，然后执行"编辑>复制"菜单命令，接着执行"编辑>粘贴"菜单命令，在原始对象上进行覆盖复制。

第2种：选中对象，然后单击鼠标右键并在弹出的快捷菜单中选择"复制"命令，接着将光标移动到需要粘贴的位置，再次单击鼠标右键并在弹出的快捷菜单中选择"粘贴"命令，完成复制操作。

第3种：选中对象，然后按快捷键Ctrl+C将对象复制在剪切板上，再按快捷键Ctrl+V进行原位粘贴。

第4种：选中对象，然后按键盘上的+（加号键），在原位置上进行复制。

第5种：选中对象，然后在"常用工具栏"中单击"复制"按钮，接着单击"粘贴"按钮，进行原位复制。

第6种：选中对象，然后按住鼠标左键将对象拖曳到空白处，待出现蓝色线框时单击鼠标右键，最后松开鼠标左键，完成复制，如图3-8所示。

图3-8

3.2.2 对象的再制

在绘图过程中，设计师常常会利用再制进行花边、底纹的制作。对象再制可以将对象按一定规律复制为多个对象，再制的方法有两种。

第1种：选中对象，然后按住鼠标左键将对象拖曳一定距离，接着执行"编辑>重复再制"菜单命令，即可按前面移动的规律进行相同的再制。

第2种：在默认页面属性栏中，先设置位移的"单位"类型（默认为毫米）、"微调距离"的偏离数值，然后在"再制距离"上输入准确的数值，如图3-9所示，最后选中需再制的对象，按快捷键Ctrl+D进行再制。

图3-9

3.2.3 复制对象属性

复制对象属性是一种比较特殊、重要的复制方法，它可以方便快捷地将指定对象中的轮廓笔、轮廓色、填充和文本属性通过复制的方法应用到所选对象中，其操作方法如下。

第1步：单击工具箱中的"选择工具"，选中要赋予属性的对象，然后执行"编辑>复制属性自"菜单命令，打开"复制属性"对话框，勾选要复制的属性类型，接着单击"确定"按钮，如图3-10所示。

图3-10

"复制属性"对话框的参数介绍

* 轮廓笔：应用于对象的轮廓笔属性，包括轮廓笔的宽度、样式等。

* 轮廓色：应用于对象轮廓线的颜色属性。

* 填充：应用于对象内部的颜色属性。

* 文本属性：只能应用于文本对象，可复制指定文本的大小、字体等文本属性。

第2步：当光标变为➡时，移动到源文件位置单击鼠标左键完成属性的复制，如图3-11所示，复制后的效果如图3-12所示。

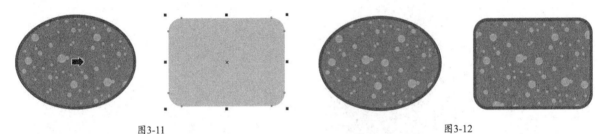

图3-11   图3-12

技巧与提示

用鼠标右键按住一个对象不放，将对象拖曳至另一个对象上，释放鼠标后，在弹出的快捷菜单中选择"复制填充""复制轮廓"或"复制所有属性"命令，即可将源对象中的填充、轮廓或所有属性复制到所选对象上，如图3-13所示。

图3-13

3.3 变换对象

图形的基本编辑包括改变图形的位置、大小、比例，旋转图形，镜像图形和倾斜图形，使对象效果更丰富。下面进行详细的学习。

3.3.1 移动对象

移动对象的方法有以下3种。

第1种：选中对象，当时光标变为✛时，按住鼠标左键进行拖曳（不精确）。

第2种：选中对象，然后利用键盘上的方向键进行移动（相对精确）。

第3种：选中对象，然后执行"对象>变换>位置"菜单命令，打开"变换"对话框，接着在*x*轴和*y*轴后面的文本框中输入数值，再选择移动的相对位置，最后单击"应用"按钮，如图3-14所示。

图3-14

技巧与提示

注意，"相对位置"复选项以原始对象相对应的锚点作为坐标原点，沿设定的方向和距离进行位移。

3.3.2 旋转对象

在CorelDRAW X7中，旋转对象的方法有3种，具体如下。

第1种：单击工具箱中的"选择工具"，在对象上单击两次，对象四周的控制点将变为双箭头形状，如图3-15所示，移动鼠标指针至对象四周的控制点上，当鼠标指示针变成↻形状时，按住鼠标左键沿顺时针或逆时针方向拖动鼠标，即可使对象围绕基点旋转，如图3-16所示。

图3-15

图3-16

第2种：选中对象后，在属性栏的"旋转角度"后面的文本框中输入数值进行旋转，如图3-17所示。

图3-17

第3种：选中对象后，执行"对象>变换>旋转"菜单命令，打开"变换"面板，然后设置"旋转角度"数值，接着选择相对旋转中心，最后单击"应用"按钮，如图3-18所示。

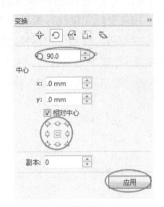

图3-18

选中旋转对象，设置旋转角度和旋转基点，在"副本"中输入数值，然后单击"应用"按钮，可以进行旋转复制，这种方式经常用于生成某种图案。

3.3.3 缩放对象和镜像对象

在"变换"面板中单击"缩放和镜像" 按钮，切换到"缩放和镜像"选项设置，如图3-19所示。在该选项中，用户可以调整对象的缩放比例，并使对象在水平或垂直方向上镜像。

图3-19

"缩放和镜像"参数介绍

＊缩放：用于调整对象在水平和垂直方向上的缩放比例。

＊镜像：使对象在水平或垂直方向上翻转。单击 按钮，可使对象水平镜像；单击 按钮，则使对象垂直镜像。

＊按比例：选中该复选项，可以对当前"缩放"设置中的数值比例进行锁定，调整其中一个数值，另一个也相对变化；取消选中，则两个数值在调整时不相互影响。需要注意的是，在使对象按比例缩放之前，需要选中"按比例"复选项，将长宽百分比值调整为相同的数值，再取消"按比例"复选项的选择，然后再进行下一步的操作。

1.缩放对象

缩放对象的方法有两种。

第1种：选中对象后，将光标移动到锚点上按住鼠标左键拖曳进行缩放，蓝色线框为缩放大小的预览效果，如图3-20所示。

图3-20

第2种：选中对象后，执行"对象>变换>缩放和镜像"菜单命令，打开"变换"面板，在x轴和y轴后面的文本框中设置缩放比例，接着选择相对缩放中心，最后单击"应用"按钮 应用 ，如图3-21所示。

图3-21

2.镜像对象

镜像对象的方法有3种。

第1种：选中对象，按住Ctrl键的同时，按住鼠标左键在锚点上进行拖曳，松开鼠标完成镜像操作。向上或向下拖曳为垂直镜像，向左或向右拖曳为水平镜像。

第2种：选中对象，在属性栏上单击"水平镜像"按钮或"垂直镜像"按钮进行操作。

第3种：选中对象，执行"对象>变换>缩放和镜像"菜单命令，打开"变换"面板，然后选择相对中心，接着单击"水平镜像"按钮或"垂直镜像"按钮进行操作，如图3-22所示。

图3-22

3.3.4 改变对象的大小

单击工具箱中的"选择工具" ⬚，选中对象，使用鼠标左键拖动对象四周任意一个角的控制点，即可调整对象的大小。设置对象大小的方法有两种。

第1种：选中对象，在属性栏上的"对象大小"里输入数值进行操作，如图3-23所示。

图3-23

第2种：选中对象，执行"对象>变换>大小"菜单命令，打开"变换"面板，然后在x轴和y轴后面的文本框中输入数值，接着选择相对缩放中心，最后单击"应用"按钮 应用，如图3-24所示。

图3-24

3.3.5 倾斜对象

使用"变换"面板中的"倾斜"选项，能精确地对图形的倾斜度进行设置。倾斜对象与旋转对象的操作方法基本相似，倾斜对象的方法有两种。

第1种：双击需要倾斜的对象，当对象周围出现旋转\倾斜箭头后，将光标移动到水平或直线上的倾斜锚点上，按住鼠标左键拖曳倾斜程度，如图3-25所示。

第2种：选中对象，执行"对象>变换>倾斜"菜单命令，打开"变换"面板，然后设置x轴和y轴文本框的数值，接着选择"使用锚点"位置，最后单击"应用"按钮 应用，如图3-26所示。

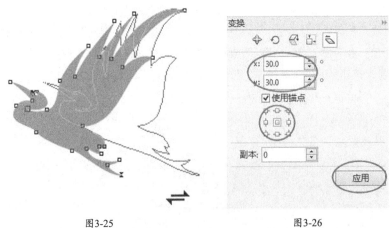

图3-25　　　　　　　　　　　　　　图3-26

3.3.6 实例：制作扇子

实例位置	实例文件> CH03>实战：制作扇子.cdr
素材位置	素材文件> CH03> 01.cdr、02.cdr、03.psd、04.jpg、05.cdr
实用指数	★★★☆☆
技术掌握	变换对象的使用方法

扇子效果如图3-27所示。

图3-27

01 执行"文件>新建"菜单命令，打开"创建新文档"对话框，在该对话框中设置名称为"扇子"，大小为A4，方向为"横向"，单击"确定"按钮 [确定] 创建新文档。

02 单击常用工具栏上的"导入"图标 ，打开对话框，导入教学资源中的"素材文件>CH03>01.cdr"文件，然后在属性栏上单击"取消组合对象"图标 ，将花纹解散为独立个体，接着选中扇骨在属性栏"旋转"文本框中输入数值78.0°进行旋转，如图3-28所示，最后将旋转后的扇骨移动到扇面左边缘。

图3-28

03 使用鼠标左键拖曳一条扇面中心的垂直辅助线，然后双击扇骨将旋转中心单击定位于垂直中心的扇柄处，如图3-29所示。执行"对象>变换>旋转"菜单命令，打开"变换"面板，然后设置旋转角度为-11.9°，设置"副本"复制数值为13，接着单击"应用"按钮 [应用]，如图3-30所示，扇子的基本形状已经展现出来，如图3-31所示。

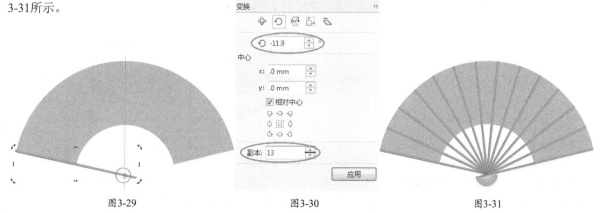

图3-29　　　　　　　　　　　图3-30　　　　　　　　　　　图3-31

04 下面为扇面加图案。导入教学资源中的"素材文件>CH03>02.cdr"文件，然后将图案拖曳到扇面进行缩放，再单击鼠标左键进行旋转，如图3-32所示，接着鼠标右键单击调色板⊠去掉轮廓线，如图3-33所示。

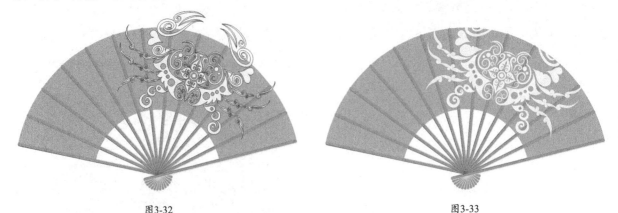

图3-32　　　　　　　　　　　　　　　　　　　图3-33

05 选中导入的白色图案，然后执行"对象>图框精确裁剪>置于图文框内部"菜单命令，当光标变成箭头形状时单击扇面，将图案置入在扇面内，如图3-34所示。导入教学资源中的"素材文件>CH03>03.psd"文件，然后拖曳到扇柄处适合缩放大小，接着全选对象单击属性栏"组合对象"图标 进行组合，如图3-35所示。

图3-34　　　　　　　　　　　　　　　　　　　图3-35

06 导入教学资源中的"素材文件>CH03>04.jpg"文件，拖曳到页面内进行缩放，然后按P键置于页面中心位置，接着按快捷键Shift+PageDown使背景图置于底层，效果如图3-36所示。

图3-36

07 鼠标左键双击"矩形工具"▢，创建与页面同等大的矩形，然后在调色板上单击鼠标左键为矩形填充颜色，接着右键单击调色板⊠去掉轮廓线，如图3-37所示。导入教学资源中的"素材文件>CH03>05.cdr"文件，放置在页面左上角，然后将扇子缩放拖曳到页面右边，最终效果如图3-38所示。

图3-37

图3-38

3.4 控制对象

在绘图过程中，为了达到所需要的效果，绘图窗口中的一些对象需要进行相应的控制操作，如组合对象、取消组合对象、调整对象的叠放顺序等。另外，有时候还需要将一些编辑好的对象锁起来，使其不受其他移动或修改等操作的影响。掌握这些控制对象的方法，可以帮助用户更好、更高效地完成绘图操作。

3.4.1 锁定与解除锁定对象

在文档编辑过程中，为了避免操作失误，可以将编辑完毕或不需要编辑的对象锁定，锁定的对象无法进行编辑也不会被误删，继续编辑则需要解锁对象。

1.锁定对象

锁定对象的方法有两种。

第1种：选中需要锁定的对象，然后单击鼠标右键，在弹出的快捷菜单中选择"锁定对象"命令即可，如图3-39所示，锁定后的对象锚点变为小锁，如图3-40所示。

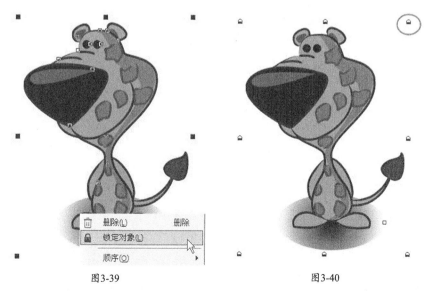

图3-39   图3-40

第2种：选中需要锁定的对象，然后执行"对象>锁定对象"菜单命令进行锁定。选择多个对象进行同样的操作，可以同时锁定多个对象。

2.解锁对象

解锁对象的方法有两种。

第1种：选中需要解锁的对象，然后单击鼠标右键，在弹出的快捷菜单中选择"解锁对象"命令即可，如图3-41所示。

图3-41

第2种：选中需要解锁的对象，然后执行"对象>解锁对象"菜单命令进行解锁。

3.4.2 组合对象与取消组合对象

在编辑复杂图像时，图像由很多独立对象组成，用户可以利用对象之间的编组进行统一操作，也可以解开组合对象，对单个对象做独立操作。

1.组合对象

组合对象的方法有以下3种。

第1种：选中需要组合的所有对象，然后单击鼠标右键，在弹出的快捷菜单中选择"组合对象"菜单命令，如图3-42所示，或者按快捷键Ctrl+G快速组合对象。

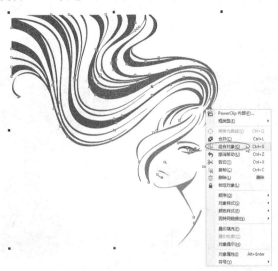

图3-42

第2种：选中需要组合的所有对象，然后执行"对象>组合对象"菜单命令进行组合。

第3种：选中需要组合的所有对象，在属性栏上单击"组合对象"图标进行快速组合。

技巧与提示

　　注意，组合对象不仅可以用于单个对象之间，组与组之间也可以进行组合。并且，组合后的对象成为整体，显示为一个图层。

2.取消组合对象

　　取消组合对象的方法有以下3种。

　　第1种：选中组合对象，然后单击鼠标右键，在弹出的快捷菜单中选择"取消组合对象"命令，如图3-43所示，或者按住快捷键Ctrl+U进行快速解组。

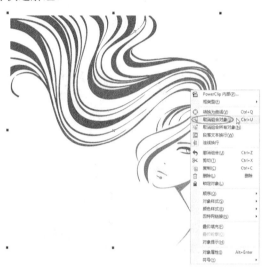

图3-43

　　第2种：选中组合对象，然后执行"对象>取消组合对象"菜单命令进行解组。

　　第3种：选中组合对象，然后在属性栏上单击"取消组合对象"图标进行快速解组。

3.取消组合所有对象

　　使用"取消组合所有对象"命令，可以将组合对象进行彻底解组，变为最基本的独立对象。取消全部组合对象的方法有以下3种。

　　第1种：选中组合对象，然后单击鼠标右键，在弹出的快捷菜单中选择"取消组合所有对象"命令，解开所有的组合对象，如图3-44所示。

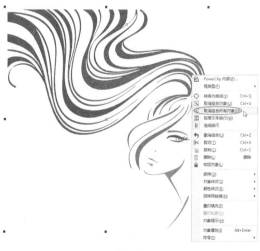

图3-44

第2种：选中组合对象，然后执行"对象>取消组合所有对象"菜单命令进行解组。

第3种：选中组合对象，然后在属性栏上单击"取消组合所有对象"图标 进行快速解组。

3.4.3 合并与拆分对象

合并与组合对象不同，组合对象是将两个或多个对象编成一个组，内部还是独立的对象，对象属性不变。合并是将两个或多个对象合并为一个全新的对象，其对象的属性也会随之变化。

合并与拆分的方法有以下3种。

第1种：选中要合并的对象，如图3-45所示，然后在属性栏上单击"合并"按钮 ，将其合并为一个对象（属性改变），如图3-46所示。单击"拆分"按钮 可以将合并对象拆分为单个对象（属性维持改变后的），拆分后的排放顺序由大到小。

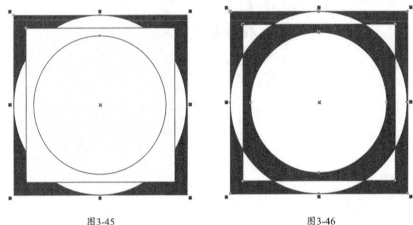

图3-45　　　　　　　　　　　　　　图3-46

第2种：选中要合并的对象，单击鼠标右键在弹出的快捷菜单中执行"合并"命令进行操作，然后选中要拆分的对象，单击鼠标右键在弹出的快捷菜单中执行"拆分"命令进行操作。

第3种：选中要合并的对象，执行"对象>合并"菜单命令进行操作，然后选中要拆分的对象，执行"对象>拆分"菜单命令进行操作。

技巧与提示

注意，合并后对象的属性会与合并前最底层对象的属性保持一致，拆分后属性无法恢复。

3.4.4 安排对象的顺序

在CorelDRAW X7中，一个单独的或组合的对象通常被安排在一个图层中。在复杂的绘图中，常常需要用大量的图形组合出需要的效果，这时就要通过合理的顺序排列来表现出作品的层次关系，如图3-47所示。CorelDRAW X7可以通过以下3种方式调整对象的上下排列顺序。

图3-47

第1种：选中相应的图层并单击鼠标右键，然后在弹出的快捷菜单上单击"顺序"命令，在子菜单中选择相应的命令进行操作，如图3-48所示。

图3-48

第2种：选中相应的图层后，执行"对象>顺序"菜单命令，在子菜单中选择相应的命令进行操作。

第3种：按快捷键Ctrl+Home可以将对象置于顶层；按快捷键Ctrl+End可以将对象置于底层；按快捷键Ctrl+PageUp可以将对象往上移一层；按快捷键Ctrl+PageDown可以将对象往下移一层。

3.4.5 实例：制作仿古印章

实例位置	实例文件>CH03>实战：制作仿古印章.cdr
素材位置	素材文件>CH03> 06.cdr、07.cdr、08.jpg、09.cdr
实用指数	★★★☆☆
技术掌握	合并的巧用

仿古印章效果如图3-49所示。

图3-49

01 新建空白文档，设置文档名称为"仿古印章"，然后设置页面大小为A4、页面方向为"横向"。

02 导入教学资源中的"素材文件>CH03>06.cdr"文件，然后选中方块，按快捷键Ctrl+C进行复制，再按快捷键Ctrl+V进行原位复制，接着按住Shift键的同时按住鼠标左键向内进行中心缩放，如图3-50所示。

03 导入教学资源中的"素材文件>CH03>07.cdr"文件，然后拖曳到方块内部进行缩放，接着调整位置，如图3-51所示。将对象全选，执行"对象>合并"菜单命令，最后得到完成的印章效果，如图3-52所示。

图3-50

图3-51

图3-52

04 下面为印章添加背景。导入教学资源中的"素材文件>CH03>08.jpg"和"素材文件>CH03>09.cdr"文件，然后将水墨画背景图拖曳到页面进行缩放，接着把书法字拖曳到水墨画的右上角，如图3-53所示。

05 将印章拖曳到书法字下方空白位置，然后缩放到适应大小，最终效果如图3-54所示。

图3-53

图3-54

3.5　对齐与分布

在CorelDRAW X7中，可以准确地排列、对齐对象，以及使各个对象按一定的方式进行分布。方法有以下两种。

第1种：选中对象，然后执行"对象>对齐与分布"菜单命令，在子菜单中选择相应的命令进行操作，如图3-55所示。

第2种：选中对象，然后在属性栏上单击"对齐与分布"按钮，打开"对齐与分布"面板进行操作。

图3-55

3.5.1 对齐对象

选择需要对齐的对象，单击属性栏中的"对齐与分布"按钮，打开"对齐与分布"面板，在该面板中可以设置对象的对齐方式，可以进行对象对齐的相关操作，如图3-56所示。

将对象按指定方式对齐的操作方法如下。

单击工具箱中的"选择工具"，选择需要对齐的所有对象，然后单击属性栏中的"对齐与分布"按钮，在打开的"对齐与分布"面板中，分别单击"顶端对齐"和"水平居中对齐"按钮，对所选对象执行对齐操作，如图3-57所示。

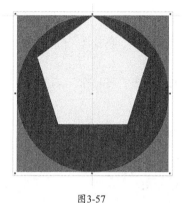

图3-56　　　　　　　　　　　　　　　　图3-57

1.单独使用

在"对齐"选项组中，用鼠标左键单击对齐按钮，可以单独对对象进行操作。

对齐按钮介绍

* 左对齐▯：将所有对象向最左边进行对齐，如图3-58所示。

* 水平居中对齐▯：将所有对象向水平方向的中心点进行对齐，如图3-59所示。

* 右对齐▯：将所有对象向最右边进行对齐，如图3-60所示。

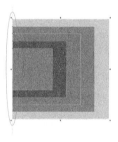

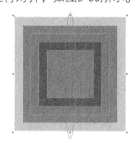

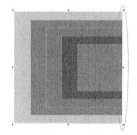

图3-58　　　　　　　　　图3-59　　　　　　　　　图3-60

* 上对齐▯：将所有对象向最上边进行对齐，如图3-61所示。

* 垂直居中对齐▯：将所有对象向垂直方向的中心点进行对齐，如图3-62所示。

* 下对齐▯：将所有对象向最下边进行对齐，如图3-63所示。

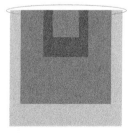

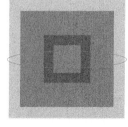

图3-61　　　　　　　　　图3-62　　　　　　　　　图3-63

2.混合使用

在进行对齐操作的时候，除了单独使用不同的对齐方式，也可以组合使用多种对齐方式，具体操作方法有以下5种。

第1种：选中对象，然后单击"左对齐"按钮再单击"上对齐"按钮，可以将所有对象向左上角进行对齐，如图3-64所示。

第2种：选中对象，然后单击"左对齐"按钮再单击"下对齐"按钮，可以将所有对象向左下角进行对齐，如图3-65所示。

第3种：选中对象，然后单击"水平居中对齐"按钮再单击"垂直居中对齐"按钮，可以将所有对象向正中心进行对齐，如图3-66所示。

第4种：选中对象，然后单击"右对齐"按钮再单击"上对齐"按钮，可以将所有对象向右上角进行对齐，如图3-67所示。

第5种：选中对象，然后单击"右对齐"按钮再单击"下对齐"按钮，可以将所有对象向右下角进行对齐，如图3-68所示。

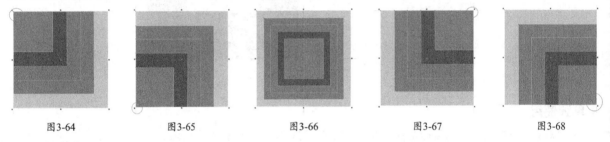

| 图3-64 | 图3-65 | 图3-66 | 图3-67 | 图3-68 |

3.对齐位置

在对齐过程中，选择不同的对齐位置，对象将自动对齐所选范围，下面详细介绍一下对齐位置的设置。

* 活动对象：将对象对齐到选中的活动对象。

* 页面边缘：将对象对齐到页面的边缘。

* 页面中心：将对象对齐到页面中心。

* 网格：将对象对齐到网格。

* 指定点：在横纵坐标上输入数值，如图3-69所示，或者单击"指定点"按钮，在页面定点如图3-70所示，将对象对齐到设定点上。

| 图3-69 | 图3-70 |

3.5.2 分布对象

在"对齐与分布"面板的"分布"选项组中，可以选择单个分布方式，也可以依次选择多个分布方式，为所选的多个对象应用分布间距的调整，如图3-71所示。

图3-71

1.分布类型

用户在进行分布时，可以设置分布的类型，具体如下。

分布按钮介绍

* 左分散排列：平均设置对象左边缘的间距，如图3-72所示。

* 水平分散排列中心：平均设置对象水平中心的间距，如图3-73所示。

图3-72   图3-73

* 右分散排列：平均设置对象右边缘的间距，如图3-74所示。

* 水平分散排列间距：平均设置对象水平的间距，如图3-75所示。

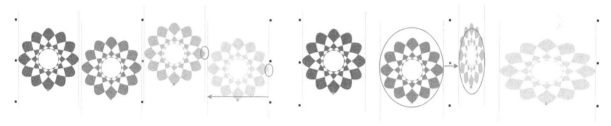

图3-74   图3-75

* 顶部分散排列：平均设置对象上边缘的间距，如图3-76所示。

* 垂直分散排列中心：平均设置对象垂直中心的间距，如图3-77所示。

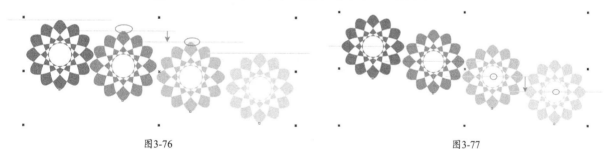

图3-76   图3-77

* 底部分散排列：平均设置对象下边缘的间距，如图3-78所示。

* 垂直分散排列间距：平均设置对象垂直的间距，如图3-79所示。

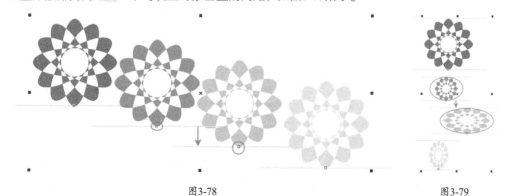

图3-78   图3-79

2.分布到位置

用户在进行分布时，可以设置分布的位置，具体如下。

分布选项介绍

* 选定的范围▦：在选定的对象范围内进行分布，如图3-80所示。
* 页面范围▤：将对象以页边距为定点平均分布在页面范围内，如图3-81所示。

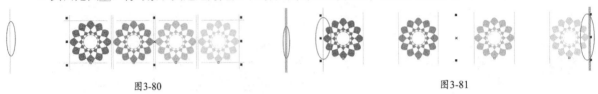

图3-80　　　　　　　　　　　　　　　　　　　　　　图3-81

3.5.3 实例：制作精美信纸

实例位置	实例文件>CH03>实战：制作精美信纸.cdr
素材位置	素材文件>CH03>10.cdr、11.jpg、12.cdr、13.cdr
实用指数	★★★★☆
技术掌握	再制、组合对象、排放、对齐与分布功能的巧用

精美信纸效果如图3-82所示。

图3-82

01 新建空白文档，然后设置文档名称为"精美信纸"，接着设置页面大小为A4。

02 导入教学资源中的"素材文件>CH03>10.cdr"文件，然后拖曳到页面左上角进行缩放，如图3-83所示。

03 选中圆，按住Shift键同时按住鼠标左键进行水平拖曳，确定好位置后向右复制一份，然后按快捷键Ctrl+D复制到页面另一边，如图3-84所示。

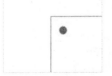

图3-83　　　　　　　　　　　　　　　　　　　　图3-84

04 全选圆，在属性栏上单击"对齐与分布"按钮▤，打开"对齐与分布"面板，然后单击"水平分散排列间距"按钮▥调整间距，接着单击"页面范围"按钮▤，如图3-85所示。

图3-85

05 全选圆进行组合对象，以组的形式向下进行复制，接着在"对齐与分布"面板中单击"垂直分散排列间距"按钮调整间距，然后单击"页面范围"按钮平均分布在页面中，如图3-86所示，接着全选进行组合。

06 导入教学资源中的"素材文件>CH03>11.jpg"文件，拖曳到页面中调整大小，然后捷键Ctrl+End将图片放置在底层，接着选中点状背景单击鼠标左键填充颜色为白色，最后全选进行组合对象，如图3-87所示。

图3-86

图3-87

07 导入教学资源中的"素材文件>CH03>12.cdr"文件，然后单击属性栏上的"取消组合对象"图标，再将透明矩形分别拖曳到页面，接着选中两个矩形单击"对齐与分布"面板中"左对齐"按钮，对齐后进行组合对象，最后全选单击"水平居中对齐"按钮进行整体对齐，对齐后去掉轮廓线，如图3-88所示。

08 导入教学资源中的"素材文件>CH03>13.cdr"文件，将线条进行垂直再制，然后执行"对象>对齐与分布>左对齐"菜单命令进行对齐，接着组合后拖曳到透明矩形中，最后全选执行"对象>对齐与分布>水平居中对齐"菜单命令进行对齐，最终效果如图3-89所示。

图3-88

图3-89

3.6 本章练习

练习1：用镜像制作复古金属图标

素材位置	素材文件> CH03>14.jpg、15.cdr、16.cdr
实用指数	★★★☆☆
技术掌握	镜像的使用方法

打开素材文件，导入下载资源中的"素材文件"文件，利用镜像制作复古金属图标。如图3-90所示。

图3-90

练习2：制作飞鸟挂钟

素材位置	下载资源>素材文件>CH03>17.cdr、18.jpg
实用指数	★★☆☆☆
技术掌握	倾斜的运用方法

打开一张素材文件，导入素材，应用倾斜对象的操作方法，处理得到效果图，如图3-94所示。

图3-94

第4章
图形绘制

CorelDRAW X7具有很强大的绘图功能，在矢量图的制作中有很强的灵活性，是其他同类软件不可比拟的。本章将详细讲解CorelDRAW X7的基本图形绘制工具和路径绘图工具的使用方法和技巧，指导读者熟练地绘制各种矢量图案。

学习要点

❖ 绘制几何图形
❖ 绘制线段和曲线
❖ 智能绘图

4.1 绘制几何图形

CorelDRAW X7为用户提供了多种绘制基本几何图形的工具。使用这些工具，用户可以轻松快捷地绘制矩形、圆形、多边形、星形等几何图形。

4.1.1 绘制矩形

使用"矩形工具"和"3点矩形工具"都可以绘制出用户所需要的矩形，只是在操作方法上有些不同。

1.矩形工具

单击工具箱中的"矩形工具"□，将光标移动到工作页面中，按住左键以对角的方向进行拖曳，如图4-1所示，形成实线方形可以进行预览大小，在确定大小后松开左键完成编辑，如图4-2所示。在绘制矩形时按住Ctrl键可以绘制一个正方形，如图4-3所示，也可以在属性栏上输入宽和高将原有的矩形变为正方形，如图4-4所示。

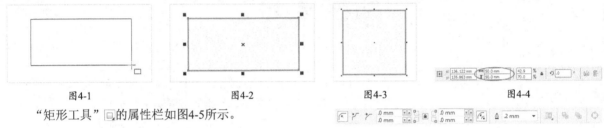

图4-1   图4-2   图4-3   图4-4

"矩形工具"□的属性栏如图4-5所示。

图4-5

"矩形工具"的属性参数介绍

* 圆角：点击可以将角变为弯曲的圆弧角，在文本框输入数值即可。

* 扇形角：点击可以将角变为扇形相切的角，形成曲线角。

* 倒棱角：点击可以将角变为直棱角。

* 圆角半径：在四个文本框中输入数值可以分别设置边角样式的平滑度大小。

* 同时编辑所有角：单击激活后在任意一个"圆角半径"文本框中输入数值，其他三个的数值将会统一进行变化，单击熄灭后可以分别修改"圆角半径"的数值。

* 相对的角缩放：单击激活后，边角在缩放时"圆角半径"也会相应地进行缩放，单击熄灭后，缩放的同时"圆角半径"将不会缩放。

* 轮廓宽度：可以设置矩形边框的宽度。

* 转换为曲线：在没有转曲时只能进行角上的变化，单击转曲后可以进行自由变换和添加节点等操作。

2.3点矩形工具

"3点矩形工具"可以通过定3个点的位置，以指定的高度和宽度绘制矩形。

单击工具箱中的"3点矩形工具"□，在页面空白处定下第1个点，长按左键拖曳，此时会出现一条实线进行预览，如图4-6所示，确定位置后松开左键定下第2个点，然后移动光标进行定位，如图4-7所示，确定后单击左键完成编辑，如图4-8所示，通过3个点确定一个矩形。

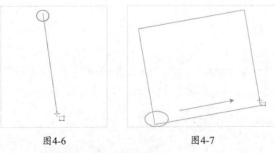

图4-6   图4-7   图4-8

4.1.2 绘制圆形

椭圆形是图形绘制中除了矩形外另一个常用的基本图形，CorelDRAW X7软件同样为用户提供了两种绘制工具"椭圆形工具"和"3点椭圆形工具"。

1.椭圆形工具

"椭圆形工具"以斜角拖动的方法快速绘制椭圆，可以在属性栏进行基本设置。

单击工具箱中的"椭圆形工具"⊙，将光标移动到页面空白处，按住左键以对角的方向进行拖曳，如图4-9所示，可以预览圆弧大小，确定大小后松开左键完成编辑，如图4-10所示。

在绘制椭圆形时按住Ctrl键可以绘制一个圆，如图4-11所示，也可以在属性栏上输入宽和高将原有的椭圆变为圆，按住Shift键可以定起始点为中心开始绘制一个椭圆形，同时按住Shift键和Ctrl键则是以起始点为中心绘制圆。

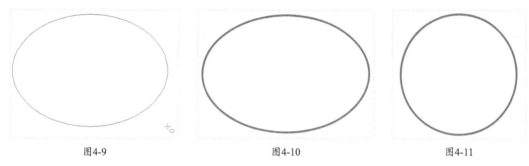

图4-9　　　　　　　　　　　图4-10　　　　　　　　　　　图4-11

2.属性设置

"椭圆形工具"⊙的属性栏如图4-12所示。

图4-12

"椭圆形工具"的属性参数介绍

＊椭圆形⊙：单击"椭圆形工具"后默认该图标是激活的，绘制一个椭圆形，如图4-13所示，选择饼图和弧后该图标熄灭。

＊饼图⊙：单击激活图标后可以绘制圆饼，或者将已有的椭圆变为圆饼，如图4-14所示，点选其他两项则恢复熄灭。

＊弧⊙：单击激活图标后可以绘制以椭圆为基础的弧线，或者将已有的椭圆或圆饼变为弧，如图4-15所示，变为弧后填充消失只显示轮廓线，点选其他两项则恢复未选中状态。

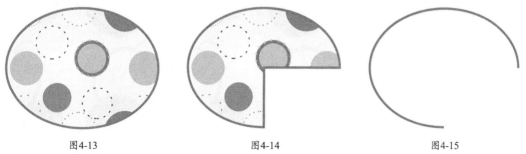

图4-13　　　　　　　　　　　图4-14　　　　　　　　　　　图4-15

＊起始和结束角度：设置"饼图"和"弧"的断开位置的起始角度与终止角度，范围是最大360° 最小0° 。

＊更改方向⊙：用于变更起始和终止的角度方向，也就是顺时针和逆时针的调换。

＊转曲⊙：没有转曲进行"形状"编辑时，是以饼图或弧编辑的，如图4-16所示，转曲后可以进行曲线编辑，可以增减节点，如图4-17所示。

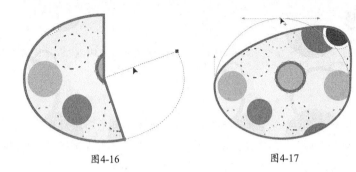

图4-16　　　　　　　　　　　　图4-17

3.3点椭圆形工具

"3点椭圆形工具"和"3点矩形工具"的绘制原理相同都是定3个点来确定一个形，不同之处是矩形以高度和宽度定一个形，椭圆则是以高度和直径长度定一个形。

单击工具箱中的"3点椭圆形工具" 🖻，然后在页面空白处定下第1个点，长按左键拖曳一条实线进行预览，如图4-18所示，确定位置后松开左键定下第2个点，接着移动光标进行定位，如图4-19所示，确定后单击左键完成编辑。

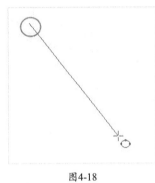 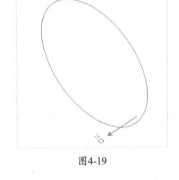

图4-18　　　　　　　　　　　　图4-19

4.多边形的绘制方法

"多边形工具"是专门用于绘制多边形的工具，可以自定义多边形的边数。

单击工具箱中的"多边形工具" 🔘，然后将光标移动到页面空白处，按住左键以对角的方向进行拖曳，如图4-20所示，可以预览多边形大小，确定后松开左键完成编辑，如图4-21所示，在默认情况下，多边形边数为5条。

在绘制多边形时按住Ctrl键可以绘制一个多边形，如图4-22所示，也可以在属性栏上输入宽和高改为多边形，按住Shift键以中心为起始点绘制一个多边形，按住快捷键Shift+ Ctrl则是以中心为起始点绘制多边形。

 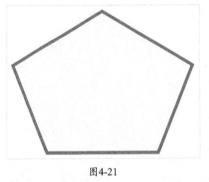 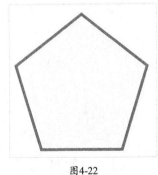

图4-20　　　　　　　　　　图4-21　　　　　　　　　　图4-22

5.多边形的设置

"多边形工具" 🔘的属性栏如图4-23所示。

图4-23

"多边形工具"的参数介绍

∗ 点数或边数：在文本框中输入数值，可以设置多边形的边数，最少边数为3，边数越多越偏向圆，如图4-24所示，但是最多边数为500。

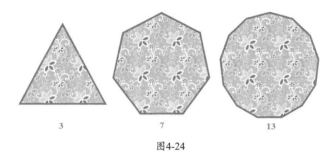

图4-24

4.1.3 绘制星形和复杂星形

"星形工具"用于绘制规则的星形，默认下星形的边数为12。

1.星形的绘制

单击工具箱中的"星形工具" ，在页面空白处，按住左键以对角的方向进行拖曳，如图4-25所示，松开左键完成编辑，如图4-26所示。

在绘制星形时按住Ctrl键可以绘制一个星形，如图4-27所示，也可以在属性栏上输入宽和高进行修改，按住Shift键以中心为起始点绘制一个星形，按住快捷键Shift+ Ctrl则是以中心为起始点绘制星形，与其他几何形的绘制方法相同。

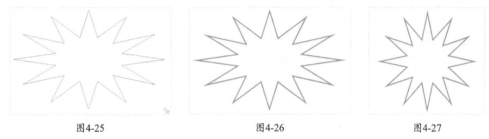

图4-25   图4-26   图4-27

2.星形的参数设置

"星形工具" 的属性栏如图4-28所示。

图4-28

"星形工具"的属性参数介绍

∗ 锐度：调整角的锐度，可以在文本框内输入数值，数值越大角越尖，数值越小角越钝，如图4-29所示最大为99，角向内缩成线，如图4-30所示最小为1，角向外扩几乎贴平，如图4-31所示值为50，这个数值比较适中。

图4-29   图4-30   图4-31

3.绘制复杂星形

"复杂星形工具"用于绘制有交叉边缘的星形，与星形的绘制方法一样。

单击工具箱"复杂星形工具" ，然后在页面空白处，按住左键以对角的方向进行拖曳，松开左键完成编辑，如图4-32所示。

按住Ctrl键可以绘制一个星形，按住Shift键以中心为起始点绘制一个星形，按住快捷键Shift+ Ctrl以中心为起始点绘制星形，如图4-33所示。

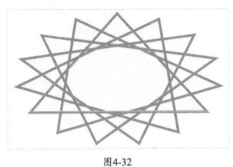 

图4-32   图4-33

4.复杂星形的设置

"复杂星形工具" 的属性栏如图4-34所示。

图4-34

"复杂星形工具"的属性参数介绍

＊ 点数或边数：最大数值为500（数值没有变化），如图4-35所示，则变为圆，最小数值为5（其他数值为3），如图4-36所示，为交叠五角星。

＊ 锐度：最小数值为1（数值没有变化），如图4-37所示，变数越大越偏向为圆，最大数值随着边数递增，如图4-38所示。

  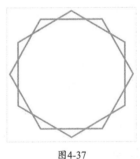 

图4-35   图4-36   图4-37   图4-38

4.1.4 螺纹工具

"螺纹工具"可以直接绘制特殊的对称式和对数式的螺旋纹图形。

1.绘制螺纹

单击工具箱中的"螺纹工具" ，接着在页面空白处长按鼠标左键以对角进行拖曳预览，松开左键完成绘制，如图4-39所示，在绘制时按住Ctrl键可以绘制一个圆形螺纹，按住Shift键以中心开始绘制螺纹，按住快捷键Shift+ Ctrl以中心开始绘制圆形螺纹，如图4-40所示。

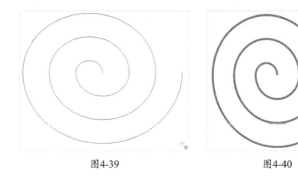

| 图4-39 | 图4-40 |

2.螺纹的设置

"螺纹工具" 的属性栏如图4-41所示。

图4-41

"螺纹工具"的属性参数介绍

＊ 螺纹回圈：设置螺纹中完整圆形回圈的圈数，范围最小为1，最大为100，如图4-42所示，数值越大圈数越密。

＊ 对称式螺纹：单击激活后，螺纹的回圈间距是均匀的，如图4-43所示。

＊ 对数螺纹：单击激活后，螺纹的回圈间距是由内向外不断增大的，如图4-44所示。

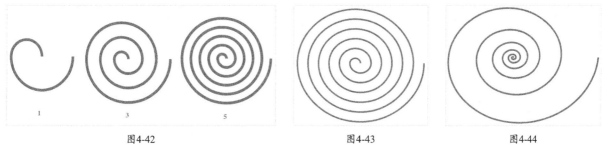

| 图4-42 | 图4-43 | 图4-44 |

＊ 螺纹扩展参数：设置对数螺纹激活时，向外扩展的速率，最小为1时内圈间距为均匀显示，如图4-45所示，最大为100时间距内圈最小越往外越大，如图4-46所示。

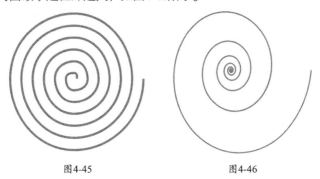

| 图4-45 | 图4-46 |

4.1.5 图纸工具

"图纸工具"可以绘制一组由矩形组成的网格，格子数值可以设置。

1.设置参数

在绘制图纸之前用户需要设置网格的行数和列数，以便于用户在绘制时更加精确。设置行数和列数的方法有以下两种。

第1种：双击工具箱中的"图纸工具"，打开"选项"对话框，如图4-47所示，在"图纸工具"选项下"宽度方向单元格数"和"高度方向单元格数"输入数值设置行数和列数，单击"确定"按钮即可设置好网格数值。

图4-47

第2种：选中工具箱中的"图纸工具"，在属性栏的"行数和列数"上输入数值，如图4-48所示，在"行"文本框中输入5，"列"文本框中输入4，得到的网格图纸，如图4-49所示。

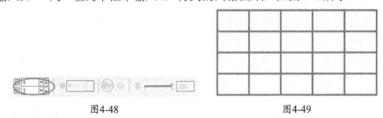

图4-48　　　　　　　　　　图4-49

2.绘制图纸

单击工具箱中的"图纸工具"，设置好网格的行数与列数，如图4-50所示，接着在页面空白处长按鼠标左键以对角进行拖曳预览，松开左键完成绘制，如图4-51所示。按住Ctrl键可以绘制一个外框为正方形的图纸，按住Shift键以中心为起始点绘制一个图纸，按住快捷键Shift+ Ctrl以中心为起始点绘制外框为正方形的图纸，如图4-52所示。

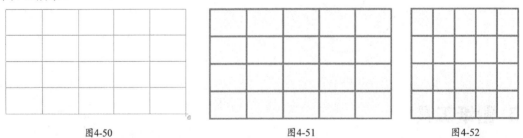

图4-50　　　　　　　　　图4-51　　　　　　　　　图4-52

4.1.6 形状工具组

CorelDRAW X7软件为了方便用户，在工具箱将一些常用的形状进行编组，方便点击直接绘制，长按左键打开工具箱形状工具组，如图4-53所示，包括"基本形状工具"、"箭头形状工具"、"流程图形状工具"📳、"标题形状工具"📰和"标注形状工具"📑五种形状工具。

图4-53

1.基本形状

"基本形状工具"可以快速绘制梯形、心形、圆柱体、水滴等基本型，如图4-54所示，绘制方法和多边形绘制方法一样，个别形状在绘制时会出现有红色轮廓沟槽，通过轮廓沟槽进行修改造型的形状。

单击工具箱中的"基本形状工具"📳，然后在属性栏"完美形状"图标◻的下拉样式中进行选择，如图4-55所示，选择◉在页面空白处按住左键拖曳，松开左键完成绘制，如图4-56所示，将光标放在红色轮廓沟槽上，按住左键可以进行修改形状，如图4-57所示将笑脸变为怒容。

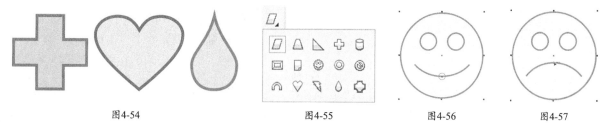

图4-54   图4-55   图4-56   图4-57

2.箭头形状

"箭头形状工具"可以快速绘制路标、指示牌和方向引导标示，如图4-58所示，移动轮廓沟槽可以修改形状。

单击工具箱中的"箭头形状工具"📳，然后在属性栏"完美形状"图标⇨的下拉样式中进行选择，如图4-59所示，选择⊕在页面空白处按住左键拖曳，松开左键完成绘制，如图4-60所示。

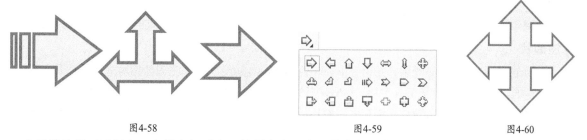

图4-58   图4-59   图4-60

由于箭头相对于复杂，变量也相对多，控制点为两个，黄色的轮廓沟槽控制十字干的粗细，如图4-61所示，红色的轮廓沟槽控制箭头的宽度，如图4-62所示。

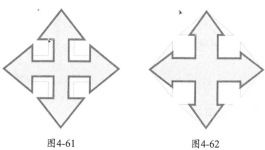

图4-61   图4-62

3.流程图形状

"流程图形状工具"可以快速绘制数据流程图和信息流程图，如图4-63所示，不能通过轮廓沟槽修改形状。

单击工具箱中的"流程图形状工具"，然后在属性栏"完美形状"图标的下拉样式中进行选择，如图4-64所示，选择在页面空白处按住左键拖曳，松开左键完成绘制，如图4-65所示。

图4-63　　　　　　　　　　　　　　　　　　图4-64　　　　图4-65

4.标题形状

"标题形状工具"可以快速绘制标题栏、旗帜标语、爆炸效果，如图4-66所示，可以通过轮廓沟槽修改形状。

图4-66

单击工具箱中的"标题形状工具"，然后在属性栏"完美形状"图标的下拉样式中进行选择，如图4-67所示，选择在页面空白处按住左键拖曳，松开左键完成绘制，如图4-68所示。红色的轮廓沟槽控制宽度，黄色的轮廓沟槽控制透视，如图4-69所示。

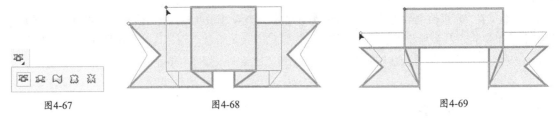

图4-67　　　　　　　　图4-68　　　　　　　　　　图4-69

5.标注形状

"标注形状工具"可以快速绘制补充说明和对话框，如图4-70所示，可以通过轮廓沟槽修改形状。

单击工具箱中的"标注形状工具"，然后在属性栏"完美形状"图标的下拉样式中进行选择，如图4-71所示，选择在页面空白处按住左键拖曳，松开左键完成绘制，如图4-72所示。拖动轮廓沟槽修改标注的角，如图4-73所示。

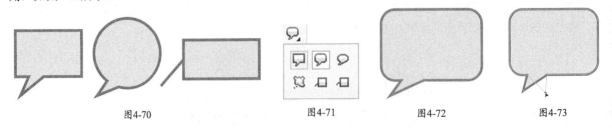

图4-70　　　　　　　　图4-71　　　　　　图4-72　　　　　　图4-73

4.1.7　实例：制作音乐标志

实例位置	实例文件>CH04>实例：制作logo.cdr
素材位置	无
实用指数	★★★★☆
技术掌握	椭圆形工具、矩形工具、手绘工具的运用方法

音乐标志效果如图4-74所示。

图4-74

01 单击"新建"按钮 🗋 打开"创建新文档"对话框，创建名称为"音乐标志"，设置"宽度"为45mm、"高度"为48mm。

02 选择"矩形工具"绘制一个圆角矩形，旋转角度40°，设置轮廓宽度为1.5mm，填充颜色为（C:0，M:100，Y:60，K:0），如图4-75所示。

03 选择"手绘工具"绘制一条直线，设置轮廓宽度为1.5mm，填充颜色为（C:0，M:100，Y:60，K:0），如图4-76所示。

04 选择"椭圆形工具"绘制一个圆，设置轮廓宽度为1.5mm，填充颜色为（C:0，M:100，Y:60，K:0），接着全选对象进行组合，如图4-77所示。

05 执行"对象>变换>缩放和镜像"菜单命令，打开"变换"面板，在*x*轴和*y*轴后面的文本框中设置缩放比例，接着选择相对中心为"右中"，设置"副本"为1，最后单击"应用"按钮完成，适当调整位置组合对象，如图4-78所示。

图4-75

图4-76

图4-77

图4-78

06 使用"文本工具"在图标下方输入美术字，然后设置"字体"为Asenine、"字体大小"为25pt，接着填充为白色。选择"椭圆形工具"绘制一个圆，填充颜色为黑色，最后全选对象居中对齐，最终效果如图4-79所示。

图4-79

4.2 绘制线段和曲线

线条是两个点之间的路径，线条由多条曲线或直线线段组成，线段间通过节点连接，以小方块节点表示，用户可以用线条进行各种形状的绘制和修饰。CorelDRAW X7为用户提供了各种线条工具，通过这些工具可以绘制曲线和直线，以及同时包含曲线段和直线段的线条。

4.2.1 手绘工具

"手绘工具"具有很强的自由性，就像用户在纸上用铅笔绘画一样，同时兼顾直线和曲线，并且会在绘制过程中自动将毛糙的边缘进行自动修复，使绘制更流畅更自然。

单击工具箱中的"手绘工具" ✎ 进行以下基本的绘制方法学习。

1.基本绘制方法

单击工具箱中的"手绘工具" ✎ ，然后在页面内空白处单击鼠标左键，如图4-80所示，接着移动光标确定另外一点的位置，再单击左键形成一条线段，如图4-81所示。

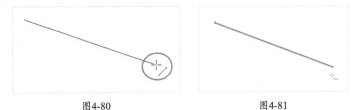

图4-80　　　　　　　　　　图4-81

线段的长短与用户鼠标移动的位置长短相同，结尾端点的位置也相对随意。如果用户需要一条水平或垂直的直线，在移动时按住Shift键就可以快速建立。

2.连续绘制线段

使用工具箱中的"手绘工具" ✎ ，绘制一条直线线段，然后将光标移动到线段末尾的节点上，当光标变为 ✎ 时单击左键，如图4-82所示，移动光标到空白位置单击左键创建折线，如图4-83所示，以此类推可以绘制连续线段，如图4-84所示。

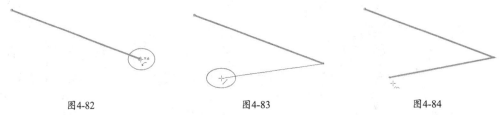

图4-82　　　　　　　　图4-83　　　　　　　　图4-84

在进行连续绘制时，起始点和结束点在一点重合时，会形成一个面，可以进行颜色填充和效果添加等操作，利用这种方式用户可以绘制各种抽象的几何形状。

3.绘制曲线

在工具箱中单击"手绘工具" ✎ ，然后在页面空白处按住左键进行拖曳绘制，松开鼠标形成曲线，如图4-85和图4-86所示。

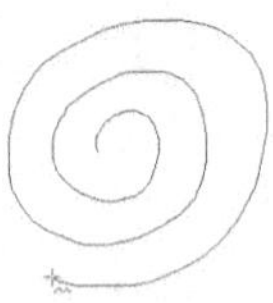

图4-85 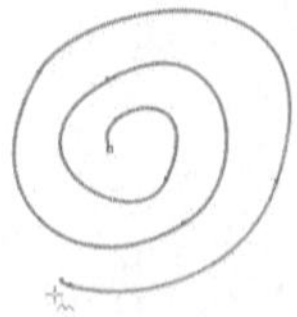　　　　　　图4-86

在绘制曲线的过程中，线条会呈现有毛边，可以在属性栏上调节"手动平滑"数值，进行自动平滑线条。

进行绘制时，每次松开左键都会形成独立的曲线，以一个图层显示，所以用户可以通过像画素描一样，一层层盖出想要的效果。

4.在线段上绘制曲线

在工具箱中单击"手绘工具" 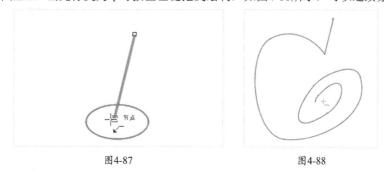，在页面空白处单击拖曳绘制一条直线线段，如图4-87所示，然后将光标拖曳到线段木尾的节点上，当光标变为 时按住左键拖曳绘制，如图4-88所示，可以连续穿插绘制。

图4-87   图4-88

在综合使用时，可以在直线线段上接连绘制曲线，也可以在曲线上绘制曲线，穿插使用，灵活性很强。

技巧与提示

在使用"手绘工具" 时，按住鼠标左键进行拖曳绘制对象，如果出错，可以在没松开左键前按住Shift键往回拖动鼠标，当绘制的线条变为红色时，松开鼠标进行擦除。

5.线条设置

"手绘工具" 的属性栏如图4-89所示。

图4-89

"手绘工具"的属性参数介绍

* 起始箭头：用于设置线条起始箭头符号，可以在下拉列表中进行选择，如图4-90所示，起始箭头并不代表是设置指向左边的箭头，而是起始端点的箭头，如图4-91所示。

* 线条样式：设置绘制线条的样式，可以在下拉列表中进行选择，如图4-92所示，添加效果如图4-93所示。

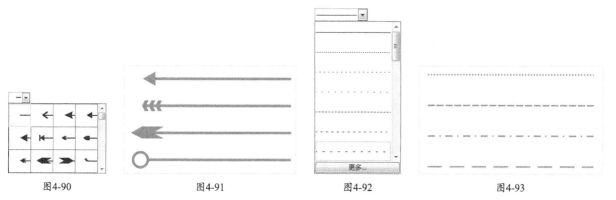

图4-90   图4-91   图4-92   图4-93

* 终止箭头：设置线条结尾箭头符号，可以在下拉箭头样式面板里进行选择，如图4-94所示。

* 闭合曲线：选中绘制的未合并线段，如图4-95所示，单击将起始节点和终止节点进行闭合，形成面，如图4-96所示。

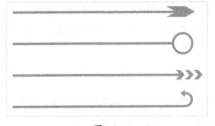

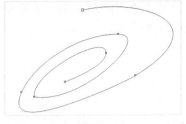

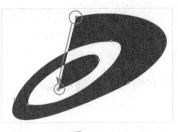

图4-94   图4-95   图4-96

* 轮廓宽度 ：输入数值可以调整线条的粗细，如图4-97所示。

* 手绘平滑：设置手绘时自动平滑的程度，最大为100，最小为0，默认为50。

* 边框 ：激活该按钮为隐藏边框，如图4-98所示，默认情况下边框为显示的，如图4-99所示。

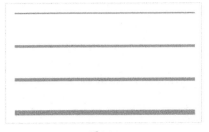

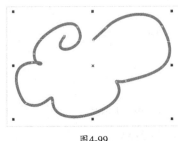

图4-97   图4-98   图4-99

4.2.2 使用贝塞尔工具

"贝塞尔工具"是所有绘图类软件中最为重要的工具之一，可以创建更为精确的直线和对称流畅的曲线，用户可以通过改变节点和控制其位置来变化曲线弯度。在绘制完成后，可以通过节点进行曲线和直线的修改。

1.直线绘制方法

单击工具箱中的"贝塞尔工具" ，将光标移动到页面空白处，单击鼠标左键确定起始节点，然后移动光标单击鼠标左键确定下一个点，此时两点间将出现一条直线，如图4-100所示，按住Shift键可以创建水平线与垂直线。

与手绘工具的绘制方法不同，使用"贝塞尔工具" 只需要继续移动光标，单击左键添加节点就可以进行连续绘制，如图4-101所示，停止绘制可以按"空格"键或者单击"选择工具" 完成编辑，首尾两个节点连接可以形成一个面，可以进行编辑与填充，如图4-102所示。

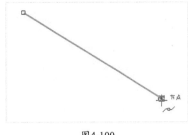

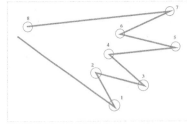

图4-100   图4-101   图4-102

2.曲线绘制方法

在绘制贝塞尔曲线之前，用户要先对贝塞尔曲线的类型进行了解。

"贝塞尔曲线"是由可编辑节点连接而成的直线或曲线，每个节点都有两个控制点，允许修改线条的形状。

在曲线段上每选中一个节点都会显示其相邻节点一条或两条方向线，如图4-103所示，方向线以方向点结束，方向线与方向点的长短和位置决定曲线线段的大小和弧度形状，移动方向线则改变曲线的形状，如图4-104所示。方向线也可以叫"控制线"，方向点叫"控制点"。

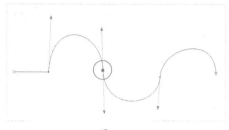

图4-103   图4-104

贝塞尔曲线分为"对称曲线"和"尖突曲线"两种。

对称曲线：在使用对称时，调节"控制线"可以使当前节点两端的曲线端等比例进行调整，如图4-105所示。

尖突曲线：在使用尖突时，调节"控制线"只会调节节点一端的曲线，如图4-106所示。

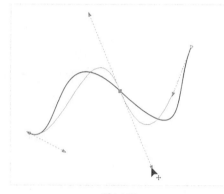

图4-105   图4-106

贝塞尔曲线可以是没有闭合的线段，也可以是闭合的图形，可以利用贝塞尔绘制矢量图案，单独绘制的线段和图案都以图层的形式存在，经过排放可以绘制各种简单和复杂的图案，如图4-107所示，如果变为线稿可以看出来曲线的痕迹，如图4-108所示。

图4-107

图4-108

3.绘制曲线

单击工具箱中的"贝塞尔工具" ，然后将光标移动到页面空白处，按住鼠标左键并拖曳，确定第一个起始节点，此时节点两端出现蓝色控制线，如图4-109所示，调节"控制线"控制曲线的弧度和大小，节点在选中时以实色方块显示所以也可以叫做"锚点"。

图4-109

技巧与提示

注意，在调整节点时，按住Ctrl键再拖动鼠标，可以设置增量为15°调整曲线弧度大小。

调整第一个节点后松开鼠标，然后移动光标到下一个位置上，按住鼠标左键拖曳控制线调整节点间曲线的形状，如图4-110所示。

在空白处继续进行拖曳控制线调整曲线可以进行连续绘制，绘制完成后按"空格"键或者单击"选择工具"完成编辑，如果绘制闭合路径，那么，在起始节点和结束节点闭合时自动完成编辑，不需要按空格键，闭合路径可以进行颜色填充，如图4-111和图4-112所示。

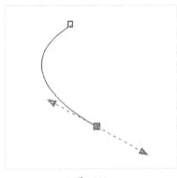

图4-110

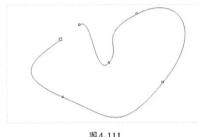

图4-111

图4-112

4.贝塞尔的设置

双击"贝塞尔工具" ，打开"选项"对话框，在"手绘/贝塞尔工具"选项组进行设置，如图4-113所示。

图4-113

"贝塞尔工具"的参数介绍

* 手绘平滑：设置自动平滑程度和范围。

* 边角阈值：设置边角平滑的范围。

* 直线阈值：设置在进行调节时线条平滑的范围。

* 自动连接：设置节点之间自动吸附连接的范围。

5.贝塞尔的修饰

在使用贝塞尔进行绘制时无法一次性得到需要的图案，所以需要在绘制后进行线条修饰，用户配合"形状工具"⬚和属性栏，可以对绘制的贝塞尔线条进行修改，如图4-114所示。

图4-114

4.2.3 使用艺术笔工具

"艺术笔工具"可以快速创建系统提供的图案或笔触效果，并且，绘制出的对象为封闭路径，可以单击进行填充编辑，如图4-115所示，艺术笔类型分为"预设""笔刷""喷涂""书法"和"压力"五种，在属性栏通过单击选择更改后面的参数选项。

单击工具箱中的"艺术笔工具"⬚，然后将光标移动到页面内，按住鼠标左键拖曳绘制路径，如图4-116所示，松开左键完成绘制，如图4-117所示。

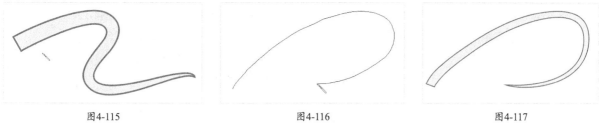

<table>
<tr><td align="center">图4-115</td><td align="center">图4-116</td><td align="center">图4-117</td></tr>
</table>

1.预设

"预设"是指使用预设的矢量图形来绘制曲线。

在"艺术笔工具"⬚属性栏上单击"预设"按钮⬚，将属性栏变为预设属性，如图4-118所示。

图4-118

"预设"参数介绍

＊手绘平滑：在文本框内设置数值调整线条的平滑度，最高平滑度为100。

＊笔触宽度⬚：设置数值可以调整绘制笔触的宽度，值越大笔触越宽，反之越小，如图4-119所示。

＊预设笔触：单击后面的⬚按钮，打开下拉列表，如图4-120所示，可以选取相应的笔触样式进行创建，如图4-121所示。

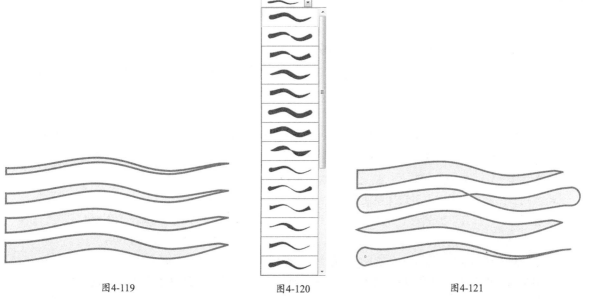

<table>
<tr><td align="center">图4-119</td><td align="center">图4-120</td><td align="center">图4-121</td></tr>
</table>

* 随对象一起缩放笔触 ☐: 单击该按钮后，缩放笔触时，笔触线条的宽度会随着缩放改变。
* 边框 ☐: 单击后会隐藏或显示边框。

2.笔刷

"笔刷"是指绘制与笔刷笔触相似的曲线，可以利用"笔刷"绘制出仿真效果的笔触。

在"艺术笔工具" ☐, 属性栏上单击"笔刷"按钮 ☐, 将属性栏变为笔刷属性，如图4-122所示。

图4-122

"笔刷工具"的参数介绍

* 类别: 单击后面的 艺术 按钮，在下拉列表中可以选择要使用的笔刷类型，如图4-123所示。
* 笔刷笔触: 在其下拉列表中可以选择相应笔刷类型的笔刷样式。
* 浏览 ☐: 可以浏览硬盘中的艺术笔刷文件夹，选取艺术笔刷可以进行导入使用，如图4-124所示。
* 保存艺术笔触 ☐: 确定好自定义的笔触后，使用该命令保存到笔触列表，如图4-125所示。

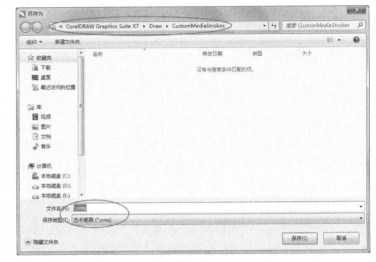

图4-123　　　　图4-124　　　　　　　　　　　　图4-125

* 删除: 删除已有的笔触。

3.喷涂

"喷涂"是指通过喷涂一组预设图案进行绘制。

在"艺术笔工具" ☐ 属性栏上单击"喷涂"按钮 ☐, 将属性栏变为喷涂属性，如图4-126所示。

图4-126

"喷涂"的属性参数介绍

* 喷涂对象大小: 在上方的数值框中将喷射对象的大小统一调整为特定的百分比，可以手动调整数值。
* 递增按比例放缩 ☐: 点击锁头激活下方的数值框，在下方的数值框输入百分比可以将每一个喷射对象大小调整为前一个对象大小的某一特定百分比，如图4-127所示。
* 类别: 在下拉列表中可以选择要使用的喷射的类别，如图4-128所示。
* 喷着图样: 在其下拉列表中可以选择相应喷涂类别的图案样式，可以是矢量的图案组。
* 喷涂顺序: 在下拉列表中提供有"随机""顺序"和"按方向"3种，如图4-129所示。
* 添加到喷涂列表 ☐: 添加一个或多个对象到喷涂列表。
* 喷涂列表选项 ☐: 可以打开"创建喷涂列表"对话框，用来设置喷涂对象的顺序和设置对象数目。

＊每个色块中的图案像素和图像间距：在上方的文字框 中输入数值设置每个色块中的图像数；在下方的文字框 中输入数值调整笔触长度中各色块之间的距离。

＊旋转 ：在下拉"旋转"选项面板中设置喷涂对象的旋转角度，如图4-130所示。

＊偏移 ：在下拉"偏移"选项面板中设置喷涂对象的偏移方向和距离，如图4-131所示。

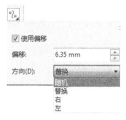

| 图4-127 | 图4-128 | 图4-129 | 图4-130 | 图4-131 |

4.书法

"书法"是指通过笔锋角度变化绘制书法笔触相似的效果。

在"艺术笔工具" 属性栏上单击"书法"按钮 ，将属性栏变为书法属性，如图4-132所示。

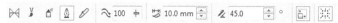

图4-132

"书法"的属性参数介绍

＊书法角度 ：输入数值可以设置笔尖的倾斜角度，范围最小是0度，最大是360度，如图4-133所示。

图4-133

5.压力

"压力"是指模拟使用压感画笔的效果进行绘制，可以配合数位板进行使用。

在工具箱中单击"艺术笔工具" ，然后在属性栏上单击"压力"按钮 ，如图4-134所示，属性栏变为压力基本属性。绘制压力线条和在Adobe Photoshop软件里用数位板进行绘画感觉相似，模拟压感画笔进行绘制，笔画流畅，如图4-135所示。

图4-134   图4-135

4.2.4 使用钢笔工具

"钢笔工具"和"贝塞尔工具"很相似，也是通过节点的连接绘制直线和曲线，在绘制之后通过"形状工具"进行修饰。

1.钢笔工具的属性栏设置

"钢笔工具"的属性栏如图4-136所示。

图4-136

"钢笔工具"的属性参数介绍

* 闭合曲线：绘制曲线后单击该按钮，可以在曲线开始与结束点间自动添加一条直线，使曲线首尾闭合。

* 预览模式：激活该按钮后，会在确定下一节点前自动生成一条预览当前曲线形状的蓝线，关掉就不显示预览线。

* 自动添加或删除节点：单击激活后，将光标移动到曲线上，光标变为，单击左键添加节点，光标变为单击左键删除节点，关掉就无法单击左键进行快速添加。

2.绘制曲线

单击"钢笔工具"，然后将光标移动到页面内空白处，单击鼠标左键定下起始节点，移动光标到下一位置按着左键不放进行拖动"控制线"，如图4-137所示，松开左键移动光标会有蓝色弧线进行预览，如图4-138所示。

图4-137

图4-138

绘制连续的曲线要考虑到曲线的转折，"钢笔工具"可以生成预览线进行查看，所以在确定节点之前，可以进行修正，如果位置不合适，可以及时调整，如图4-139所示，起始节点和结束节点重合可以形成闭合路径，进行填充操作，如图4-140所示，在路径上方绘制一个圆形，可以绘制一朵小花。

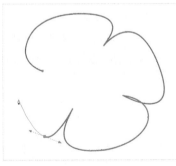

图4-139

图4-140

3.绘制直线和折线

单击工具箱中的"钢笔工具"，然后将光标移动到页面内空白处，单击鼠标左键定下起始节点，接着移动光标出现蓝色预览线条进行查看，如图4-141所示。

选择好结束节点的位置后，单击左键线条变为实线，完成编辑就双击鼠标左键，如图4-142所示。

绘制连续折线时，将光标移动在结束节点上，当光标变为时单击左键，然后继续移动光标单击进行定节点，如图4-143所示，当起始节点和结束节点重合时形成闭合路径可以进行填充操作，如图4-144所示。

图4-141 　　　　　　　　 图4-142 　　　　　　　　 图4-143 　　　　　　　　 图4-144

技巧与提示

在绘制直线的时候按住Shift键可以绘制水平线段、垂直线段或15°递进的线段。

4.2.5　3点曲线工具

"3点曲线工具"可以准确的确定曲线的弧度和方向。

在"工具箱"中单击"3点曲线工具" ，然后将光标移动到页面内按住鼠标左键进行拖曳，出现一条曲线进行预览，拖动到合适位置后松开左键并移动光标调整曲线弧度，如图4-145所示，接着单击左键完成编辑，如图4-146所示。

熟练运用"3点曲线工具"可以快速制作流线造型的花纹，如所图4-147所示，重复排列可以制作花边。

图4-145 　　　　　　　　　　 图4-146 　　　　　　　　　　 图4-147

4.2.6　折线工具

"折线工具"用于方便快捷的创建复杂几何形和折线。

在工具箱中单击"折线工具" ，然后在页面空白处单击鼠标左键定下起始节点，移动光标会出现一条直线，如图4-148所示，接着单击左键定下第2个节点的位置，继续绘制形成复杂折线，最后双击左键可以结束编辑，如图4-149所示。

除了绘制折线外还可以绘制曲线，单击"折线工具" ，然后在页面空白处按住鼠标左键进行拖曳绘制，松开鼠标后可以自动平滑曲线，如图4-150所示，双击左键结束编辑。

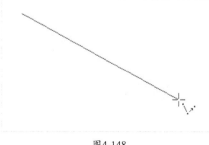

图4-148 　　　　　　　　　　 图4-149 　　　　　　　　　　 图4-150

4.2.7　2点线工具

"2点线工具"专门绘制直线线段，使用该工具还可直接创建与对象垂直或相切的直线。接下来进行"2点线工具"的基本绘制学习。

1.绘制一条线段

单击工具箱中的"2点线工具" ，将光标移动到页面内空白处，然后按住鼠标左键不放拖动一段距离，松开左键完成绘制，如图4-151所示。

图4-151

2.绘制连续线段

单击工具箱中的"2点线工具"，在绘制一条直线后不移开光标，光标会变为 ，如图4-152所示，然后再按住鼠标左键拖曳绘制，如图4-153所示。

连续绘制到首尾节点合并，可以形成面，如图4-154所示。

图4-152　　　　　　　　　　　图4-153　　　　　　　　　　　图4-154

3.设置绘制类型

"2点线工具" 的属性栏里可以切换绘制2点线的类型，如图4-155所示。

图4-155

"2点线工具" 的属性参数介绍

＊2点线工具：连接起点和终点绘制一条直线。

＊垂直2点线：绘制一条与现有对象或线段垂直的2点线，如图4-156所示。

＊相切2点线：绘制一条与现有对象或线段相切的2点线，如图4-157所示。

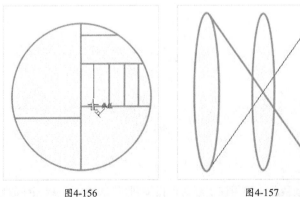

图4-156　　　　　　　　图4-157

4.2.8 B样条工具

"B样条工具"是通过建造控制点来轻松创建连续平滑的曲线。

单击工具箱中的"B样条工具" ，然后将光标移动到页面内空白处，再单击鼠标左键定下第一个控制点，移动光标，会拖曳出一条实线与虚线重合的线段，如图4-158所示，单击定第二个控制点。

在确定第二个控制点后，再移动光标时实线就会被分离出来，如图4-159所示，此时可以看出实线为绘制的曲线，虚线为连接控制点的控制线，继续增加控制点直到闭合控制点，在闭合控制线时自动生成平滑曲线，如图4-160所示。

  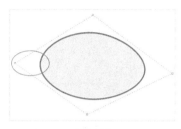

图4-158　　　　　　　　　　图4-159　　　　　　　　　　图4-160

在编辑完成后可以单击"形状工具" ，通过修改控制点来轻松修改曲线。

技巧与提示

注意，绘制曲线时，双击鼠标左键可以完成曲线编辑，绘制闭合曲线时，直接将控制点闭合完成编辑。

4.2.9 使用度量工具

在产品设计、VI设计、景观设计等领域中，会出现一些度量符号来标示对象的参数。CorelDRAW X7为用户提供了丰富的度量工具，方便进行快速、便捷、精确的测量，包括"平行度量工具""水平或垂直度量工具""角度量工具""线段度量工具"和"3点标注工具"。

使用度量工具可以快速测量出对象水平方向、垂直方向的距离，也可以测量倾斜的角度，下面进行详细讲解。

1.平行度量工具

"平行度量工具"用于为对象测量任意角度上两个节点间的实际距离，并添加标注。

在工具箱中单击"平行度量工具" ，然后将光标移动到需要测量对象的节点上，当光标旁出现"节点"字样时，再按住鼠标左键向下拖曳，如图4-161所示，接着拖动到下面节点上松开鼠标确定测量距离，如图4-162所示，最后向空白位置移动光标，确定好添加测量文本的位置单击鼠标左键添加文本，如图4-163图4-164所示。

图4-161　　　　　　图4-162　　　　　　图4-163　　　　　　图4-164

技巧与提示

在使用"平行度量工具" 确定测量距离时，除了单击选择节点间的距离外，也可以选择对象边缘之间的距离。"平行度量工具" 可以测量任何角度方向的节点间的距离，如图4-165所示。

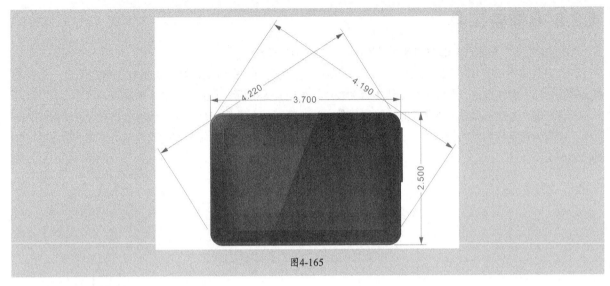

图4-165

2.水平或垂直度量工具

"水平或垂直度量工具"用于为对象测量水平或垂直角度上两个节点间的实际距离，并添加标注。

在工具箱中单击"水平或垂直度量工具"，然后将光标移动到需要测量的对象的节点上，当光标旁出现"节点"字样时，再按住左键向下或左右拖动会得到水平或垂直的测量线，如图4-166和图4-167所示，接着拖动到相应的位置松开左键完成度量。

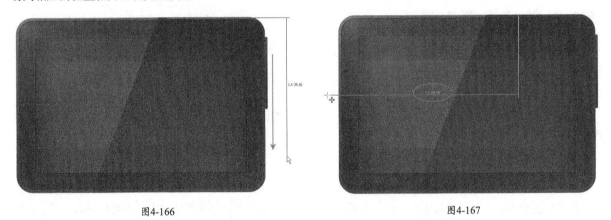

图4-166   图4-167

技巧与提示

"水平或垂直度量工具"可以在拖动测量距离时，同时拖动文本距离。

因为"水平或垂直度量工具"只能绘制水平和垂直的度量线，所以在确定第一节点后若斜线拖动，会出现长度不一的延伸线，不会出现倾斜的度量线，如图4-168所示。

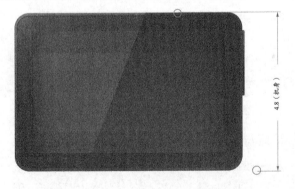

图4-168

3. 3点标注工具

"3点标注工具"用于快速为对象添加折线标注文字。

在工具箱中单击"3点标注工具" ，将光标移动到需要标注的对象上，如图4-169所示，然后按住左键拖曳，确定第二个点后松开左键，再拖动一段距离单击左键可以确定文本位置，输入相应文本完成标注，如图4-170到图4-172所示。

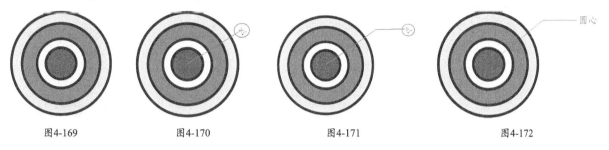

图4-169   图4-170   图4-171   图4-172

4.2.10 实例：绘制文身图案

实例位置	实例文件>CH04>实战：绘制文身图案.cdr
素材位置	素材文件>CH04> 01.jpg
实用指数	★★★☆☆
技术掌握	手绘工具的使用方法

文身图案效果如图4-173所示。

图4-173

01 单击"新建" 按钮打开"创建新文档"对话框，创建名称为"文身"，接着设置"宽度"为35mm、"高度"为26mm。

02 选择"钢笔工具"绘制一个图形，然后使用"形状工具"对对象进行调整，接着填充颜色为黑色，最后去掉轮廓线，如图4-174所示。

03 使用同样的方法向右绘制图形，然后填充颜色为黑色，去掉轮廓线，最后全选对象进行组合，效果如图4-175所示。

图4-174

图4-175

04 导入教学资源中的"素材文件>CH05> 01.jpg"文件，将文身图案移动到适当位置进行调整，最终效果如图4-176所示。

图4-176

4.3 智能绘图

使用"智能绘图工具"△绘制图形时，可以将手绘笔触转换成近似的基本形状或平滑的曲线。另外，还可以通过属性栏的选项来改变识别等级和所绘制图形的轮廓宽度。

使用"智能绘图工具"△既可以绘制单一的图形，也可以绘制多个图形。

单击"智能绘图工具"△，然后按住鼠标左键在页面空白处绘制想要的图形，如图4-177所示，待松开鼠标后，系统会自动将手绘笔触转换为与所绘形状近似的图形，如图4-178所示。

图4-177

图4-178

技巧与提示

在使用"智能绘图工具"△时，如果要绘制两个相邻的独立图形，必须要在绘制的前一个图形已经自动平滑后才可以绘制下一个图形，否则相邻的两个图形有可能会产生连接或是平滑成一个对象。

在绘制过程中，当绘制的前一个图形未自动平滑前，可以继续绘制下一个图形，如图4-179所示，松开鼠标左键以后，图形将自动平滑，并且绘制的图形会形成同一组编辑对象，如图4-180所示。

当光标呈双向箭头形状↘时，拖曳绘制的图形可以改变图形的大小，如图4-181所示，当光标呈十字箭头形状✛时，可以移动图形的位置，在移动的同时单击鼠标右键还可以对其进行复制。

图4-179

图4-180

图4-181

技巧与提示

在使用"智能绘图工具" △绘图的过程中，如果对绘制的形状不满意，还可以对其进行擦除，擦除方法是按住Shift键反向拖动鼠标。

"智能绘图工具" △的属性栏如图4-182所示。

图4-182

"智能绘图工具"的属性参数介绍

＊ 形状识别等级：设置检测形状并将其转换为对象的等级，包括"无""最低""低""中""高"和"最高"6个选项，如图4-183所示。

＊ 智能平滑等级：包括"无""最低""低""中""高"和"最高"6个选项，如图4-184所示。

＊ 轮廓宽度：为对象设置轮廓宽度，如图4-185所示。

图4-183　　　　图4-184　　　　图4-185

技巧与提示

在使用"智能绘图工具" △绘制出对象后，将光标移动到对象中心且变为十字箭头形状⊕时，可以移动对象的位置，当光标移动到对象边缘且变为双向箭头↗时，可以进行缩放操作。另外，在进行移动或是缩放操作时还可以复制对象。

4.4 本章练习

练习1：用椭圆形工具绘制时尚图案

素材位置	素材文件>CH04>02.cdr、03.psd、04.cdr
实用指数	★★★☆☆
技术掌握	椭圆形工具的运用方法

使用"椭圆形工具"绘制时尚图案如图4-186所示。

图4-186

练习2：用几何绘图工具绘制七巧板

素材位置	素材文件>CH05>05.jpg、06.jpg、07.psd、08.cdr
实用指数	★★★★☆
技术掌握	几何绘图的运用方法

运用几何绘图的方法绘制七巧板，如图4-187所示。

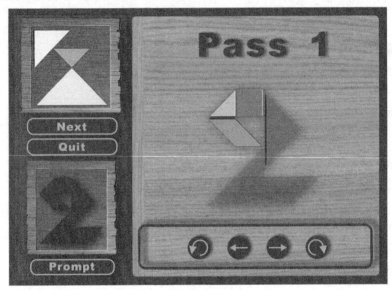

图4-187

第5章
填充图形

对于人的视觉来说，最具冲击力的是色彩。不同颜色所代表的含义也会不同。色彩运用是否合理，是判断一件作品是否成功的关键。本章通过填充操作，可利用多种方式为对象填充颜色，填充操作通过多样化的填充方式，赋予对象更多的变化，使对象表现出更丰富的视觉效果。

学习要点

- ❖ 自定义调色板
- ❖ 均匀填充
- ❖ 渐变填充
- ❖ 图样填充
- ❖ 底纹填充
- ❖ PostScript填充
- ❖ 填充开放的曲线
- ❖ 交互式填充工具
- ❖ 网状填充工具
- ❖ 滴管工具
- ❖ 默认填充

5.1 自定义调色板

在CorelDRAW X7中，可以使用"调色板编辑器"对话框来创建自定义的调色板。执行"窗口>调色板>调色板编辑器"菜单命令，即可打开"调色板编辑器"对话框，如图5-1所示。

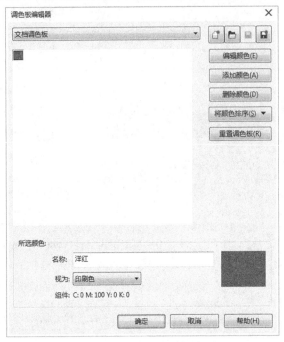

图5-1

1.创建自定义调色板

在"调色板编辑器"对话框中单击"新建调色板"按钮，打开"新建调色板"对话框，如图5-2所示，在"文件名"一栏中输入颜色名称，然后单击"保存"按钮即可，如图5-3所示。

图5-2

图5-3

2.编辑自定义调色板

创建自定义调色板后，可以对调色板进行编辑，下面介绍"调色板编辑器"对话框中各选项的使用方法。

"选择颜色"对话框的参数介绍

* 添加颜色：单击该按钮，在打开的"选择颜色"对话框中自定义一种颜色，然后单击"加到调色板"按钮即可，如图5-4所示。

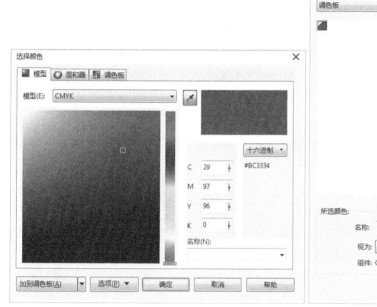

图5-4

* 编辑颜色：在"调色板编辑器"对话框的颜色列表中选择要更改的颜色，然后单击"编辑颜色"按钮，在"选择颜色"对话框中自定义一种颜色，完成后单击"确定"按钮，即可完成编辑，如图5-5所示。

图5-5

＊ 删除颜色：在颜色列表框中选择要删除的颜色，然后单击"删除颜色"按钮即可。

技巧与提示

注意，单击"删除颜色"按钮后，程序会打开提示对话框，如图5-6所示，单击"是"按钮，即可删除所选颜色，不勾选"再次显示该对话框"复选框，可取消该提示对话框的再次显示。

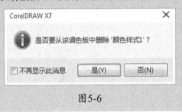

图5-6

＊ 将颜色排序：单击该按钮，在展开的下拉列表中可选择所需的排序方式，使颜色选择区域中的颜色按指定的方式重新排序，如图5-7所示。

图5-7

＊ "重置调色板"：单击该按钮，打开提示对话框，如图5-8所示，单击"是"按钮，即可重置调色板。

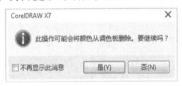

图5-8

＊ 名称：用于显示所选颜色的名称，也可以在其文本框中为所选颜色重新命名。

＊ 视为：设置所选颜色为"专色"还是"印刷色"。

＊ 组件：显示所选颜色的RGB值或CMYK值。

3.调色板的使用

选中要填充的对象，如图5-9所示，然后使用鼠标左键单击调色板中的色样，即可为对象内部填充颜色，如果使用右键单击，即可为对象轮廓填充颜色，填充效果如图5-10所示。

图5-9   图5-10

在为对象填充颜色时，除了可以使用调色板上显示的色样为对象填充外，还可以使用鼠标左键长按调色板中的任意一个色样，打开该色样的渐变色样列表，如图5-11所示，然后在该列表中选择颜色为对象填充。

使用鼠标左键单击调色板下方的 》 按钮，可以显示该调色板列表中的所有颜色，如图5-12所示。

图5-11

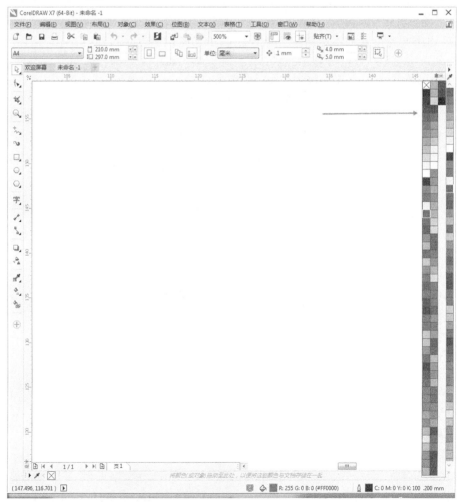

图5-12

使用鼠标左键将调色板中的色样直接拖动到图形对象上，当光标拖曳到对象上时释放鼠标，即可将该颜色应用到对象上。

技巧与提示

注意，使用鼠标左键单击调色板中的☒按钮，可清除对象内部的填充颜色，使用右键单击调色板中的☒按钮，可清除对象的外部轮廓线。

5.2 均匀填充

使用"均匀填充"方式可以为对象填充单一颜色，也可以在调色板中单击颜色进行填充。"均匀填充"包含"调色板"填充、"混合器"填充和"模型"填充3种。

5.2.1 均匀填充方式

用户可以应用"均匀填充"填充到对象。均匀填充是可以使用调色板、混合器和颜色模型来选择或创建的纯色。

1.调色板填充

绘制一个图形并将其选中，如图5-13所示，然后左键双击"渐层工具" ✍，在打开的"编辑填充"对话框中选择"均匀填充"方式■，接着单击"调色板"对话框，再单击想要填充的色样，最后单击"确定"按钮 ⬚确定⬚，即可为对象填充选定的单一颜色，如图5-14和图5-15所示。

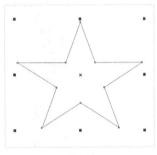

图5-13

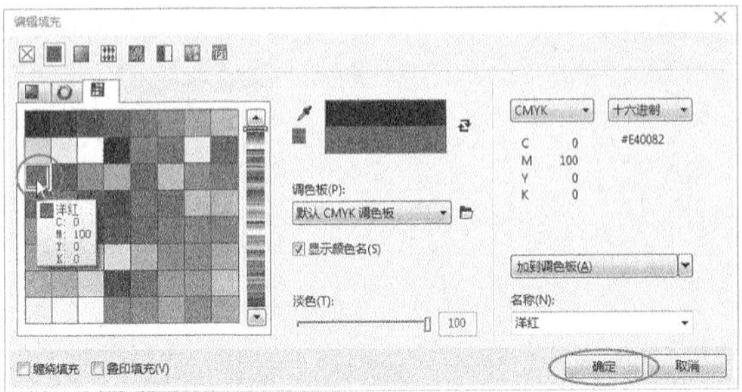

图5-14

图5-15

在"均匀填充"对话框中拖动纵向颜色条上的矩形滑块可以对其他区域的颜色进行预览，如图5-16所示。

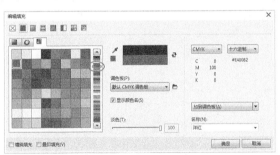

图5-16

"调色板"对话框的参数介绍

* 调色板：用于选择调色板，如图5-17所示。

* 打开调色板 ▣：用于载入用户自定义的调色板，单击该按钮，打开"打开调色板"对话框，然后选择要载入的调色板，接着单击"打开"按钮 打开(O) 即可载入自定义的调色板，如图5-18所示。

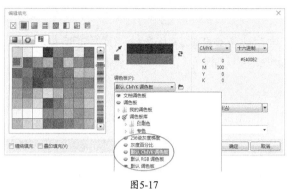

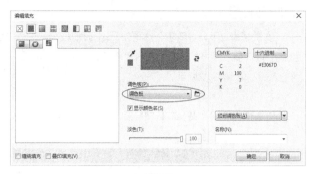

图5-17 图5-18

* 滴管 ：单击该按钮可以在整个文档窗口内进行颜色取样。

* 颜色预览窗口：显示对象当前的填充颜色和对话框中选择的颜色，上面的色条显示选中对象的填充颜色，下面的色条显示对话框中选择的颜色，如图5-19所示。

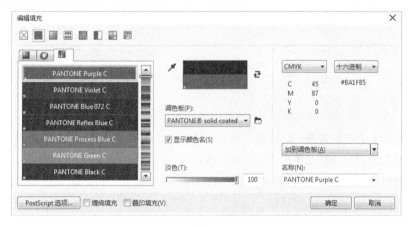

图5-19

* 名称：显示选中调色板中颜色的名称，同时可以在下拉列表中快速选择颜色，如图5-20所示。

* 加到调色板 加到调色板(A)：将颜色添加到相应的调色板。单击后面的 按钮可以选择系统提供的调色板类型，如图5-21所示。

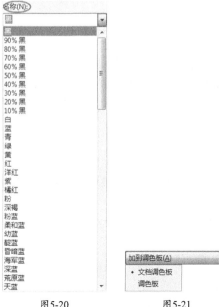

图5-20 图5-21

技巧与提示

在默认情况下，"淡色"选项处于不可用状态，只有在将"调色板"类型设置为专色调色板类型（如DIC Colors调色板）该选项才可用，往右调整淡色滑块，可以减淡颜色，往左调整则可以加深颜色，同时可以在颜色预览窗口中查看淡色效果，如图5-22所示。

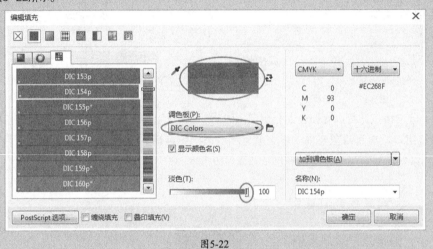

图5-22

2.混合器填充

绘制一个图形并将其选中，如图5-23所示，然后左键双击"渐层工具" ✎，在打开的"编辑填充"对话框中选择"均匀填充"方式 ▦，接着单击"混合器"选项卡，在"色环"上单击选择颜色范围，再单击颜色列表中的色样选择颜色，最后单击"确定"按钮 确定 ，如图5-24所示，填充效果如图5-25所示。

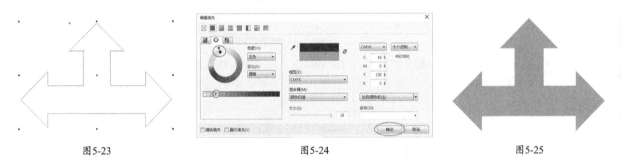

| 图5-23 | 图5-24 | 图5-25 |

技巧与提示

在"均匀填充"对话框中选择颜色时，将光标移出该对话框，光标即可变为滴管形状 ✒，此时可从绘图窗口进行颜色取样，如果单击对话框中的"滴管"按钮 ✒后，再将光标移出对话框，此时不仅可以从文档窗口进行颜色取样，还可对应用程序外的颜色进行取样。

"混合器"对话框的参数介绍

＊ 模型：选择调色板的色彩模式，如图5-26所示，其中CMYK和RGB为常用色彩模式，CMYK用于打印输出，RGB用于显示预览。

＊ 色度：用于选择对话框中色样的显示范围和所显示色样之间的关系，如图5-27所示。

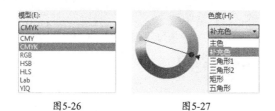

图5-26　　　　　　　　　　　　图5-27

技巧与提示

当色环上的颜色滑块位置发生改变时，颜色列表中的渐变色系也会随之改变，如图5-28所示，并且当光标移动到色环上变为十字形状➕时，使用鼠标左键在色环上单击进行拖曳，可以更改所有颜色滑块的位置，如图5-29所示，当移动光标至白色颜色滑块变为手抓形状🖑，按住鼠标左键进行拖曳，可以调整所有白色颜色滑块的位置，如图5-30所示。

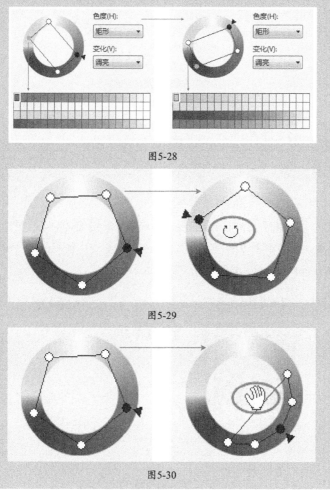

图5-28

图5-29

图5-30

* 变化：用于选择显示色样的色调，如图5-31所示。

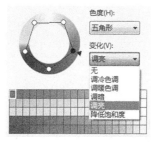

图5-31

　　* 大小：控制显示色样的列数，当数值越大时，相邻两列色样间颜色差距越小（当数值为1时只显示色环上颜色滑块对应的颜色），如图5-32所示，当数值越小时，相邻两列色样间颜色差距越大，如图5-33所示。

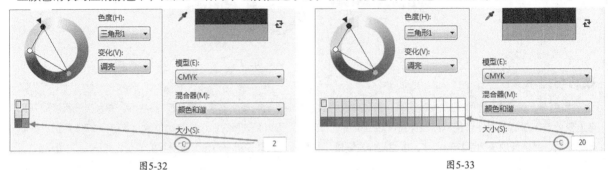

图5-32　　　　　　　　　　　　　　　　　　　　　　　图5-33

　　* 混合器：单击该按钮，在下拉列表中显示如图5-34所示的选项。

图5-34

技巧与提示

　　在为对象进行单一颜色填充时，如果对想要填充的颜色色调把握不准确，可以通过"混合器"选项卡，在"变化"选项下拉列表中对颜色色调进行设置，然后进行颜色选择。

3.模型填充

　　绘制一个图形并将其选中，如图5-35所示，然后左键双击"渐层工具" ，在打开的"编辑填充"对话框中选择"均匀填充"方式，接着单击"模型"选项卡，在该选项卡中使用鼠标左键单击选择色样，最后单击"确定"按钮 如图5-36所示，填充效果如图5-37所示。

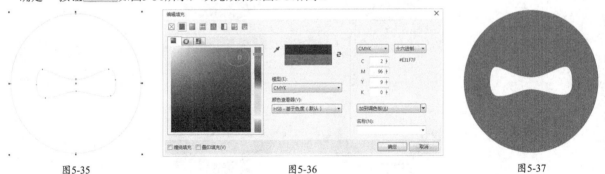

图5-35　　　　　　　　　　　　　　图5-36　　　　　　　　　　　　　　图5-37

　　"模型"参数介绍

　　* 选项：单击该按钮，在下拉列表中显示如图5-38所示的选项。

图5-38

技巧与提示

　　在"模型"选项卡中，除了可以在色样上单击为对象选择填充颜色，还可以在"组建"中输入所要填充颜色的数值。

5.2.2 实例：绘制星形标志

实例位置	实例文件>CH05>实例：绘制星形标志.cdr
素材位置	素材文件>CH05>01.jpg
实用指数	★★★★☆
技术掌握	均匀填充工具的使用方法

星形标志效果如图5-39所示。

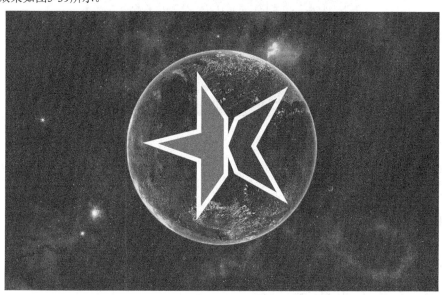

图5-39

01 新建空白文档，然后设置文档名称为"星形标志"，接着设置"宽度"为201mm、"高度"为125mm。

02 选择"钢笔工具"绘制一个图形，然后填充颜色为（C:0，M:100，Y:60，K:0）、轮廓线填充为白色，设置轮廓线宽度为2mm，如图5-40所示。

03 同样使用"钢笔工具"绘制一个图形，然后填充颜色为（C:98，M:94，Y:1，K:0），轮廓线填充为白色，设置轮廓线宽度为2mm，接着全选对象进行组合，如图5-41所示。

图5-40

图5-41

04 导入教学资源中的"素材文件>CH05>01.jpg"文件，拖曳到页面中心，然后将绘制的图形调整至适当位置，最终效果如图5-42所示。

图5-42

5.3 渐变填充

使用"渐变填充"方式▦可以为对象添加两种或多种颜色的平滑渐进色彩效果。"渐变填充"方式▦包括"线性渐变填充""椭圆形渐变填充""圆锥形渐变填充"和"矩形渐变填充"4种填充类型，应用到设计创作中可表现物体质感，以及在绘图中表现非常丰富的色彩变化。

5.3.1 使用填充工具进行填充

双击状态栏上的"渐层工具"按钮◈，在打开的"编辑填充"对话框中选择渐变填充方式，如图5-43所示。

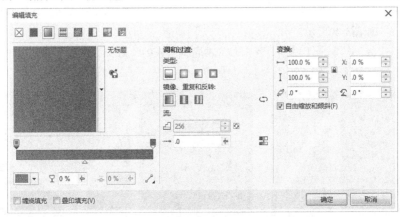

图5-43

"渐变填充"对话框的参数介绍

＊填充挑选器：单击"填充挑选器"按钮，选择下拉菜单中的填充纹样填充对象，效果如图5-44所示。

＊节点颜色：以两种或多种颜色进行渐变设置，可在频带上双击添加色标，使用鼠标左键单击色标即可在颜色样式中为所选色标选择颜色，如图5-45所示。

＊节点透明度：指定选定节点的透明度。

＊节点位置：指定中间节点相对于第一个和最后一个节点的位置。

＊调和过渡：可以选择填充方式的类型，选择填充的方法。

＊渐变步长：设置各个颜色之间的过渡数量，数值越大，渐变的层次越多渐变颜色也就越细腻；数值越小，渐变层次越少渐变就越粗糙，进行不同参数设置后。

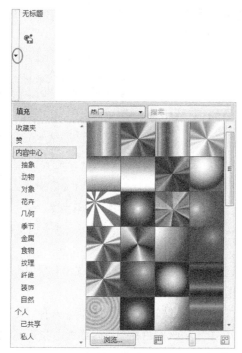

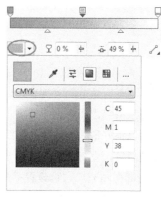

图5-44   图5-45

技巧与提示

注意，在设置"步长值"时，要先单击该选项后面的按钮 进行解锁，然后才能进行步长值的设置。

＊加速：指定渐变填充从一个颜色调和到另一个颜色的速度。

＊变换：用于调整颜色渐变过渡的范围，数值范围为0~49%，值越小范围越大，值越大范围越小，对填充对象的边界进行不同参数设置。

技巧与提示

"圆锥"填充类型不能进行"变换"的设置。

＊旋转 ：设置渐变颜色的倾斜角度（在"椭圆形渐变填充"类型中不能设置"角度"选项），设置该选项可以在数值框中输入数值，也可以在预览窗口中按住左键拖曳色标，对填充对象的角度进行不同参数设置后，效果如图5-46所示。

图5-46

在CorelDRAW X7中，渐变填充包括4种类型：线性渐变填充、椭圆形渐变填充、圆锥形渐变填充和矩形渐变填充。下面分别介绍这4种渐变类型的应用方法。

1.线性渐变填充

"线性渐变填充"可以用于在两个或多个颜色之间产生直线型的颜色渐变。选中要进行填充的对象，然后左键双击"渐层工具" ，在打开的"编辑填充"对话框中选择"渐变填充"方式 ，接着设置"类型"为

"线性渐变填充"，再设置"节点位置"为0%的色标颜色为黄色、"节点位置"为100%的色标颜色为红色，最后单击"确定"按钮 确定 ，如图5-47所示，填充效果如图5-48所示。

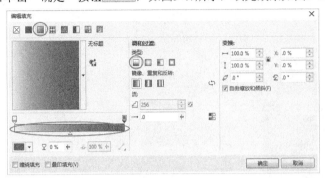 

图5-47   图5-48

2.椭圆形渐变填充

"椭圆形渐变填充"可以用于在两个或多个颜色之间，产生以同心圆的形式由对象中心向外辐射生成的渐变效果。该填充类型可以很好地体现球体的光线变化和光晕效果。

选中要进行填充的对象，左键双击"渐层工具" ，在"编辑填充"对话框中选择"渐变填充"方式，设置"类型"为"椭圆形渐变填充"，再设置"节点位置"为0%的色标颜色为蓝色、"节点位置"为100%的色标颜色为冰蓝，最后单击"确定"按钮 确定 ，如图5-49所示，效果如图5-50所示。

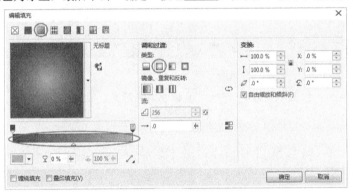 

图5-49   图5-50

技巧与提示

在"渐变填充"对话框中单击"填充挑选器"后面的下拉按钮，可以在下拉列表中选择系统提供的渐变样式，如图5-51所示，并且可以将其应用到对象中，效果如图5-52所示。

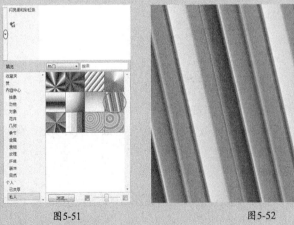

图5-51   图5-52

3.圆锥形渐变填充

"圆锥形渐变填充"可以用于在两个或多个颜色之间产生的色彩渐变，模拟光线落在圆锥上的视觉效果，使平面图形表现出空间立体感。

选中要进行填充的对象，左键双击"渐层工具" ♦，然后在"编辑填充"对话框中选择"渐变填充"方式，设置"类型"为"圆锥形渐变填充""镜像、重复和反转"为"重复和镜像"，再设置"节点位置"为0%的色标颜色为黄色、"节点位置"为100%的色标颜色为红色，最后单击"确定"按钮 确定，如图 5-53所示，效果如图5-54所示。

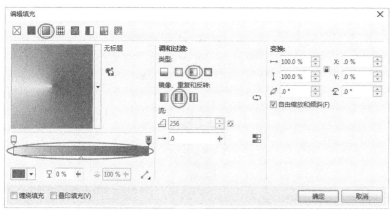

图5-53

图5-54

4.矩形渐变填充

"矩形渐变填充"用于在两个或多个颜色之间，产生以同心方形的形式从对象中心向外扩散的色彩渐变效果。

选中要进行填充的对象，双击"渐层工具" ♦，然后在"编辑填充"对话框中选择"渐变填充"方式，设置"类型"为"矩形渐变填充""镜像、重复和反转"为"默认渐变填充"，再设置"节点位置"为0%的色标颜色为绿色、"节点位置"为100%的色标颜色为白色，最后单击"确定"按钮 确定，如图5-55所示，效果如图5-56所示。

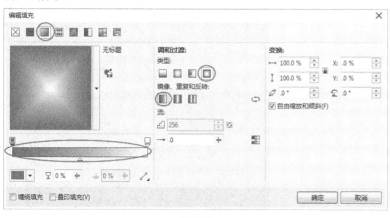

图5-55

图5-56

5.3.2 通过"对象属性"泊坞窗进行渐变填充

除了使用填充工具为对象填充渐变颜色外，还可以使用"对象属性"泊坞窗来完成对象的渐变填充操作。

选择对象后，执行"窗口>泊坞窗>对象属性"菜单命令，或者按下快捷键Alt+Enter，开启"对象属性"泊坞窗，如图5-57所示。在"对象属性"泊坞窗中单击"填充"按钮，选择"渐变填充"类型，如图5-58所示，在"对象属性"泊坞窗中设置好需要的渐变类型及颜色填充后，工作区中所选的图形对象，将同步应用所完成的渐变效果设置。

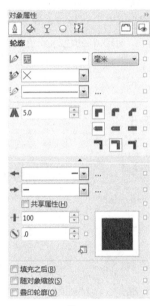

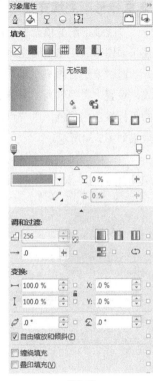

图5-57   图5-58

5.3.3 实例：制作渐变图标

实例位置	实例文件>CH05>实例：制作渐变图标.cdr
素材位置	无
实用指数	★★★★☆
技术掌握	渐变填充工具的使用方法

渐变图标效果如图5-59所示。

图5-59

01 新建空白文档，然后设置文档名称为"渐变图标"，接着设置"宽度"为130mm、"高度"为112mm。

02 选择"矩形工具"绘制一个矩形，然后双击"渐层工具"打开"编辑填充"对话框，选择"渐变填充"方式，设置"类型"为"椭圆形渐变填充""镜像、重复和反转"为"默认渐变填充"，再设置"节点位置"为0%的色标颜色为黑色、"位置"为100%的色标颜色为（C:100，M:97，Y:53，K:13），最后单击"确定"按钮，如图5-60所示。

03 选择"钢笔工具"绘制图形，如图5-61所示，然后从左往右填充颜色，选中对象的头部，双击"渐层工具"打开"编辑填充"对话框，选择"渐变填充"方式，设置"类型"为"线性渐变填充""镜像、重复和反转"为"默认渐变填充"，再设置"节点位置"为0%的色标颜色为黑色、"位置"为100%的色标颜色为（C:100，M:97，Y:53，K:13），单击"确定"按钮 确定 ，接着填充眼睛为白色，最后去掉轮廓线，如图5-62所示。

图5-60

图5-61

图5-62

04 选中对象的颈部，双击"渐层工具"打开"编辑填充"对话框，选择"渐变填充"方式，设置"类型"为"线性渐变填充""镜像、重复和反转"为"默认渐变填充"，再设置"节点位置"为0%的色标颜色为（C:0，M:100，Y:0，K:0）、"位置"为42%的色标颜色为（C: 0，M:71，Y:0，K:0）、"位置"为100%的色标颜色为（C:59，M:100，Y:7，K:0），单击"确定"按钮 确定 ，最后去掉轮廓线，如图5-63所示。

05 选中对象的身体部分，使用同样的方法，然后设置"节点位置"为0%的色标颜色为（C: 100，M:98，Y:67，K:61）、"位置"为100%的色标颜色为（C:27，M:91，Y:0，K:0），单击"确定"按钮 确定 ，最后去掉轮廓线，如图5-64所示。

06 选中对象的翅膀部分，使用同样的方法，然后设置"节点位置"为0%的色标颜色为（C: 71，M:0，Y:18，K:0）、"位置"为100%的色标颜色为（C:20，M:84，Y:0，K:0），"旋转"为38.8°，单击"确定"按钮 确定 ，接着去掉轮廓线，将翅膀复制一份适当调整位置，最后全选对象进行组合，调整至页面适当位置，最终效果如图5-65所示。

图5-63

图5-64

图5-65

5.4 图样、底纹和PostScript填充

  CorelDRAW X7提供了预设的图样填充，用户可直接将这些图样填充到对象上，也可以用绘制的对象或导入的图像来创建图样进行填充。

5.4.1 图样填充

CorelDRAW X7提供了预设的多种图案，使用"图样填充"对话框可以直接为对象填充预设的图案，也可用绘制的对象或导入的图像创建图样进行填充，图样填充分为双色、向量和位图填充。用户可以修改图样填充的平铺大小，还可以设置平铺原点，并精确地指定填充的起始位置等。

1.双色图样填充

使用"双色图样填充"，可以为对象填充"前景颜色"和"背景颜色"两种颜色的图案样式。

绘制一个圆并将其选中，然后双击"渐层工具" ，在打开的"编辑填充"对话框中选择"双色图样填充"方式，并使用鼠标左键单击"图样填充挑选器"右侧的按钮选择一种图样，再分别单击"前景颜色"和"背景颜色"的下拉按钮进行颜色选取（在此案列中选择"红"和"白"），最后单击"确定"按钮，如图5-66所示，填充效果如图5-67所示。

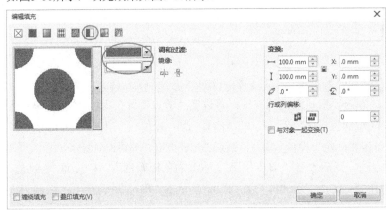
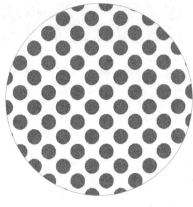

图5-66　　　　　　　　　　　　　　　　　　图5-67

2.向量图样填充

使用"向量图样填充"，可以把矢量花纹生成图案样式为对象进行填充，软件中包含多种"向量"填充的图案可供选择，另外，也可以创建图案进行填充。

绘制一个星形并将其选中，双击"渐层工具" ，在打开的"编辑填充"对话框中选择"向量图样填充"方式，然后单击"图样填充挑选器"右边的下拉按钮进行图样选择，单击"确定"按钮，如图5-68所示，填充效果如图5-69所示。

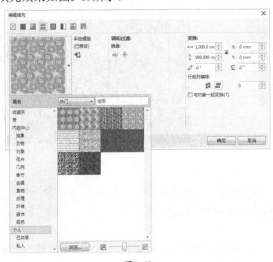

图5-68　　　　　　　　　　　　　　　　　　图5-69

单击"图样填充挑选器"右边的下拉按钮，单击"浏览"按钮 浏览... ，打开"导入"对话框，然后在该对话框中选择一个图片文件，接着单击"打开"按钮 打开(O) ，如图5-70所示，系统会自动将导入的图片完全保留原有的颜色添加到"图样填充挑选器"中。

图5-70

3.位图图样填充

使用"位图图样填充"，可以选择位图图像为对象进行填充，填充后的图像属性取决于位图的大小、分辨率和深度。

绘制一个图形并将其选中，如图5-71所示，双击"渐层工具" ，在打开的"编辑填充"对话框中选择"位图图样填充"方式，再单击"图样填充挑选器"的下拉按钮进行图样选择，最后单击"确定"按钮 确定 ，如图5-72所示，填充效果如图5-73所示。

图5-71   图5-72   图5-73

5.4.2 底纹填充

"底纹填充"方式 是用随机生成的纹理来填充对象，使用"底纹填充"可以赋予对象自然的外观，CorelDRAW X7为用户提供多种底纹样式方便选择，每种底纹都可通过"底纹填充"对话框进行相对应的属性设置。

绘制一个图形并将其选中，如图5-74所示，左键双击"渐层工具" ，在打开的"编辑填充"对话框中选择"底纹填充"方式 ，接着单击"样品"右边的下拉按钮选择一个样本，再选择"底纹列表"中的一种底纹，最后单击"确定"按钮 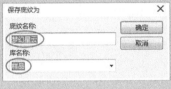，如图5-75所示，填充效果如图5-76所示。

图5-74

图5-75

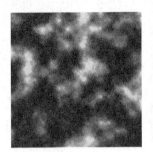

图5-76

技巧与提示

用户可以修改"样品"中的底纹，还可将修改的底纹保存到另一个"样品"中。

单击"底纹填充"对话框中的 + 按钮，打开"保存底纹为"对话框，然后在"底纹名称为"选项中输入底纹的保存名称，接着在"库名称"的下拉列表中选择保存后的位置，再单击"确定"按钮 ，即可保存自定义的底纹，如图5-77所示。

图5-77

1.颜色选择器

打开"底纹填充"对话框后，在该对话框的"底纹列表"中选择任意一种底纹类型，单击在对话框右侧下拉按钮显示相应的颜色选项，（根据用户选择底纹样式的不同，会出现相应的属性选项），如图5-78所示，然后单击任意一个颜色选项后面的按钮，即可打开相应的颜色挑选器，如图5-79所示。

图5-78

图5-79

2.选项

在"底纹填充"中，单击对话框中的"选项"按钮 ，打开"底纹选项"对话框，即可在该对话框中设置位图分辨率和最大平铺宽度，如图5-80所示。

图5-80

技巧与提示

注意，当设置的"位图分辨率"和"最大平铺宽度"的数值越大时，填充的纹理图案就越清晰，当数值越小时填充的纹理就越模糊。

3.变换

双击"渐层工具" ，在打开的"编辑填充"对话框中选择"底纹填充"方式 ，然后选择任意一种底纹类型，接着单击对话框下方的"变换"按钮 变换(T)… ，打开"变换"对话框，在该对话框中即可对所选底纹进行参数设置，如图5-81所示。

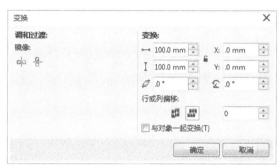

图5-81

5.4.3 PostScript填充

"PostScript填充"方式 ，是使用PostScript语音设计的特殊纹理进行填充，有些底纹非常复杂，因此打印或屏幕显示包含PostScript底纹填充的对象时，等待时间可能较长，并且一些填充可能不会显示，而只能显示字母PS，这种现象取决于对填充对象所应用的视图方式。

绘制一个矩形并将其选中，如图5-82所示，双击"渐层工具" ，在打开的"编辑填充"对话框中选择"PostScript填充"方式，接着在底纹列表框中选择一种底纹，最后单击"确定"按钮 确定 ，如图5-83所示，填充效果如图5-84所示。

图5-82

图5-83

图5-84

技巧与提示

在使用"PostScript填充" 工具进行填充时，当视图对象处于"简单线框""线框"模式时，无法进行显示，当视图处于"草稿""正常模式"时，PostScript底纹图案用字母ps表示，只有视图处于"增强""模拟叠印"模式时PostScript底纹图案才可显示出来。

打开"PostScript填充"对话框，然后在底纹列表框中单击"彩色鱼鳞"，此时在该对话框下方显示所选底纹对应的参数选项（该对话框中显示的参数选项会根据所选底纹的不同而有所变化），接着设置"频度"为1、"行宽"为20、"背景"为20，最后单击"刷新"按钮 刷新(R) ，即可在预览窗口中对设置后的底纹进行预览，如图5-85所示。

图5-85

技巧与提示

　　在"PostScript底纹"对话框中，设置所选底纹的参数选项可以使用鼠标左键单击相应选项后面的按钮，也可以在相应的选项框中输入数值。

5.4.4 实例：绘制名片

实例位置	实例文件>CH05>实例：绘制名片.cdr
素材位置	素材文件>CH05>02.jpg~07.jpg、08cdr~12cdr
实用指数	★★★★☆
技术掌握	填充工具的使用方法

　　名片效果如图5-86所示。

图5-86

01 新建空白文档，然后设置文档名称为"名片"，接着设置"宽度"为210mm、"高度"为260mm。双击"矩形工具"□创建一个与页面重合的矩形，然后填充黑色（C:0，M:0，Y:0，K:100），接着使用"矩形工具"□在页面内绘制一个矩形，填充白色（C:0，M:0，Y:0，K:0），作为名片正面，效果如图5-87所示。

02 使用"矩形工具"□绘制一个矩形，然后填充蓝色（C:91，M:58，Y:32，K:0），接着去除轮廓，再复制一个，如图5-88所，最后选中两个矩形，执行"对象>图框精确裁剪>置于图文框内部"菜单命令将两个矩形嵌入到名片正面，效果如图5-89所示。

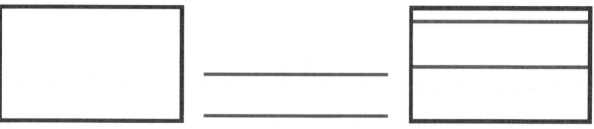

| 图5-87 | 图5-88 | 图5-89 |

03 使用"矩形工具"□绘制一个矩形，双击"渐层工具"◆，在打开的"编辑填充"对话框中选择"向量图样填充"方式▦，再单击"浏览"按钮，打开"打开"对话框，导入教学资源中的"素材文件>CH05>02.jpg"文件，接着设置"填充宽度"为150mm、"填充高度"为50mm，最后单击"确定"按钮，如图5-90所示，填充完毕后去除轮廓，效果如图5-91所示。

图5-90   图5-91

04 选中前面填充图样的矩形，然后复制一份，接着执行"对象>图框精确裁剪>置于图文框内部"菜单命令，将矩形嵌入名片正面，最后适当调整。导入教学资源中的"素材文件>CH05>03.jpg、04.jpg、05.jpg、06.jpg、07.jpg"文件，然后调整图片为相同高度，接着全部选中，再按T键使其顶端对齐，最后绘制一个圆，使圆把这些图片的4个直角进行修剪，效果如图5-92所示。

图5-92

05 选中导入的5张图片，然后移动到名片正面的上方，接着适当调整位置，使其相对于名片正面水平居中，效果如图5-93所示。导入教学资源中的"素材文件>CH05>08.cdr"文件，然后适当调整大小，接着放置名片正面的右下方，效果如图5-94所示。

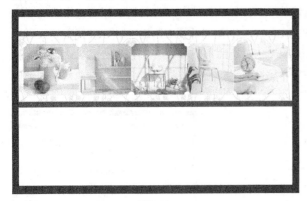

图5-93　　　　　　　　　　　　　　　　　　　　图5-94

06 导入教学资源中的"素材文件>CH05>09.cdr"文件，然后适当调整大小，接着放置标志左侧，如图5-95所示。导入教学资源中的"素材文件>CH05>10.cdr"文件，然后执行"对象>图框精确裁剪>置于图文框内部"菜单命令，将树叶底纹嵌入名片正面，接着适当调整位置，效果如图5-96所示。

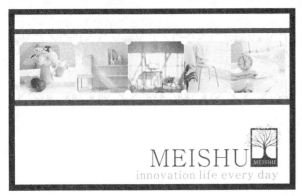

图5-95　　　　　　　　　　　　　　　　　　　　图5-96

07 选中名片正面，然后复制一个，接着移除该圆角矩形内的嵌入的对象，再填充蓝色（C:91，M:58，Y:32，K:0），作为名片背面，如图5-97所示。选中前面填充图样的矩形，然后嵌入到名片背面的右侧，接着适当调整，效果如图5-98所示。

图5-97　　　　　　　　　　　　　　　　　　　　图5-98

08 导入教学资源中的"素材文件>CH05>11.cdr"文件，然后适当调整大小，接着放置名片背面的下方，效果如图5-99所示。导入教学资源中的"素材文件>CH05>12.cdr"文件，然后适当调整大小，接着放置名片背面的上方，如图5-100所示。

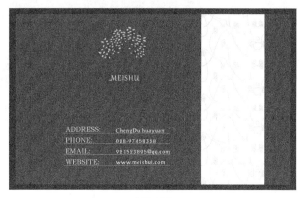

图5-99 图5-100

09 选中名片背面的所有内容，然后按快捷键Ctrl+G进行组合，接着选中名片正面的所有内容，按快捷键Ctrl+G进行组合，再选中名片正面和名片背面按L键使其左对齐，最后移动两组对象到页面水平居中的位置，最终效果如图5-101所示。

图5-101

5.5 填充开放的曲线

在默认状态下，CorelDRAW只能对封闭的曲线填充颜色。如果要使开放的曲线也能填充颜色，就必须更改工具选项设置。

单击属性栏中的"选项"按钮，打开"选项"对话框，在其中展开"文档\常规"选项，如图5-102所示，在"常规"设置选项中选中"填充开放式曲线"复选框，然后单击"确定"按钮，即可对开放式曲线填充颜色。

图5-102

5.6 交互式填充工具

　　使用"交互式填充工具"可以直接在对象上设置填充参数并进行颜色的调整，其填充方式包括均匀填充、渐变填充、图样填充、底纹填充和PostScript填充，用户可以通过属性栏方便快捷地修改填充方式。

　　"交互式填充工具"属性栏如图5-103所示。

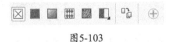

图5-103

"交互填充工具"的属性参数介绍

　　﹡ 填充类型：单击"交互式填充工具"属性栏中包含的所有填充类型，如图5-104所示。

　　﹡ 填充色：设置对象中相应节点的填充颜色，如图5-105所示。

　　﹡ 复制填充：将文档中另一对象的填充属性应用到所选对象中，复制对象的填充属性，首先要选中需要复制属性的对象，然后单击该按钮，待光标变为箭头形状➡时，单击想要取样其填充属性的对象，即可将该对象的填充属性应用到选中对象，如图5-106所示。

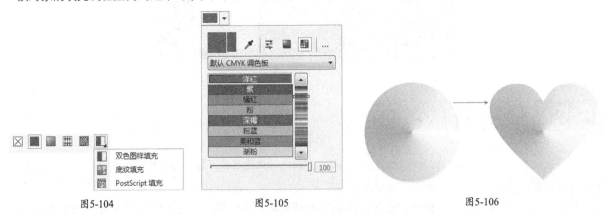

图5-104　　　　　　　　　図5-105　　　　　　　　　图5-106

　　﹡ 编辑填充：更改对象当前的填充属性（当选中某一矢量对象时，该按钮才可用），单击该按钮，可以打开相应的填充对话框，在相应的对话框中可以设置新的填充内容为对象进行填充。

5.6.1 基本使用方法

通过对"交互式填充工具" 的各种填充类型进行填充操作，可以熟练掌握"交互式填充工具" 的基本使用方法。

1.无填充

选中一个已填充的对象，如图5-107所示，然后单击"交互式填充工具" ，接着在属性栏上设置"填充类型"为"无填充"，即可移除该对象的填充内容，如图5-108所示。

图5-107   图5-108

2.均匀填充

选中要填充的对象，然后左键单击"交互式填充工具" ，接着在属性栏上设置"填充类型"为"均匀填充""填充色"为"洋红"，如图5-109所示，填充效果如图5-110所示。

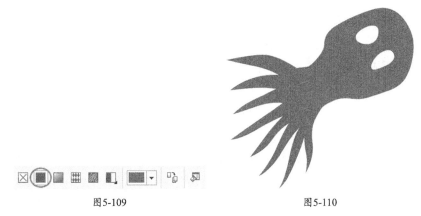

图5-109   图5-110

3.线性渐变填充

选中要填充的对象，然后单击"交互式填充工具" ，接着在属性栏上选择"渐变填充"为"线性渐变填充""旋转"为90.056°、两端节点的填充颜色均为（C:0, M:88, Y:0, K:0），再使用鼠标左键双击对象上的虚线添加一个节点，最后设置该节点颜色为白色、"节点位置"为50%，如图5-111所示，填充效果如图5-112所示。

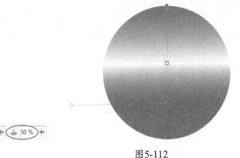

图5-111　　　　　　　　　　　　　　　　　图5-112

4.椭圆形渐变填充

选中要填充的对象，然后单击"交互式填充工具" <img>，接着在属性栏上设置"渐变填充"为"椭圆形渐变填充"、两个节点颜色为（C:0，M:88，Y:0，K:0）和白色，如图5-113所示，填充效果如图5-114所示。

图5-113　　　　　　　　　　　　　　　　　图5-114

5.圆锥形渐变填充

选中要填充的对象，然后单击"交互式填充工具" <img>，接着在属性栏上设置"渐变填充"为"圆锥形渐变填充"、两端节点颜色均为（C:0，M:88，Y:0，K:0），如图5-115所示，再双击对象上的虚线添加3个节点，最后由左到右依次设置填充颜色为白色，"节点位置"为25%的节点填充颜色为（C:20，M:80，Y:0，K:20）、"节点位置"为50%填充颜色为白色、"节点位置"为55%的节点填充颜色为白色，如图5-116所示。

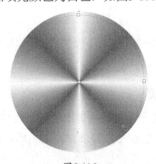

图5-115　　　　　　　　　　　　　　　　　图5-116

技巧与提示

注意，在渐变填充类型中，所添加节点的"节点位置"除了可以通过属性栏进行设置外，还可以在填充对象上单击该节点，待光标变为十字形状✛时，按住左键拖曳，即可更改该节点的位置。

6.矩形渐变填充

选中填充的对象，然后单击"交互式填充工具"，接着在属性栏上设置"线性填充"为"矩形渐变填充"、两端节点颜色均为（C:0，M:88，Y:0，K:0），如图5-117所示，再双击对象上的虚线添加一个节点，最后设置该节点"节点位置"为31%、颜色为（C:16，M:90，Y:1，K:0），如图5-118所示。

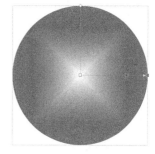

图5-117   图5-118

7.双色图样填充

选中要填充的对象，然后单击"交互式填充工具"，接着在属性栏上设置"填充类型"为"双色图样""填充图样"为、"前景颜色"为（C:0，M:100，Y:0，K:0）、"背景颜色"为白色，如图5-119所示，填充效果如图5-120所示。

图5-119   图5-120

8.向量图样填充

选中要填充的对象，单击"交互式填充工具"，然后在属性栏上设置"填充类型"为"向量图样填充""填充图样"为，如图5-121所示，填充效果如图5-122所示。

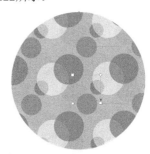

图5-121   图5-122

9.位图图样填充

选中要填充的对象，左键单击"交互式填充工具" 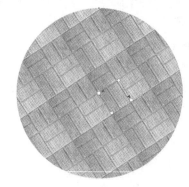，然后在属性栏上设置"填充类型"为"位图图样填充""填充图样"为█▼，如图5-123所示，填充效果如图5-124所示。

图5-123

图5-124

10.底纹填充

选中要填充的对象，左键单击"交互式填充工具" ，然后在属性栏上设置"填充类型"为"底纹填充""填充图样"为█▼，如图5-125所示，填充效果如图5-126所示。

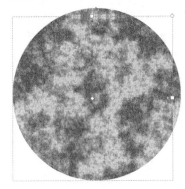

图5-125

图5-126

11. PostScript填充

选中要填充的对象，左键单击"交互式填充工具" ，然后在属性栏上设置"填充类型"为"PostScript填充""PostScript填充底纹"为"爬虫"，如图5-127所示，填充效果如图5-128所示。

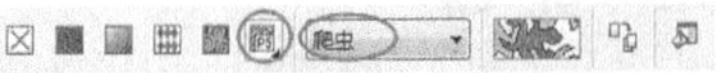

图5-127

图5-128

技巧与提示

当选择填充类型为"无填充""均匀填充""PostScript填充"时无法在填充对象上直接对填充样式进行编辑。

5.6.2 实例：绘制卡通画

实例位置	实例文件>CH05>实战：绘制卡通画.cdr
素材位置	素材文件>CH05>13.cdr
实用指数	★★★★☆
技术掌握	交互式填充工具使用方法

卡通画效果如图5-129所示。

图5-129

01 新建空白文档，设置文档名称为"卡通画"，接着设置大小为"A4"、页面方向为"横向"。双击"矩形工具"□创建一个与页面重合的矩形，单击"交互式填充工具"，然后在属性栏上选择"渐变填充"为"线性渐变填充"、两个节点填充颜色为（C:82，M:63，Y:8，K:0）和（C:40，M:0，Y:0，K:0）、"旋转"为250.299°，效果如图5-130所示。

02 绘制第1个山丘。使用"钢笔工具"绘制出山丘的外轮廓，单击"交互式填充工具"，然后在属性栏上选择"渐变填充"为"线性渐变填充"，两个节点填充颜色为（C:100，M:0，Y:100，K:0）和（C:25，M:0，Y:86，K:0）、"旋转"为58.613°，填充完毕后去除轮廓，效果如图5-131所示。

图5-130

图5-131

03 绘制第2个山丘。使用同样的方法绘制出第2个山丘，填充完毕后去除轮廓，然后按快捷键Ctrl+PageDown移动到第1个山丘后面，效果如图5-132所示；绘制第3个山丘，填充完毕后去除轮廓，再按两次快捷键Ctrl+PageDown移动到前两个山丘后面，效果如图5-133所示。

图5-132

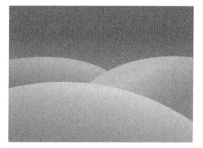

图5-133

04 绘制山丘上的道路。使用"钢笔工具" 绘制出第1个山丘上道路的外轮廓，单击"交互式填充工具" ，然后在属性栏上选择"渐变填充"为"线性渐变填充"、两个节点的填充颜色为（C:0，M:60，Y:100，K:0）和（C:11，M:9，Y:88，K:0）、"旋转"为50.666°，填充完毕后去除轮廓，效果如图5-134所示。绘制第2个山丘上的道路。接着使用同样的方法，填充完毕后去除轮廓，效果如图5-135所示。绘制第3个山丘上的道路，使用同样的方法，填充完毕后去除轮廓，效果如图5-136所示。

| 图5-134 | 图5-135 | 图5-136 |

05 绘制出树干的上部分。使用"钢笔工具" 绘制树干上部分的外轮廓，然后单击"交互式填充工具" ，接着在属性栏上选择"渐变填充"为"椭圆形渐变填充"、两个节点填充颜色为（C:40，M:0，Y:100，K:0）和（C:100，M:0，Y:100，K:0），再双击左键添加一个节点，设置该节点填充颜色为（C:62，M:8，Y:100，K:0）、"节点位置"为35%，最后向下移动该对象的"中心位移"，如图5-137所示，填充完毕后去除轮廓，效果如图5-138所示。

06 绘制树干。使用"钢笔工具" 绘制出树干部分的外轮廓，然后单击"交互式填充工具" ，接着在属性栏上选择"渐变填充"为"线性渐变填充"、"旋转"为254.855、两个节点颜色均为（C:45，M:53，Y:95，K:9），再双击左键添加一个节点，设置该节点填充颜色为（C:24，M:50，Y:95，K:0）、"节点位置"为48%，填充完毕后去除轮廓，效果如图5-139所示。

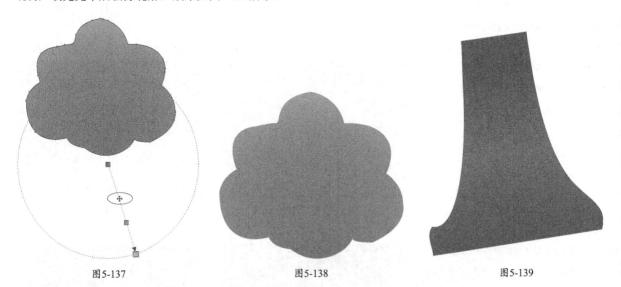

| 图5-137 | 图5-138 | 图5-139 |

07 选中树干上部分，然后复制多个，接着调整为不同的大小、位置、和倾斜角度，最后一起放置树干上方，效果如图5-140所示。选中绘制好的树，然后按快捷键Ctrl+G进行组合对象，接着放置在第1个山丘的左上方，最后适当调整位置，效果如图5-141所示。

图5-140   图5-141

08 绘制树的阴影。使用"钢笔工具" 🖊️绘制出树的阴影轮廓，然后单击"交互式填充工具" 🖌️，接着在属性栏上选择"渐变填充"为"线性渐变填充"、两个节点填充颜色为（C:52，M:38，Y:100，K:0）和（C:66，M:16，Y:100，K:0）、"旋转"为225.148°，填充完毕后去除轮廓，效果如图5-142所示。选中树和阴影，然后按快捷键Ctrl+G进行组合对象，接着复制一个，再水平翻转，放置第2个山丘右上方，最后适当调整位置，效果如图5-143所示。

图5-142   图5-143

09 绘制云彩。使用"钢笔工具" 🖊️在页面上方绘制出云彩的外轮廓，然后单击"交互式填充工具" 🖌️，接着在属性栏上选择"渐变填充"为"线性渐变填充"、两个节点填充颜色为（C:0，M:60，Y:100，K:0）和白色、"旋转"为88.685°，填充完毕后去除轮廓，效果如图5-144所示。选中前面绘制的云彩，然后多次按快捷键Ctrl+PageDown合键放置第3个山丘后面，接着适当调整位置，效果如图5-145所示。

图5-144   图5-145

10 使用"矩形工具"▢绘制出城市的轮廓，然后按快捷键Ctrl+Q转换为曲线，接着使用"形状工具"📐适当调整外形，再由左到右依次填充颜色为（C:100，M:0，Y:0，K:0）、（C:14，M:69，Y:0，K:0）、（C:68，M:94，Y:0，K:0）、（C:14，M:69，Y:0，K:0），最后放置第3个山丘后面，效果如图5-146所示。

11 单击"涂抹工具"📷，然后在属性栏上设置"笔尖半径"为10mm，接着单击"城市"对象上的线条按住左键拖曳进行涂抹，最后将涂抹后的"城市"对象组合，效果如图5-147所示。导入教学资源中的"素材文件>CH05>13.cdr"文件，然后适当调整大小，放置云彩后面，最终效果如图5-148所示。

图5-146   图5-147   图5-148

5.7 网状填充工具

网状填充工具可以为对象应用复杂多变的网状填充效果，同时，在不同的网点上可填充不同的颜色并定义颜色的扭曲方向，从而产生各异的效果。网状填充只能应用于封闭对象或单条路径上。应用网状填充时，可以指定网格的列数和行数，以及指定网格的交叉点等。

5.7.1 创建及编辑对象网格

用户创建网格对象之后，可以通过添加、移除节点或交叉等方式编辑网格。

选中填充的对象，在工具箱中选择"网状填充工具"，这时对象将出现网格，使用鼠标在网格中单击，然后在"网状填充工具"▦属性栏上设置，如图5-149所示。

图5-149

＊ 网格大小：可分别设置水平方向上和垂直方向上网格的数目。

＊ 选取模式：单击该选项，可以在该选项的列表中选择"矩形"或"手绘"作为选定内容的选取框。

＊ 添加交叉点▦：单击该按钮，可以在网状填充的网格中添加一个交叉点（使用鼠标左键单击填充对象的空白处出现一个黑点时，该按钮才可用），如图5-150所示。

＊ 删除节点▦：删除所选节点，改变曲线对象的形状。

＊ 转换为线条✍：将所选节点处的曲线转换为直线，如图5-151所示。

图5-150   图5-151

＊ 转换为曲线 : 将所选节点对应的直线转换为曲线，转换为曲线后的线段会出现两个控制柄，通过调整控制柄更改曲线的形状，如图5-152所示。

＊ 尖突节点 : 单击该按钮可以将所选节点转换为尖突节点。

＊ 平滑节点 : 单击该按钮可以将所选节点转换为平滑节点，提高曲线的圆润度。

＊ 对称节点 : 将同一曲线形状应用到所选节点的两侧，使节点两侧的曲线形状相同。

＊ 对网状颜色填充进行取样 : 从文档窗口中对选定节点进行颜色选取。

＊ 网状填充颜色: 为选定节点选择填充颜色，如图5-153所示。

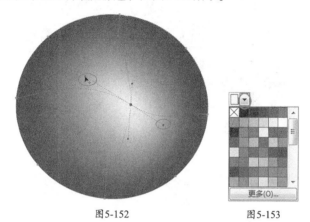

图5-152   图5-153

＊ 透明度 : 设置所选节点透明度，单击透明度选项出现透明度滑块，然后拖动滑块，即可设置所选节点区域的透明度。

＊ 曲线平滑度 : 更改节点数量调整曲线的平滑度。

＊ 平滑网状颜色: 减少网状填充中的硬边缘，使填充颜色过渡更加柔和。

＊ 复制网状填充 : 将文档中另一个对象的网状填充属性应用到所选对象。

＊ 清除网状 : 移除对象中的网状填充。

5.7.2 为对象填充颜色

使用"网状填充工具"为对象添加颜色，能够很好地表现对象的光影关系及质感。用户可以按照下面的操作方法，为对象应用网格填充效果。

在页面空白处，绘制如图5-154所示的图形，然后单击"网状填充工具" ，接着在属性栏上设置"行数"为2、"列数"为2，再单击对象下方的节点，填充较之前更深的颜色，最后按住鼠标左键移动该节点位置，效果如图5-155所示。

按照以上的方法，分别为图形中的其余对象填充阴影或高光，使整个图案都更具有立体效果，效果如图5-156所示。

图5-154   图5-155   图5-156

5.7.3 实例：绘制请柬

实例位置	实例文件>CH05>实战：绘制请柬.cdr
素材位置	素材文件>CH05>14.cdr~16.cdr
实用指数	★★★★☆
技术掌握	网状填充工具的使用方法

请柬效果如图5-157所示。

图5-157

01 新建空白文档，设置文档名称为"请柬"，接着设置"宽度"为210mm、"高度"为250mm。使用"矩形工具"□在页面上方绘制一个矩形，然后双击"渐层工具"◈，再在"编辑填充"对话框中选择"双色图样填充"方式，接着设置"前景颜色"颜色为（C:45，M:85，Y:100，K:15）、"背景颜色"颜色为（C:53，M:91，Y:100，K:33）、"填充宽度"为20.0mm、"填充高度"为20.0mm，最后单击"确定"按钮 确定 ，如图5-158所示，填充完毕后去除轮廓，效果如图5-159所示。

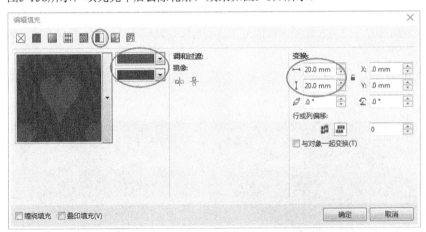

图5-158

图5-159

02 使用"矩形工具"□在页面下方绘制一个矩形，如图5-160所示，然后单击"网状填充工具"⊞，接着将矩形的四个直角上的节点填充颜色均为（C:15，M:26，Y:38，K:0）、位于中垂线上方的节点填充颜色为白色、位于中垂线下方的节点填充颜色为（C:9，M:45，Y:23，K:0），最后将位于中垂线左右两侧的节点填充颜色为（C:3，M:3，Y:13，K:0），填充完毕后去除轮廓，效果如图5-161所示。

图5-160

图5-161

03 导入教学资源中的"素材文件>CH05>14.cdr"文件，然后适当调整大小，接着放置页面下方的矩形上面，再适当调整位置使其相对于页面水平居中，效果如图5-162所示。导入教学资源中的"素材文件>CH05>15.cdr"文件，然后适当调整大小，接着放置页面上方，效果如图5-163所示。

图5-162

图5-163

04 绘制蝴蝶结的左侧部分。使用"钢笔工具" 绘制出蝴蝶结左侧的部分，然后单击"网状填充工具" ，接着设置序号为"1"的节点填充颜色为（C:22，M:20，Y:30，K:0）、序号为"2"的节点填充颜色为（C:0，M:0，Y:0，K:0）、其余边缘节点均填充颜色为（C:9，M:16，Y:22，K:0），效果如图5-164所示。

05 选中蝴蝶结的左侧部分，然后复制一份，作为蝴蝶结右侧的部分，接着水平翻转，再单击"网状填充工具" ，更改序号为"1"的节点填充颜色为（C:28，M:25，Y:31，K:0）、序号为"2"的节点填充颜色为（C:0，M:5，Y:16，K:0），效果如图5-165所示。

图5-164

图5-165

06 选中前面绘制的蝴蝶结左侧部分和右侧部分，然后按T键使其顶端对齐，接着适当调整位置，使两个对象间没有空隙，再移动到页面中两个矩形的交接处，效果如图5-166所示。

07 使用"矩形工具"□绘制一矩形，双击"渐层工具" ◈ ，然后在"编辑填充"对话框中选择"渐变填充"方式，设置"类型"为"线性渐变填充"，再设置渐变填充颜色，最后单击"确定"按钮 ，如图5-167所示，填充完毕后去除轮廓，效果如图5-168所示。

图5-166

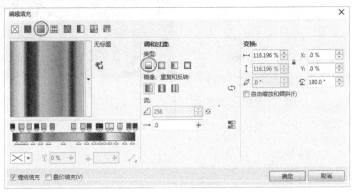

图5-167

图5-168

08 选中前面填充的矩形，复制多个，然后分别放置蝴蝶结的上下两侧边缘，再根据蝴蝶结该处边缘的倾斜角度来调整矩形的倾斜角度，效果如图5-169所示。

09 绘制阴影。使用"椭圆工具"◯绘制一个椭圆，双击"渐层工具" ◈ ，然后在"编辑填充"对话框中选择"渐变填充"方式，设置"类型"为"椭圆形渐变填充""镜像、重复和反转"为"默认渐变填充"，再设置"节点位置"0%的色标颜色为（C:0，M:0，Y:0，K:0）、"位置"为100%的色标颜色为（C:51，M:62，Y:60，K:12）、"填充宽度"为126.38%、"水平偏移"为-0.35%、"垂直偏移"为-0.13%、"旋转"为-45.9°，最后单击"确定"按钮 ，如图5-170所示，填充完毕后去除轮廓，效果如图5-171所示。

图5-169

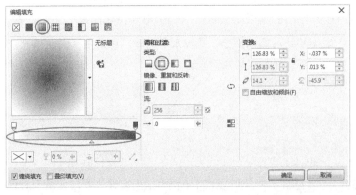

图5-170

图5-171

10 选中前面绘制的阴影，然后复制多个，接着放置蝴蝶结的上下两侧边缘，再根据蝴蝶结该处边缘的倾斜角度适当旋转阴影，最后多次按快捷键Ctrl+PageDown放置蝴蝶结下方，效果如图5-172所示。导入教学资源中的"素材文件>CH05>16.cdr"文件，然后放置前面绘制的蝴蝶上面，如图5-173所示。选中任意一个阴影对象，然后复制多个，放置导入的蝴蝶结下面，再根据该处对象边缘的倾斜角度适当旋转阴影，最终效果如图5-174所示。

图5-172

图5-173

图5-174

5.8 滴管工具

"滴管工具"和"应用颜色工具"是系统提供给用户的取色和填充辅助工具。

"滴管工具"包括"颜色滴管工具"和"属性滴管工具"，可以为对象选择并复制对象属性，如填充、线条粗细、大小和效果等。使用"滴管工具"吸取对象中的填充、线条粗细、大小和效果等对象属性后，将自动切换到"应用颜色工具"，将这些对象属性应用于工作区中的其他对象上。

在"颜色滴管工具"和"属性滴管工具"的工具栏中，可以对滴管工具的工作属性进行设置，如设置取色方式、要吸取的对象属性等，如图5-175所示。

图5-175

在"属性滴管工具"的属性栏中，分别单击"属性""变换""效果"按钮，展开对话框，如图5-176所示。

图5-176

5.8.1 属性滴管工具

使用"属性滴管工具" ，可以复制对象的属性，并将复制的属性应用到其他对象上。通过以下的练习，可以熟练"属性滴管工具" 的基本使用方法及属性应用。

1.基本使用方法

单击"属性滴管工具" ，然后在属性栏上分别单击"属性"按钮、"变换"按钮和"效果"按钮，打开相应的选项，勾选想要复制的属性复选框，接着单击"确定"按钮 添加相应属性，待光标变为滴管形状 时，即可在文档窗口内进行属性取样，取样结束后，光标变为油漆桶形状 ，此时单击想要应用的对象，即可进行属性应用。

2.属性应用

单击"椭圆形工具" ，然后在属性栏上单击"饼图"按钮 ，接着在页面内绘制出对象并适当旋转，再为对象填充"圆锥形渐变填充"渐变，最后设置轮廓颜色为淡蓝色（C:40，M:0，Y:0，K:0）、"轮廓宽度"为4mm，效果如图5-177所示。

使用"基本形状工具" 在饼图对象的右侧绘制一个心形，然后为心形填充图样，接着在属性栏上设置轮廓的"线条样式"为虚线、"轮廓宽度"为0.2mm，设置效果如图5-178所示。

 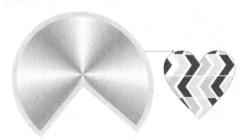

图5-177　　　　　　　　　　　　　　　　　　　　　图5-178

单击"属性滴管工具" ，然后在"属性"列表中勾选"轮廓"和"填充"的复选框，"变换"列表中勾选"大小"和"旋转"的复选框，如图5-179和图5-180所示，接着分别单击"确定"按钮 添加所选属性，再将光标移动到饼图对象单击鼠标左键进行属性取样，当光标切换至"应用对象属性" 时，单击心形对象，应用属性后的效果如图5-181所示。

 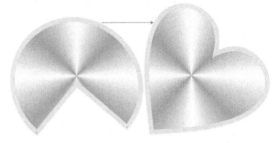

图5-179　　　　　　图5-180　　　　　　　　　　　　　　图5-181

5.8.2 颜色滴管工具

"颜色滴管工具" 可以在对象上进行颜色取样，然后应用到其他对象上。通过以下的练习，可以熟练掌握"颜色滴管工具" 的基本使用方法。

任意绘制一个图形，单击"颜色滴管工具" ，待光标变为滴管形状 时，使用鼠标左键单击想要取样的对象，然后当光标变为油漆桶形状🖌️时，再悬停在需要填充的对象上，直到出现纯色色块，如图5-182所示，此时单击鼠标左键即可为对象填充，若要填充对象轮廓颜色，则悬停在对象轮廓上，待轮廓色样显示后如图5-183所示，单击鼠标左键即可为对象轮廓填充颜色，填充效果如图5-184所示。

图5-182　　　　　　　　　　图5-183　　　　　　　　　　图5-184

5.8.3 实例：绘制茶叶包装

实例位置	实例文件>CH05>实战：绘制茶叶包装.cdr
素材位置	素材文件>CH05>17.jpg
实用指数	★★★★★
技术掌握	属性滴管工具和渐变填充的使用方法

茶叶包装效果如图5-185所示。

01 新建空白文档，然后设置文档名称为"茶叶包装"，接着设置"宽度"为210mm、"高度"为290mm。绘制圆柱。使用"矩形工具"🔲绘制一个矩形，然后按快捷键Ctrl+Q转换为曲线，接着使用"形状工具"🔧调整矩形，调整后如图5-186所示。

02 选中前面绘制的圆柱，双击"渐层工具"🖌️，然后在"编辑填充"对话框中选择"渐变填充"方式，设置"类型"为"线性渐变填充""镜像、重复和反转"为"默认渐变填充"，再设置"节点位置"为0%的色标颜色为（C:18，M:13，Y:13，K:0）、"位置"为30%的色标颜色为（C:10，M:6，Y:5，K:0）、"位置"为54%的色标颜色为（C:12，M:5，Y:9，K:0）、"位置"为56%的色标颜色为（C:31，M:25，Y:24，K:0）、"位置"为100%的色标颜色为（C:33，M:24，Y:24，K:0），"填充宽度"为100%，最后单击"确定"按钮 确定 ，如图5-187所示，填充完毕后去除轮廓，效果如图5-188所示。

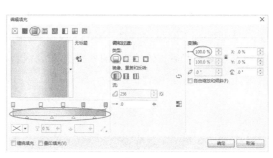

图5-185　　　　　　图5-186　　　　　　　　　　　　图5-187　　　　　　　　　　　　图5-188

03 导入教学资源中的"素材文件>CH05>17.jpg"文件，然后适当调整大小，接着复制两份，再将复制的两份百合素材嵌入到圆柱内，效果如图5-189所示。使用"钢笔工具"🖊️在页面内绘制一个茶壶的外轮廓，如图5-190所示，然后选中前面导入的百合素材，接着适当缩小，再嵌入到茶壶图形内，如图5-191所示，最后放置在圆柱上方，效果如图5-192所示。

图5-189　　　　　　　图5-190　　　　　　　　图5-191　　　　　　　　图5-192

04 使用"矩形工具"▢绘制一个矩形，然后填充黑色（C:0，M:0，Y:0，K:100），接着去除轮廓，如图5-193所示，再复制一个填充灰色（C:0，M:0，Y:0，K:40），最后适当拉长高度，效果如图5-194所示。移动前面绘制的灰色矩形到黑色矩形上面，然后适当调整位置，效果如图5-195所示，接着再复制两个灰色矩形，放置在前两个矩形的前面，使其完全遮挡住前面的两个矩形，效果如图5-196所示。

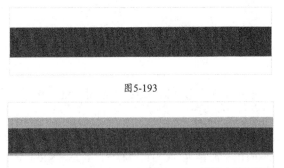

图5-193　　　　　　　　　　　　　　　　　　　　　　图5-194

图5-195　　　　　　　　　　　　　　　　　　　　　　图5-196

05 选中前面绘制的四个矩形，然后按快捷键Ctrl+G进行对象组合，接着单击"透明度工具"🔲在属性栏上设置"透明度类型"为"均匀透明度""合并模式"为"如果更暗""透明度"为80，效果如图5-197所示。

06 选中前面组合的矩形，然后在原位置复制一份，接着单击"透明度工具"🔲在属性栏上更改"合并模式"为"叠加"（其余选项不作改动），效果如图5-198所示。选中前面绘制的两组矩形对象，然后按快捷键Ctrl+G进行对象组合，接着在水平方向上适当拉长，再放置如图5-199所示位置。

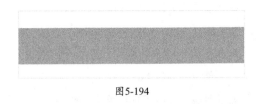

图5-197　　　　　　　　　　　　图5-198　　　　　　　　　　图5-199

07 绘制包装盒底部的阴影。使用"椭圆工具"◯绘制一个椭圆，如图5-200所示，然后单击"透明度工具"🔲，接着在属性栏上设置"透明度类型"为"均匀透明度""合并模式"为"常规""透明度"为51，再去除轮廓放置圆柱底部，最后多次按快捷键Ctrl+PageDown放置圆柱后面，效果如图5-201所示。

08 使用"文本工具"🅰输入文本，然后在属性栏上设置第一行字体为"TypoUpright BT"、字号为14pt，第三行字体为"Adobe仿宋Std R"、字号为8pt，接着设置整个文本的"文本对齐"为"居中"，效果如图5-202所示。

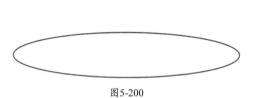

图5-200

图5-201

BESTOWN

Chian

[中式百合花茶]

图5-202

09 选中前面输入的文本，双击"渐层工具" ◇ ，然后在"编辑填充"对话框中选择"渐变填充"方式进行设置，最后单击"确定"按钮 <u>确定</u> ，如图5-203所示，效果如图5-204所示。

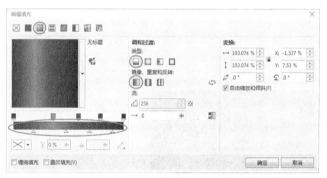

图5-203

BESTOWN

Chian

[中式百合花茶]

图5-204

10 使用"矩形工具" □绘制一个矩形，放置圆柱左侧的边缘，然后按Ctrl+Q组合键转换为曲线，再使用"形状工具" ▷调整矩形轮廓，使其右侧轮廓与包装盒右侧轮廓重合，效果如图5-205所示。选中前面调整后的矩形，然后单击"透明度工具" ▷，接着在属性栏上设置"透明度类型"为"渐变透明度""合并模式"为"Add""透明度"为100，最后去除轮廓，最终效果如图5-206所示。

图5-205

图5-206

5.9 设置默认填充

在CorelDRAW默认状态下绘制出的图形，没有填充色，只有黑色轮廓。而且默认状态下输入的段落文本，都会填充为黑色。如果要在创建的图形、艺术效果和段落文本中应用新的默认填充颜色，可通过以下方法完成。

单击"选择工具"，在绘图窗口中的空白区域内单击，取消所有对象的选取，按下快捷键Shift+F11，打开"编辑填充"对话框，在其中设置好新的默认填充颜色，然后单击"确定"按钮，如图5-207所示，接着回到绘制一个图形对象，该对象即被填充为新的默认颜色。

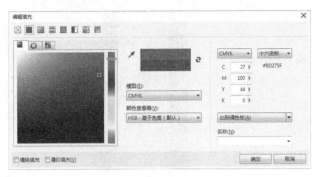

图5-207

5.10 本章练习

练习1：绘制装饰图案

素材位置	素材文件>CH05>18.cdr、19.cdr
实用指数	★★★☆☆
技术掌握	星形工具的运用方法

使用"星形工具"绘制装饰图案如图5-208所示。

图5-208

练习2：绘制音乐CD

素材位置	素材文件> CH03>19.cdr、20.jpg、21.cdr、22.jpg
实用指数	★★★☆☆
技术掌握	图样填充的使用方法

使用本章所学的图样填充的方法，填充图样效果，如图5-209所示。

图5-209

第6章
编辑图形

在绘制矢量图形对象的过程中，设计师可以针对编辑对象的路径进行修饰，使编辑的矢量图更加精准、美观。通过本章的学习，读者可以熟练地掌握编辑图形、设置轮廓线、造型对象和精确裁剪对象的方法。

学习要点

❖ 编辑曲线对象

❖ 切割图形

❖ 修饰图形

❖ 编辑轮廓线

❖ 重新整形图形

❖ 图框精确裁剪对象

6.1 编辑曲线对象

在通常情况下，曲线绘制完成后还需要对其进行精确的调整，以达到需要的造型效果。本节将详细讲解控制绘图曲线的操作方法。

6.1.1 添加和删除节点

在使用"贝塞尔工具"进行编辑时，为了使编辑更加精致，在调整时进行添加与删除节点，添加与删除节点的方法有4种。

第1种：选中线条上要加入节点的位置，如图6-1所示，然后在属性栏上左键单击"添加节点"按钮，进行添加节点，左键单击"删除节点"按钮，进行删除节点。

第2种：选中线条上要加入节点的位置，然后单击鼠标右键，在快捷菜单中执行"添加"命令进行添加节点，执行"删除"命令进行删除节点，如图6-2所示。

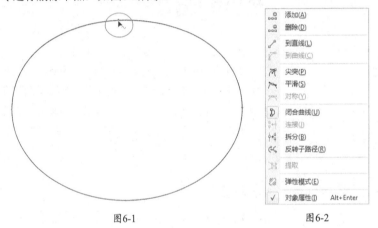

图6-1   图6-2

第3种：在需要增加节点处，双击鼠标左键添加节点，左键双击已有节点处进行删除节点。

第4种：选中线条上节点位置，按"+"键可以添加节点，按"-"键可以删除节点。

6.1.2 更改节点的属性

节点分为3种类型，即尖突节点、平滑节点和对称节点。在编辑曲线的过程中，需要转换节点的属性，以更好地为曲线造型。同时，也可以直接通过曲线与曲线的相互转换来控制曲线的形状。

1.将节点转换为尖突节点

将节点转换为尖突节点后，尖突节点两端的控制手柄成为相对独立的状态。当移动其中一个控制手柄的位置时，不会影响另一个控制手柄。

使用"椭圆形工具"绘制一个圆，并按快捷键Ctrl+Q将对象转换为曲线，然后使用"形状工具"选取其中一个节点，在属性栏中左键单击"尖突节点"按钮，再拖曳其中一个控制点。

2.将节点转换为平滑节点

平滑节点两边的控制点是相互联系的，当移动其中一个控制点时，另外一个控制点也会随之移动，可产生平滑过渡的曲线。

曲线上新增的节点默认为平滑节点。要将尖突节点转换成平滑节点，只需要在选取节点后，单击属性栏中的"平滑节点"按钮即可，如图6-3所示。

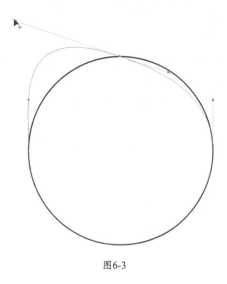

图6-3

3.将节点转换为对称节点

对称节点是指在平滑节点特征的基础上，使各个控制线的长度相等，从而使平滑节点两边的曲线率也相等。将节点转换为对称节点的操作方法如下。

使用"贝塞尔工具" 在工作区中绘制一条线段，使用"形状工具" 选取其中一个节点，然后左键单击"转换为曲线"按钮 ，左键双击曲线的中间位置，添加一个新的节点向下拖曳，再单击属性栏中的"对称节点"按钮 ，将该节点转换为对称节点，接着拖曳节点两端的控制点，如图6-4所示。

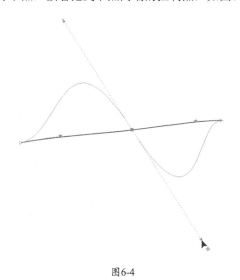

图6-4

4.将直线转换为曲线

使用"转换为线条"功能，可以将直线转换为曲线，其操作方法如下。

左键单击属性栏中的"转换为曲线"按钮 ，此时在该线条上将出现两个控制点，拖曳其中一个控制点，可以调整曲线的弯度。

5.将曲线转换为直线

使用"转换为线条"功能，可以将曲线转换为直线，其操作方法如下。

使用"椭圆形工具" 绘制一个椭圆形，按快捷键Ctrl+Q将椭圆转为曲线，然后使用"形状工具" 选中一个节点，左键单击属性栏中的"转换为线条"按钮 ，即可将曲线转换为直线。

6.1.3 闭合和断开曲线

通过"连接两个节点"功能，可以将同一个对象上断开的两个相邻节点连接成一个节点，从而使不封闭图形成为封闭图形，连接两个节点的操作方法如下。

选择工具箱中的"形状工具" ，然后按住Shift键的同时选取断开的两个相邻节点，单击属性栏中的"连接两个节点"按钮 ，即可完成操作。

通过"断开曲线"功能，可以将曲线上的一个节点在原来的位置分离为两个节点，从而断开曲线的连接，使图形由封闭变为不封闭状态，此外还可以将多个节点连接成的曲线分离成多条独立的线段。断开曲线的操作方法如下。

使用"形状工具" 选中曲线对象中需要分割的节点，单击属性栏中的"断开曲线"按钮 ，然后移动其中一个节点，可以看到原节点已经分割为两个独立的节点。

6.1.4 自动闭合曲线

使用"闭合曲线"功能，可以将绘制开放式曲线的起始节点和终止节点自动闭合，形成闭合的曲线，自动闭合曲线的操作方法如下。

使用"贝塞尔工具" 在工作区中绘制一条开放式曲线，选择"形状工具" ，按住Shift键单击曲线的起始节点和终止节点，将其同时选取，单击属性栏中的"闭合曲线"按钮 ，即可将曲线自动闭合成为封闭曲线。

6.2 切割图形

"刻刀工具" 可以将对象边缘沿直线、曲线绘制拆分为两个独立的对象。

6.2.1 直线拆分对象

选中对象，单击工具箱中的"刻刀工具" ，当光标变为刻刀形状 时，移动在对象轮廓线上单击左键，如图6-5所示，将光标移动到另外一边，如图6-6所示，会有一条实线进行预览。

单击左键确认后，绘制的切割线变为轮廓属性，如图6-7所示，拆分为对立对象可以分别移动拆分后的对象，如图6-8所示。

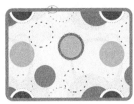
图6-5

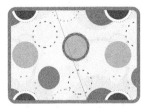
图6-6

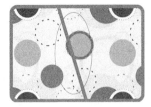
图6-7

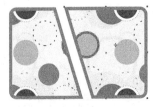
图6-8

6.2.2 曲线拆分对象

选中对象，单击工具箱中的"刻刀工具" ，当光标变为刻刀形状 时，移动在对象轮廓线上按住左键进行绘制曲线，如图6-9所示，预览绘制的实线进行调节，如图6-10所示，切割失误可以按快捷键Ctrl+Z撤销重新绘制。

曲线绘制到边线后，会吸附连接成轮廓线，如图6-11所示，拆分为对立对象可以分别移动拆分后的对象，如图6-12所示。

图6-9

图6-10

图6-11

图6-12

6.2.3 拆分位图

"刻刀工具"除了可以拆分矢量图之外还可以拆分位图。导入一张位图，选中后单击工具箱中的"刻刀工具"，如图6-13所示，在位图边框开始绘制直线切割线，如图6-14所示，拆分为对立对象可以分别移动拆分后的对象，如图6-15所示。

图6-13

图6-14

图6-15

在位图边框开始绘制曲线切割线，如图6-16所示，拆分为对立对象可以分别移动拆分后的对象，如图6-17所示。

图6-16

图6-17

6.2.4 刻刀工具设置

"刻刀工具"的属性栏如图6-18所示。

图6-18

"刻刀工具"的属性参数介绍

* 保留为一个对象：将对象拆分为两个子路径，并不是2个独立对象，激活后不能进行分别移动，如图6-19所示，双击可以进行整体编辑节点。

* 切割时自动闭合：激活后在分割时自动闭合路径，关掉该按钮，切割后不会闭合路径，如图6-20到图6-21所示只显示路径，填充效果消失。

133

图6-19

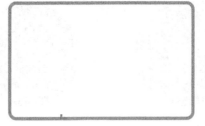

图6-20

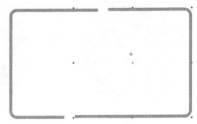

图6-21

6.2.5 实例：制作明信片

实例位置	实例文件>CH06>实战：制作明信片.cdr
素材位置	素材文件>CH06>01.jpg、02.cdr
实用指数	★★★★☆
技术掌握	切割图形工具的运用方法

明信片效果如图6-22和图6-23所示。

图6-22

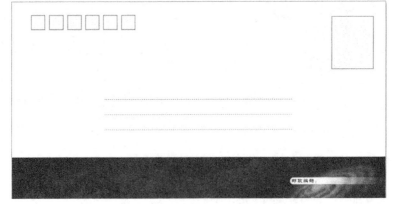

图6-23

01 新建空白文档，设置文档名称为"城市明信片"，设置页面大小"宽"为195mm、"高"为100mm。

02 导入教学资源中的"素材文件>CH06>01.jpg"文件，将图片拖入页面，然后单击工具箱中的"刻刀工具" ✎ ，在图片上方轮廓处单击左键，再按Shift键水平移动到另一边单击左键，绘制一条裁切直线，如图6-24所示，将图片裁切为两个独立对象，效果如图6-25所示。

03 单击导航器上加页按钮 ⊞ 添加一页，将星空的图片对象拖进第2页，然后回到第一页，将城市的图片拖放至与页面上方重合，如图6-26所示，页面下方并没有被图片覆盖住。

图6-24   图6-25   图6-26

04 下面绘制明信片的正面。单击"刻刀工具" ，然后长按Shift键在图片右边轮廓处单击左键，接着在另一边靠下一些按左键不放进行拖曳，通过控制点调整曲线弧度，如图6-27所示，最后将多余的部分按Delete键删除掉，如图6-28所示。

图6-27   图6-28

05 双击工具箱中的"矩形工具" ，在页面内创建与页面等大的矩形，然后颜色填充为（C:25，M:55，Y:0，K:0），再去掉轮廓线，如图6-29所示，接着单击工具箱中的"刻刀工具" ，按上述方法将矩形切开，删除多余的部分，如图6-30所示。

图6-29   图6-30

06 导入教学资源中的"素材文件>CH06>02.cdr"文件，将文字缩放于页面右边空白处，最终效果如图6-31所示。

图6-31

07 下面绘制明信片的背面。在导航器单击第二页，然后将星空图片拖放在页面最下边，再使用"刻刀工具" 将图片切割为只留星云的底图，如图6-32所示，接着使用"矩形工具" 绘制矩形，设置颜色填充为白色，去掉轮廓线，设置"圆角" ⬚为4mm，最后单击工具箱中的"透明度工具" ⬚拖动渐变方向，如图6-33所示。

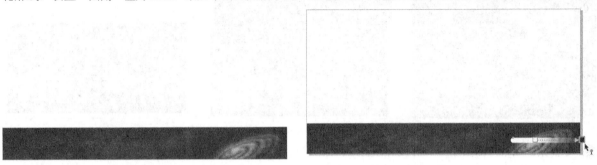

图6-32　　　　　　　　　　　　　　　　　　　　图6-33

08 绘制正方形，水平方向复制5个，全选后组合对象，然后填充轮廓颜色为红色（C:0，M:100，Y:100，K:0），接着将方块拖曳到页面左上角，如图6-34所示，最后绘制贴放邮票的矩形，边框填充也是红色，如图6-35所示。

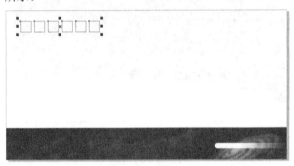 

图6-34　　　　　　　　　　　　　　　　　　　　图6-35

09 单击"贝塞尔工具" ⬚绘制一条直线，然后设置线条样式为虚线，颜色为（C:0，M:0，Y:0，K:80），接着垂直复制两条，组合放置在页面中相应位置，如图6-36所示，最后将邮政编码字样拖入渐变白色矩形中，最终效果如图6-37所示。

图6-36　　　　　　　　　　　　　　　　　　　　图6-37

6.3　修饰图形

在编辑图形时，除了使用形状工具编辑图形和使用刻刀工具切割图形的方法外，还可以使用涂抹笔刷、粗糙笔刷、自由变换工具和删除虚拟线段工具对图形进行修饰，以满足不同的图形编辑需要。

6.3.1　涂抹笔刷

"涂抹笔刷工具" ⬚可以在矢量对象外轮廓上进行拖动使其变形。

1. 涂抹修饰

涂抹工具不能用于组合对象，需要将对象解散后分别针对线和面进行涂抹修饰。

选中要涂抹修改的线条，然后单击工具箱中的"涂抹笔刷工具"，在线条上按住左键进行拖曳，如图6-38所示，笔刷拖曳的方向决定挤出的方向和长短。注意，在涂抹时重叠的位置会被修剪掉，如图6-39所示。

图6-38   图6-39

选中需要涂抹修改的闭合路径，然后单击工具箱中的"涂抹笔刷工具"，在对象轮廓位置按住左键进行拖曳，如图6-40所示，笔尖向外拖动为添加，拖动的方向和距离决定挤出的方向和长短，如图6-41所示，笔尖向内拖曳为修剪，其方向和距离决定修剪的方向和长短，在涂抹过程中重叠的位置会被修剪掉。

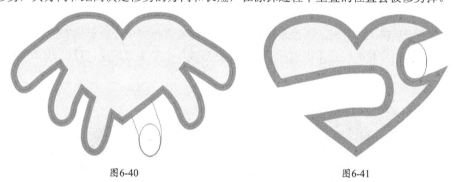

图6-40   图6-41

技巧与提示

在这里要注意，涂抹的修剪不是真正的修剪，如图6-42所示，如果向内涂抹的范围超出对象时，会有轮廓显示，不是修剪成两个独立的对象。

图6-42

2.涂抹的设置

"涂抹笔刷工具"的属性栏如图6-43所示。

图6-43

"涂抹笔刷工具"的属性参数介绍

＊ 笔尖大小：调整涂抹笔刷的尖端大小，决定凸出和凹陷的大小。

* 水份浓度 ✎：在涂抹时调整加宽或缩小渐变效果的比率，范围在-10~10之间，值为0是不渐变的；数值为-10时，如图6-44所示，随着鼠标的移动而变大；数值为10时，笔刷随着移动而变小，如图6-45所示。

图6-44   图6-45

* 斜移：设置笔刷尖端的饱满程度，角度固定为15~90度，角度越大越圆，越小越尖，涂抹的效果也不同。

* 方位：以固定的数值更改涂抹笔刷的方位。

6.3.2 粗糙笔刷

"粗糙工具" ✐可以沿着对象的轮廓进行操作，将轮廓形状改变，并且不能对组合对象进行操作。

1.粗糙修饰

单击工具箱中的"粗糙工具" ✐，在对象轮廓位置长按左键进行拖曳，会形成细小且均匀的粗糙尖突效果，如图6-46所示，在相应轮廓位置单击鼠标左键，则会形成单个的尖突效果，可以制作褶皱等效果，如图6-47所示。

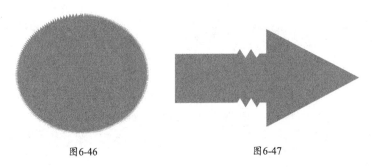

图6-46   图6-47

2.粗糙的设置

"粗糙工具" ✐的属性栏如图6-48所示。

图6-48

"粗糙工具"的属性参数介绍

* 尖突频率：通过输入数值改变粗糙的尖突频率，范围最小为1，尖突比较缓，如图6-49所示，最大为10，尖突比较密集，如图6-50所示。

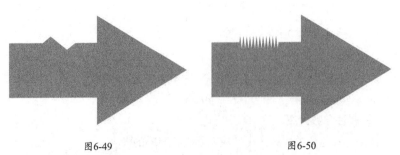

图6-49   图6-50

＊尖突方向：可以更改粗糙尖突的方向。

6.3.3 自由变换对象

"自由变换工具" 可以针对组合对象进行操作，可以对对象进行自由旋转、自由角度镜像和自由调节。选中对象，单击"自由变换工具" ，然后利用属性栏进行操作，如图6-51所示。

图6-51

"自由变换工具"的属性参数介绍

＊自由旋转 ：单击左键确定轴的位置，拖动旋转柄旋转对象，如图6-52所示。

图6-52

＊自由角度反射 ：单击左键确定轴的位置，拖动旋转柄旋转反射对象，如图6-53所示，松开左键完成，如图6-54所示。

图6-53   图6-54

＊自由缩放 ：单击左键确定中心的位置，拖动中心点改变对象大小，如图6-55所示，松开左键完成。

＊自由倾斜 ：单击左键确定倾斜轴的位置，拖动轴来倾斜对象，如图6-56所示，松开左键完成，如图6-57所示。

＊应用到再制 ：将变换应用到再制的对象上。

＊应用于对象 ：根据对象应用变换，不是根据x和y轴。

图6-55　　　　　　　　　　　　　　　图6-56　　　　　　　　　　　　　　　图6-57

1.自由旋转工具

使用"自由旋转工具"可以将对象按任一角度旋转，也可以指定旋转中心点旋转对象，操作方法如下。

左键单击工具箱中的"选择工具" 选中对象，然后选择工具箱中的"自由变换工具" ，单击属性栏中的"自由旋转工具"按钮 ，在对象上按住鼠标左键进行拖曳，适当调整位置即可，如图6-58所示。

图6-58

2.自由角度反射工具

使用"自由角度反射工具"可以将选择的对象按任一个角度镜像，也可以在镜像对象的同时再制对象。操作方法如下。

使用工具箱中的"选择工具" 选中对象，然后选中"自由变换工具" ，并在属性栏中单击"自由角度反射工具"按钮 ，在对象底部按住鼠标左键拖曳，移动轴的倾斜度可以决定对象的镜像方向，方向确定后松开鼠标左键，即可完成镜像操作，如图6-59所示。

图6-59

3.自由缩放工具

使用"自由缩放工具"可以将对象放大或缩小，也可以将对象扭曲或者在调节时再制对象。

在自由变换工具属性栏中选择"自由缩放工具"按钮，然后在对象的任意位置上按住鼠标左键拖曳，对象就会随着移动的位置进行缩放，缩放大小后松开左键，即可完成操作，如图6-60所示。

图6-60

4.自由倾斜工具

使用"自由倾斜工具"可以扭曲对象，该工具的使用方法与"自由缩放工具"相似。

6.3.4 删除虚拟线段

"虚拟段删除工具"用于删除对象中重叠和不需要的线段。绘制一个图形，选中图形并单击"虚拟段删除工具"，如图6-61所示，在没有目标时光标显示为，将光标移动到要删除的线段上，光标变为，如图6-62所示，单击选中的线段进行删除，如图6-63所示。

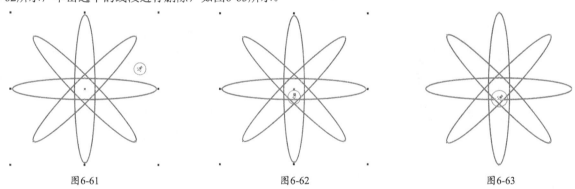

图6-61   图6-62   图6-63

删除多余线段后，如图6-64所示，删除线段后节点是断开的，图形无法进行颜色填充操作，如图6-65所示，单击"形状工具"进行连接节点，闭合路径后就可以进行颜色填充操作，如图6-66所示。

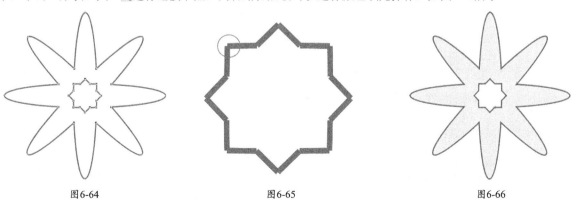

图6-64   图6-65   图6-66

技巧与提示

"虚拟段删除工具" 不能对组合对象、文本、阴影和图像进行操作。

6.3.5 涂抹工具

使用"涂抹工具"涂抹图形对象的边缘，可以改变对象边缘的曲线路径，对图形进行需要的造型编辑。

1.单一对象修饰

选中要修饰的对象，单击工具箱中的"涂抹工具" ，在边缘上按左键拖曳进行微调，松开左键可以产生扭曲效果，如图6-67所示，利用这种效果可以制作海星，如图6-68所示。在边缘上按住左键进行拖曳拉伸，如图6-69所示，松开左键可以产生拉伸或挤压效果，利用这种效果可以制作小鱼形状，如图6-70所示。

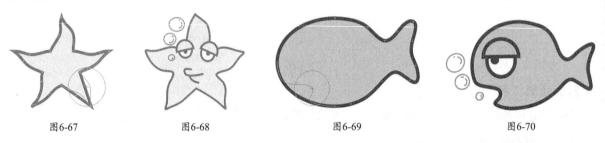

图6-67　　　　　　　图6-68　　　　　　　图6-69　　　　　　　图6-70

2.组合对象修饰

选中要修饰的组合对象，该对象每一图层填充有不同颜色，单击工具箱中的"涂抹工具" ，在边缘上按左键进行拖曳，如图6-71所示，松开左键可以产生拉伸效果，组合对象中每一层都将会被均匀拉伸，利用这种效果，可以制作酷炫的光速效果，如图6-72所示。

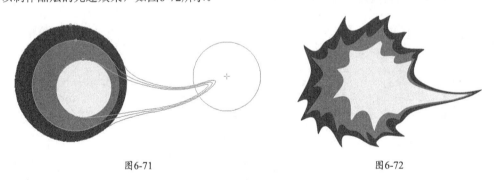

图6-71　　　　　　　　　　　　　　　图6-72

3.涂抹的设置

"涂抹工具" 的属性栏如图6-73所示。

图6-73

"涂抹工具"的属性参数介绍

* 笔尖半径：输入数值可以设置笔尖的半径大小。

* 压力：输入数值设置涂抹效果的强度，如图6-74所示，值越大拖动效果越强，值越小拖动效果越弱，值为1时不显示涂抹，值为100时涂抹效果最强。

* 笔压：激活可以运用数位板的笔压进行操作。

* 平滑涂抹：激活可以使用平滑的曲线进行涂抹，如图6-75所示。

* 尖状涂抹：激活可以使用带有尖角的曲线进行涂抹，如图6-76所示。

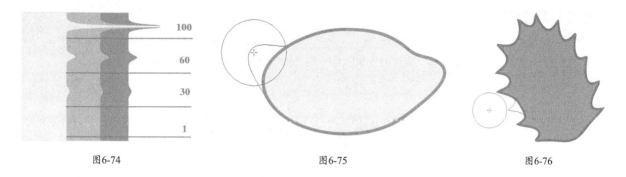

图6-74   图6-75   图6-76

6.3.6 转动工具

"转动工具" ，在轮廓处按左键使边缘产生旋转形状，组合对象也可以进行涂抹操作。

1.线段的转动

选中绘制的线段，然后单击工具箱中的"转动工具" ，将光标移动到线段上，如图6-77所示，光标移动的位置会影响旋转的效果，然后根据想要的效果，按住鼠标左键，笔刷范围内出现转动的预览，如图6-78所示，达到想要的效果就可以松开左键完成编辑，如图6-79所示。用户可以利用线段转动的效果制作浪花纹样，如图6-80所示。

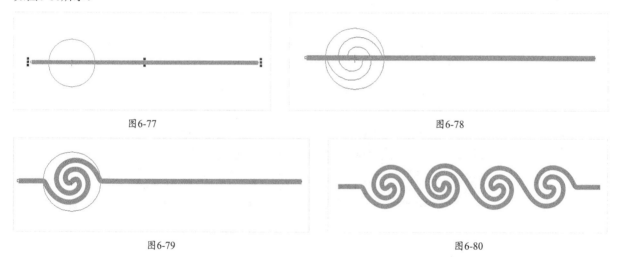

图6-77   图6-78

图6-79   图6-80

2.面的转动

选中要涂抹的面，单击工具箱中的"转动工具" ，将光标移动到面的边缘上，如图6-81所示，长按左键进行旋转，如图6-82所示，和线段转动不同，在封闭路径上进行转动可以进行填充编辑，并且也是闭合路径，如图6-83所示。

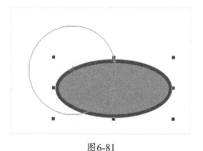

图6-81   图6-82   图6-83

3.组合对象的转动

选中一个组合对象，单击工具箱中的"转动工具"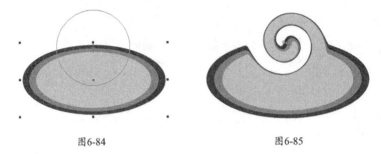，将光标移动到组合对象的边缘上，如图6-84所示，长按左键进行旋转，如图6-85所示，旋转的效果和单一路径的效果相同，可以产生层次感。

图6-84   图6-85

4.转动工具设置

"转动工具"的属性栏如图6-86所示。

图6-86

"转动工具"的属性参数介绍

* 笔尖半径◎：设置数值可以更改笔尖大小。

* 速度◎：可以设置转动涂抹时的速度。

* 逆时针转动◎：按逆时针方向进行转动，如图6-87所示。

* 顺时针转动◎：按顺时针方向进行转动，如图6-88所示。

图6-87   图6-88

6.3.7 吸引与排斥工具

"吸引工具"和"排斥工具"在对图形对象边缘的变化效果上是相反的，"吸引工具"可以将笔触范围内的节点吸引在一起，而"排斥工具"则是将笔触范围内相邻的节点分离开，分别产生不同的造型效果。

单击工具箱中的"吸引工具"后，在属性栏中设置好需要的笔尖半径和速度，然后在图形对象的边缘按住鼠标左键不动或在变化后拖曳鼠标，即可使图形边缘的节点吸引聚集到一起，"排斥工具"则相反。

6.3.8 平滑工具

"平滑工具"可以使弯曲的对象变光滑，从而删除有锯齿的边缘并减少节点数目。此外，用户可以平滑矩形或多边形等形状，使其具有手绘的外观。为控制平滑效果，可以改变笔刷笔尖大小以及应用效果的速度，还可以使用数字比的压力。

单击工具箱中的"平滑工具"，选中一个边缘有锯齿的对象，沿着对象边缘进行拖曳，边缘将变得光滑。

6.3.9 沾染工具

将"沾染工具" 应用于对象时，无论是激活图形蜡笔版控制还是使用应用于鼠标的设置，都可以控制变形的范围和形状。

"沾染工具" 的属性栏，如图6-89所示。

图6-89

* 笔尖半径：可以设置笔尖的半径。

* 笔压：使用笔和写字板时，根据笔压更改涂抹效果的宽度。

* 笔倾斜：可以调平笔刷尖并改变涂抹的形状。

* 使用笔方位：使用笔和写字板时，启用笔方位设置。

6.3.10 实例：绘制水墨画

实例位置	实例文件>CH06>实战：绘制水墨画.cdr
素材位置	素材文件>CH06>03.jpg、04.cdr、05.jpg
实用指数	★★★☆☆
技术掌握	笔刷工具的运用方法

水墨画效果如图6-90所示。

01 新建空白文档，设置文档名称为"水墨画"，设置页面大小为A4。

02 然后导入教学资源中的"素材文件>CH06>03.jpg"文件，将图片缩放至合适大小，如图6-91所示。

03 导入教学资源中的"素材文件>CH06>04.cdr"文件，单击工具箱中的"涂抹工具" ，设置"笔尖半径"为10mm，"压力"为85，对对象边缘进行适当涂抹，然后单击工具箱中的"平滑工具" ，设置"笔尖半径"为10mm、"速度"为100，接着对对象节点处进行适当涂抹，如图6-92所示，最后将调整好的对象拖曳至页面左侧，适当调整位置，如图6-93所示。

图6-90

图6-91

图6-92

图6-93

04 导入教学资源中的"素材文件>CH06>05.jpg"文件，将图片拖曳至页面右侧，缩放合适大小调整位置，然后单击工具箱中的"透明度工具" ，单击属性栏中的"渐变透明度"拖曳出透明效果，最终效果如图6-94所示。

图6-94

6.4 编辑轮廓线

在设计的过程中，通过编辑修改对象轮廓线的样式、颜色、宽度等属性，可以使设计更加丰富，更加灵活，从而提高设计的水平。轮廓线的属性在对象与对象之间可以进行复制，并且可以将轮廓转换为对象进行编辑。

在软件默认情况下，系统自动为绘制的图形添加轮廓线，并设置颜色为K：100、宽度为0.2mm、线条样式为直线型，用户可以选中对象进行重置修改。接下来通过CorelDRAW X7提供的工具和命令，学习对图形的轮廓线进行编辑和填充。

6.4.1 改变轮廓线的颜色

设置轮廓线的颜色可以将轮廓与对象区分开，也可以将轮廓线效果更丰富。

设置轮廓线颜色的方法有4种。

第1种：左键单击选中对象，在右边的默认调色板中单击鼠标右键进行修改，默认情况下，单击鼠标左键为填充对象，单击鼠标右键为填充轮廓线，用户可以利用调色板进行快速填充，如图6-95所示。

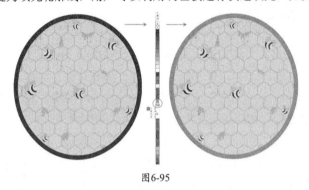

图6-95

第2种：左键单击选中对象，在状态栏上双击轮廓线颜色进行变更，如图6-96所示，在打开的"轮廓线"对话框中进行修改，如图6-97所示。

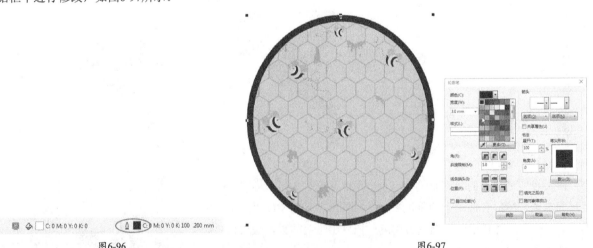

图6-96　　　　　　　　　　　　　　　　　　　图6-97

第3种：选中对象，在工具选项中单击"彩色"，打开"颜色泊坞窗"面板，如图6-98所示，单击选取颜色输入数值，单击"轮廓"按钮 轮廓(O) 进行填充，如图6-99所示。

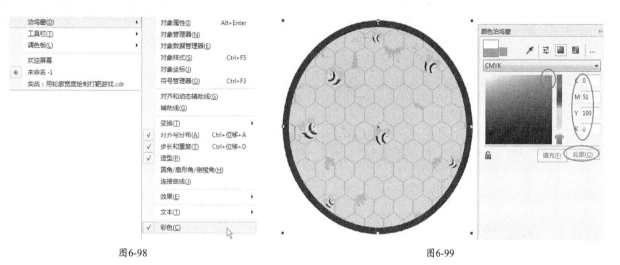

图6-98   图6-99

第4种：选中对象，左键双击状态栏下的"轮廓笔工具" ，打开"轮廓笔"对话框，在对话框里"颜色"一栏输入数值进行填充。

6.4.2 改变轮廓线的宽度

变更对象轮廓线的宽度可以使图像效果更丰富，同时起到增强对象醒目和提示的作用。

设置轮廓线宽度的方法有两种。

第1种：选中对象，在属性栏"轮廓宽度" 后面的文字框中输入数值进行修改，或在下拉选项中进行修改，如图6-100所示，数值越大轮廓线越宽，如图6-101所示。

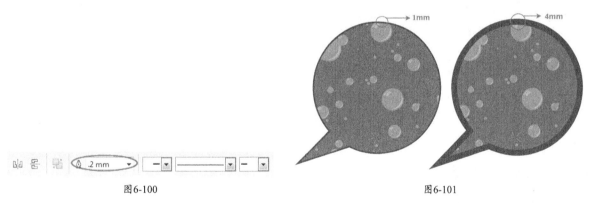

图6-100   图6-101

第2种：选中对象，按F12键，可以快速打开"轮廓线"对话框，在对话框的"宽度"选项中输入数值改变轮廓线的宽度。

6.4.3 改变轮廓线的样式

设置轮廓线的样式可以使图形美观度提升，也可以起到醒目和提示作用。

改变轮廓线样式的方法有两种。

第1种：选中对象，在属性栏"线条样式"的下拉选项中选择相应样式进行变更轮廓线样式，如图6-102所示。

第2种：选中对象后，双击状态栏下的"轮廓笔工具" ，打开"轮廓笔"对话框，在对话框里"样式"下面选择相应的样式进行修改，如图6-103所示。

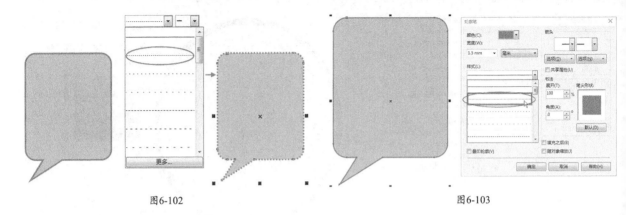

图6-102　　　　　　　　　　　　　　　　　　　　　图6-103

6.4.4 清除轮廓线

在绘制图形时，默认出现宽度为0.2mm、颜色为黑色的轮廓线，通过相关操作可以将轮廓线去掉，以达到想要的效果。

去掉轮廓线的方法有两种。

第1种：单击选中对象，在默认调色板中单击"无填充"将轮廓线去掉，如图6-104所示。

第2种：选中对象，单击属性栏"轮廓宽度" ▵ 的下拉选项，选择"无"将轮廓线去掉，如图6-105所示。

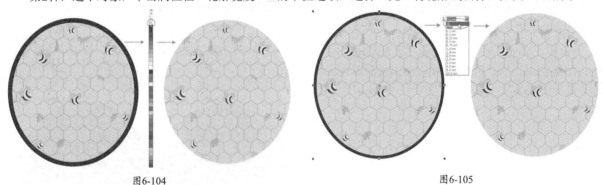

图6-104　　　　　　　　　　　　　　　　　　　　　图6-105

第3种：选中对象，在状态栏下双击"轮廓笔工具" ▵ ，打开"轮廓笔"对话框，在对话框中"宽度"的下拉选项中选择"无"去掉轮廓线。

6.4.5 转换轮廓线

在CorelDRAW X7软件中，针对轮廓线只能进行宽度调整、颜色均匀填充、样式变更等操作，如果在编辑对象过程中需要对轮廓线进行对象操作时，可以将轮廓线转换为对象，然后进行添加渐变色、添加纹样和其他效果。

选中要进行编辑的轮廓，如图6-106所示，执行"对象>将轮廓转换为对象"菜单命令，如图6-107所示，将轮廓线转换为对象进行编辑。

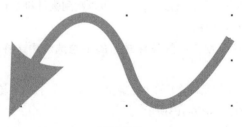

图6-106　　　　　　　　　　　　　　　　　图6-107

转为对象后，可以进行形状修改、颜色渐变填充、图案填充等效果操作，如图6-108~图6-110所示。

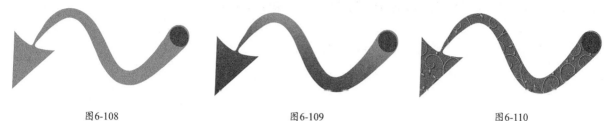

图6-108　　　　　　　　　　　　　　图6-109　　　　　　　　　　　　　　图6-110

6.4.6　实例：用轮廓颜色绘制杯垫

实例位置	实例文件>CH06>实战：用轮廓颜色绘制杯垫.cdr
素材位置	素材文件>CH06>06.psd、07.cdr
实用指数	★★★☆☆
技术掌握	轮廓颜色的运用方法

杯垫效果如图6-111所示。

图6-111

01 新建空白文档，设置文档名称为"杯垫"，然后设置页面大小为"A4"、页面方向为"横向"。

02 使用"星形工具" 绘制星形，在属性栏设置"点数或边数"为5、"锐度"为20、"轮廓宽度"为8mm，然后填充轮廓线颜色为（C:0，M:20，Y:100，K:0），如图6-112所示。

03 使用工具箱中的"椭圆形工具" 绘制一个圆，然后设置"轮廓宽度"为8mm、颜色为（C:0，M:20，Y:100，K:0），如图6-113所示，接着将圆复制4个排放在星形的凹陷位置，如图6-114所示。

图6-112　　　　　　　　　　　　图6-113　　　　　　　　　　　　图6-114

04 复制一个圆进行缩放，复制排放在星形的凹陷位置，如图6-115所示，然后复制一份进行缩放，再放置在星形中间，如图6-116所示，最后将小圆复制在圆的相交处，如图6-117所示。

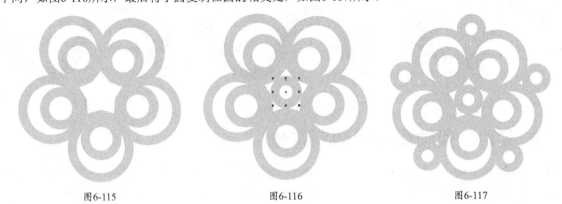

图6-115　　　　　　　　　　　图6-116　　　　　　　　　　　图6-117

05 将组合对象复制一份并填充颜色为（C:0，M:60，Y:80，K:0），如图6-118所示，然后将深色的对象排放在浅色对象下方，形成厚度效果，如图6-119所示，接着全选复制一份向下进行缩放，调整厚度位置，如图8-120所示。

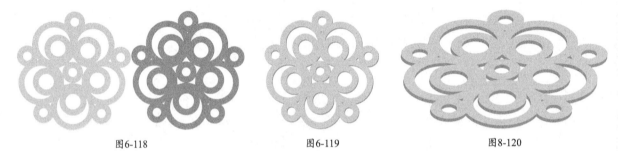

图6-118　　　　　　　　　　　图6-119　　　　　　　　　　　图8-120

06 将绘制好的杯垫复制2份，删掉厚度，然后旋转角度排放在页面对角位置，如图6-121所示，接着执行"位图>转换为位图"菜单命令，打开"转换为位图"对话框，单击"确定"按钮 确定 将对象转换为位图，如图6-122所示。

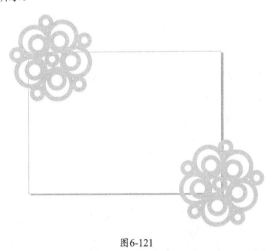

图6-121

图6-122

07 选中位图单击工具箱中的"透明度工具" ，在属性栏设置"透明度类型"为"均匀透明度""透明度"为70，然后双击工具箱中的"矩形工具" 创建与页面等大小的矩形，再执行"对象>图框精确裁剪>置于图文框内部"菜单命令，把图片放置在矩形中，效果如图6-123和图6-124所示。

图6-123   图6-124

08 将前面编辑好的杯垫拖曳到页面右边，如图6-125所示，然后将缩放过的杯垫复制3个拖曳到页面左下方，如图6-126所示。

图6-125   图6-126

09 导入教学资源中的"素材文件>CH06>06.psd"文件，然后将杯子缩放拖曳到杯垫上，如图6-127所示。

10 导入教学资源中的"素材文件>CH06>07.cdr"文件，然后将文本拖曳到页面中，最终效果如图6-128所示。

图6-127   图6-128

6.5 重新整形图形

执行"对象>造形"下的菜单命令可以进行造形操作，如图6-129所示，菜单栏操作可以将对象一次性进行编辑，下面进行详细介绍。

图6-129

6.5.1 合并图形

合并功能可以合并多个单一对象或组合的多个图形对象，还能合并单独的线条，但不能合并段落文本和位图图像。可以将多个对象结合在一起，以此创建具有单一轮廓的独立对象。新对象将沿用目标对象的填充和轮廓属性，所有对象之间的重叠线都将消失。

使用框选对象的方法全选需要合并的图形，执行"对象>造形>合并"菜单命令，或鼠标左键单击属性栏中的"合并"按钮，效果如图6-130所示。

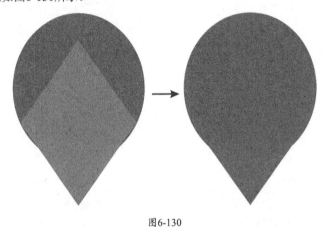

图6-130

6.5.2 修剪图形

"修剪"命令可以将一个对象用一个或多个对象修剪，去掉多余的部分，在修剪时需要确定原对象和目标对象的前后关系。

使用"框选"对象的方法，选择需要修剪的对象，执行"对象>造形>修剪"菜单命令，或单击属性栏中的"修剪"按钮，得到的修剪效果，如图6-131所示。

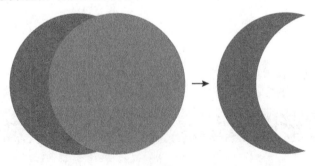

图6-131

与"合并"功能相似，修剪后的图形效果与选择对象的方式有关。在执行"修剪"命令时，根据选择对象的先后顺序不同，应用修剪命令的图形效果也会不同。

6.5.3 相交图形

"相交"图命令可以在两个或多个对象重叠区域上创建新的独立对象。选中需要相交的图形对象，执行"对象>造形>相交"菜单命令或单击属性栏中的"相交"按钮图，即可在这两个图形对象的交叠处创建一个新的对象，新对象以目标对象的填充和轮廓属性为准，效果如图6-132所示。

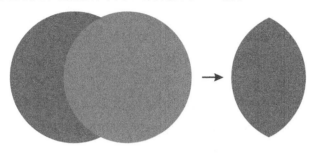

图6-132

6.5.4 简化图形

"简化"图功能可以减去两个或多个重叠对象的交集部分，并保留原始对象。

选中需要简化的对象后，单击属性栏中的"简化"按钮图，简化后的图形效果如图6-133所示。

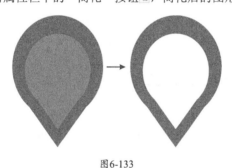

图6-133

6.5.5 移除后面对象与移除前面对象

移除对象操作分为两种，"移除后面对象"命令用于后面对象减去顶层对象的操作，"移除前面对象"命令用于前面对象减去底层对象的操作。

1.移除后面对象操作

选中需要进行移除对象，确保最上层为最终保留的对象，如图6-134所示，执行菜单栏"对象>造形>移除后面对象"命令，如图6-135所示。

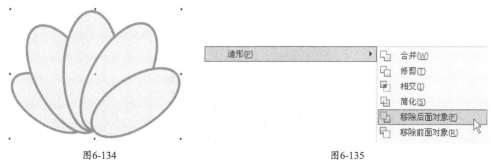

图6-134　　　　　　　　　　　　　　　　图6-135

153

在执行"移除后面对象"命令时，如果选中对象中有没有与顶层对象覆盖的对象，那么在执行命令后该层对象被删除，有重叠的对象则为修剪顶层对象，如图6-136所示。

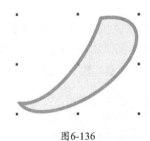

图6-136

2.移除前面对象操作

选中需要进行移除对象，确保底层为最终保留的对象，如图6-137所示保留底层黄色星形，执行"对象>造形>移除后面对象"菜单命令，如图6-138所示，最终保留底图黄色星形轮廓，如图6-139所示。

图6-137　　　　　　　　　　　　　图6-138　　　　　　　　　　　　　图6-139

6.5.6 实例：绘制手机音乐界面

实例位置	实例文件>CH06>实战：绘制手机音乐界面.cdr
素材位置	素材文件>CH06>06.jpg、07.cdr
实用指数	★★★★☆
技术掌握	造形操作的运用方法

手机界面效果如图6-140所示。

图6-140

01 新建空白文档，设置文档名称为"手机界面"，然后设置页面"宽"为47mm、"高"为84mm。然后双击"矩形工具"，创建一个与页面等大的矩形，填充颜色为黑色，如图6-141所示，接着导入教学资源中的"素材文件>CH06>06.jpg"文件，将图片缩放至合适大小，如图6-142所示。

02 单击工具箱中的"矩形工具"在页面最上方绘制一个矩形，填充颜色为洋红，然后导入教学资源中的"素材文件>CH06>07.cdr"文件，将图片缩放至合适大小，适当调整位置，如图6-143所示。

| 图6-141 | 图6-142 | 图6-143 |

03 单击工具箱中的"椭圆形工具"绘制一个圆，填充颜色为洋红，单击"矩形工具"绘制一个矩形，填充颜色为洋红，然后执行"对象>变换>旋转"菜单命令，设置"旋转角度"为30°，"副本"为12，接着单击"应用"按钮，最后全选对象，单击属性栏中的"合并"按钮，如图6-144所示。

04 单击工具箱中的"椭圆形工具"绘制一个圆，填充颜色为黑色，单击"矩形工具"绘制一个矩形，适当调整位置，然后全选对象，单击属性栏中的"合并"按钮，如图6-145所示，将图形拖曳至前面绘制图形的中心适当调整位置，接着全选对象，单击属性栏中的"移除前面对象"按钮，如图6-146所示，再接着单击"钢笔工具"在图形上方绘制一个图形，填充颜色为洋红，在图形最下方输入美术字体，最后全选对象进行组合，放置页面适当位置，如图6-147所示。

| 图6-144 | 图6-145 | 图6-146 | 图6-147 |

05 导入教学资源中的"素材文件>CH06>07.cdr"文件，将图片拖曳到页面中，适当调整位置，如图6-148所示。

06 导入教学资源中的"素材文件>CH06>07.cdr"文件，将图标拖曳到页面下方，进行适当调整位置，最终如图6-149所示。

图6-148 图6-149

6.6 图框精确裁剪对象

在CorelDRAW X7中，用户可以将所选对象置入目标容器中，形成纹理或者裁剪图像效果。所选对象可以是矢量对象也可以是位图对象，置入的目标可以是任何对象，如文字或图形等。

6.6.1 放置在容器中

导入一张位图，然后在位图上方绘制一个矩形，矩形内重合的区域为置入后显示的区域，如图6-150所示，接着执行"对象>图框精确裁剪>置于图文框内部"菜单命令，如图6-151所示，当光标显示箭头形状时单击矩形将图片置入，如图6-152所示，效果如图6-153所示。

图6-150

图6-151

图6-152

图6-153

在置入时，绘制的目标对象可以不在位图上，如图6-154所示，置入后的位图居中显示。

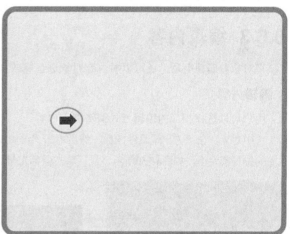

图6-154

6.6.2 提取内容

选中置入对象的容器，然后在下方出现的悬浮图标中单击"提取内容"图标 将置入对象提取出来，如图6-155所示。

图6-155

提取对象后，容器对象中间会出现×线，表示该对象为"空PowerClip图文框"显示，此时拖入图片或提取出的对象可以快速置入，如图6-156所示。

图6-156

选中"空PowerClip图文框"，然后单击鼠标右键在快捷菜单中执行"框类型>无"命令可以将空PowerClip图文框转换为图形对象，如图6-157所示。

图6-157

6.6.3 编辑内容

将对象精确裁剪后，还可以对内部对象进行缩放、旋转或位置等调整，具体操作方法如下。

1.编辑内容

用户可以选择相应的编辑方式编辑置入内容。

选中对象，在下方出现悬浮图标，然后单击"编辑PowerClip"图标 进入容器内部，如图6-158所示，接着调整位图的位置或大小，如图6-159所示，最后单击鼠标左键"停止编辑内容"图标 完成编辑，如图6-160所示。

图6-158

图6-159

图6-160

2.选择PowerClip内容

选中对象，在下方出现悬浮图标，然后单击鼠标左键"选择PowerClip内容"图标 选中置入的位图，如图6-161所示。

"选择PowerClip内容"进行编辑内容是不需要进入容器内部的，可以直接选中对象，以圆点标注出来，然后直接进行编辑，鼠标左键单击任意位置完成编辑，如图6-162所示。

图6-161

图6-162

6.6.4 锁定图框精确裁剪的内容

在对象置入后，在下方悬浮图标单击"锁定PowerClip内容"图标解锁，然后移动矩形容器，置入的对象不会随着移动而移动，如图6-163所示，单击"锁定PowerClip内容"图标激活上锁后，移动矩形容器会连带置入对象一起移动，如图6-164所示。

图6-163

图6-164

6.6.5 结束编辑

在完成对图框精确裁剪内容的编辑后，执行"效果>图框精确裁剪>结束编辑"菜单命令，或单击"结束编辑"按钮，或在图框对象上单击鼠标右键，或从打开的快捷菜单中选择"结束编辑"命令，即可结束内容的编辑，如图6-165所示。

图6-165

6.6.6 实例：制作电脑桌面壁纸

实例位置	实例文件>CH06>实战：用轮廓颜色绘制杯垫.cdr
素材位置	素材文件>CH06>08. jpg、09. cdr
实用指数	★★★★☆
技术掌握	图框精确裁剪的运用方法

桌面壁纸效果如图6-166所示。

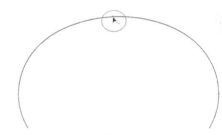

图6-166

01 新建空白文档，设置文档名称为"桌面壁纸"，然后设置页面"宽"为214mm、"高"为120mm。

02 双击"矩形工具"，创建一个与页面等大的矩形，如图6-167所示，然后导入教学资源中的"素材文件>CH06>08. jpg"文件，将图片缩放至合适大小，接着执行"对象>图框精确裁剪>置于图文框内部"菜单命令，把图片放置在矩形中，如图6-168所示。

图6-167

图6-168

03 导入教学资源中的"素材文件>CH06>09.cdr"文件，将图标适当调整大小，拖曳至页面右侧，最终效果如图6-169所示。

图6-169

6.7 本章练习

练习1：用修剪制作蛇年明信片

素材位置	素材文件>CH06>10.jpg、11.cdr
实用指数	★★★☆☆
技术掌握	修剪功能的运用方法

使用修剪功能绘制蛇年明信片，如图6-170所示。

图6-170

练习2：制作照片桌面

素材位置	素材文件> CH06>12.psd、13.jpg、14jpg
实用指数	★★★☆☆
技术掌握	图框精确裁剪的使用方法

运用本章所学的图框精确裁剪的使用方法，并结合旋转对象的方法，绘制图像效果，如图6-171所示。

图6-171

第7章
文本操作

文本在平面设计作品中起到解释说明的作用，是平面设计作品中不可或缺的内容。在CorelDRAW X7中，文本主要以美术字和段落文本这两种形式存在，美术字具有矢量图形的属性，可用于添加断行的文本；段落文本可以用于对格式要求更高的、篇幅较大的文本。设计师也可以将文字当做图形来进行设计，使平面设计的内容更广泛。

学习要点

❖ 添加文本

❖ 选择文本

❖ 设置美术字和文本段落

❖ 书写工具

❖ 查找和替换文本

❖ 编辑和转换文本

❖ 图文混排

7.1 添加文本

在进行文字处理时，可直接使用"文本工具"⬚输入文字，也可以导入文字进行使用，根据具体的情况选择不同的文字输入方式。

7.1.1 添加美术文本

输入美术文本时，选择工具箱中的"文本工具"⬚，在绘图窗口中任意位置单击鼠标左键，出现输入文字的光标后，选择适合的输入法，便可直接输入文字。

通过属性栏设置文本属性，选中输入的文本后，属性栏选项设置如图7-1所示。

图7-1

属性栏中的"字体列表"，用于为输入的文字设置字体。"字体大小列表"用于为输入的文字设置字体大小，单击属性栏中对应的字符效果按钮，可以为选择的文字设置粗体、斜体和下划线效果。

7.1.2 添加段落文本

当设计作品中需要编排很多文字时，利用段落文本可以方便快捷地输入和编排，另外段落文本在多页面文件中可以从一个页面流动到另一个页面，编排起来非常方便。

1.输入段落文本

单击工具箱中的"文本工具"⬚，然后在页面内按住鼠标左键拖曳，待松开鼠标后生成文本框，如图7-2所示，此时输入的文本即为段落文本，在段落文本框内输入文本，排满一行后将自动换行，如图7-3所示。

图7-2   图7-3

2.文本框的调整

段落文本只能在文本框内显示，若超出文本框的范围，文本框下方的控制点内会出现一个黑色三角箭头▼，向下拖动该箭头▼，使文本框扩大，可以显示被隐藏的文本，如图7-4和图7-5所示，也可以按住左键拖曳文本框中任意的一个控制点，调整文本框的大小，使隐藏的文本完全显示。

图7-4   图7-5

技巧与提示

段落文本可以转换为美术文本。首先选中段落文本，然后单击右键，接着在打开的面板中使用鼠标左键单击"转换为美术字"，如图7-6所示。

图7-6

7.1.3 转换文字方向

在默认情况下，CorelDRAW X7中输入的文本为横向排列。在图形项目的编辑设计过程中，经常需要转换文字的排列方向，这时可以通过以下的操作方法来完成。

单击工具箱中的"选择工具" 🔓，选中需要转换的文本对象，保持文本对象的选中状态，在属性栏中单击"将文本更改为垂直方向" ⬛按钮或"将文本更改为水平方向" ☰按钮，即可将文本改变方向。

7.1.4 贴入与导入文本

如果需要在CorelDRAW X7中加入其他文字处理程序中的文字时，可以采用贴入或导入的方式来完成。

1.贴入文本

贴入文字的操作方法如下。

在其他文字处理程序中选取需要的文字，然后按快捷键Ctrl+C进行复制。切换到CorelDRAW X7中，使用工具箱中的"文本工具"在页面上按住鼠标左键并拖曳鼠标，创建一个段落文本框，然后按下快捷键Ctrl+V进行粘贴，此时将打开"导入/粘贴文本"对话框。用户可以根据实际需要，选择其中的选项，单击"确定"按钮即可，如图7-7所示。

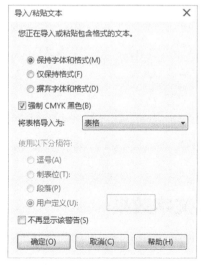

图7-7

＊ 保持字体和格式：保持字体和格式可以确保导入粘贴的文本保留其原来的字体类型，并保留项目符

号、栏、粗体与斜体等格式信息。

* 仅保持格式：只保留项目符号、栏、粗体与斜体等格式信息。

* 摒弃字体和格式：导入或粘贴的文本将采用选定文本对象的属性，如果未选定对象，则采用默认的字体与格式属性。

* 将表格导入为：在其下拉列表中可以选择导入表格的方式，包括"表格"和"文本"。选择"文本"选项后，下方的"使用以下分隔符"选项将被激活，在其中可以选择使用分隔符的类型。

* 不再显示该警告：选中该复选框后，执行粘贴命令时将不会出现该对话框，软件将按默认设置对文本进行粘贴。

技巧与提示

将"记事本"中是文字进行复制并粘贴到CorelDRAW X7文件中时，系统会直接对文字进行粘贴，而不会打开"导入/粘贴文本"对话框。

2.导入文本

导入文本的操作方法如下。

执行"文件>导入"菜单命令，在打开的"导入"对话框中选择需要导入的文本文件，然后单击"导入"按钮，在打开的"导入/粘贴文本"对话框中进行设置后，单击"确定"按钮。当光标变为标尺状态时，在绘图窗口中单击鼠标，即可将文件中所有文字内容以段落文本的形式导入当前的绘图窗口中。

7.1.5 在图形内输入文本

在CorelDRAW X7中，还可以将文本输入到自定义的图形对象中，其操作步骤如下。

绘制一个几何图形或自定义形状的封闭图形，单击工具箱中的"选择工具" ▣，将光标移动到对象的轮廓上，当光标变为 I▣ 时单击鼠标左键，此时在图形内将出现段落文本框，如图7-8所示，在文本框中输入所需要的文字即可，如图7-9所示。

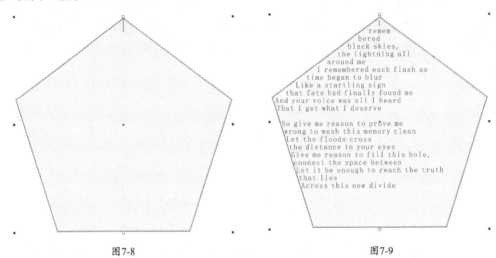

图7-8　　　　　　　　　　　　　　图7-9

7.1.6 实例：制作下沉文字效果

实例位置	实例文件>CH07>实战：制作下沉文字效果.cdr
素材位置	无
实用指数	★★★★☆
技术掌握	美术字的输入方法

下沉文字效果如图7-10所示。

图7-10

01 新建空白文档，设置文档名称为"下沉文字效果"，接着设置"宽度"为280mm、"高度"为155mm。

02 双击"矩形工具" ▢创建一个与页面重合的矩形，然后双击"渐层工具" ◆，在"编辑填充"对话框中选择"渐变填充"方式，设置"类型"为"椭圆形渐变填充"，再设置"节点位置"为0%的色标颜色为（C:88，M:100，Y:47，K:4）、"节点位置"为100%的色标颜色为（C:33，M:47，Y:24，K:0），"填充宽度"为125.849%、"水平偏移"为0%、"垂直偏移"为-19.0%、"旋转"为0.8°，最后单击"确定"按钮 确定，填充完毕后去除轮廓，效果如图7-11所示。

03 使用工具箱中的"椭圆工具" ◯绘制一个椭圆，填充颜色为（C:95，M:100，Y:60，K:35），接着去除轮廓，如图7-12所示。选中绘制的椭圆，执行"位图>转换为位图"菜单命令，打开"转换为位图"对话框，然后单击"确定"按钮 确定，如图7-13所示，即可将椭圆转换为位图。

图7-11

图7-12

图7-13

04 选中转换为位图的椭圆，执行"位图>模糊>高斯模糊"菜单命令，打开"高斯模糊"对话框，接着设置"半径"为250像素，接着单击"确定"按钮 确定，如图7-14所示，模糊后的效果如图7-15所示。

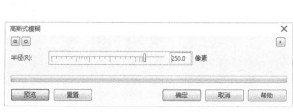

图7-14

图7-15

05 拖曳模糊后的椭圆到页面下方，单击工具箱中的"透明度工具" ▨，接着在属性栏上设置"渐变透明度"为"线性渐变透明度""合并模式"为"常规""旋转"为90°，设置后的效果如图7-16所示。

06 使用工具箱中的"矩形工具" ▢，在页面下方绘制一个矩形，双击"渐层工具" ◆，然后在"编辑填充"

对话框中选择"渐变填充"方式，设置"类型"为"椭圆形渐变填充"，再设置"节点位置"为0%的色标颜色为（C:88，M:100，Y:47，K:4）、"节点位置"为100%的色标颜色为（C:33，M:47，Y:24，K:0），"填充宽度"为110.495%、"水平偏移"为0%、"垂直偏移"为45.0%、"旋转"为1.8°，最后单击"确定"按钮 确定 ，填充完毕后去除轮廓，效果如图7-17所示。

图7-16　　　　　　　　　　　　　　　　　　图7-17

07 使用工具箱中的"文本工具" 字 输入美术文本，在属性栏上设置"字体"为Ash、"字体大小"为84pt，然后填充颜色为白色，如图7-18所示，再适当旋转，接着放置页面下方的矩形后面，效果如图7-19所示。选中页面下方的矩形，单击"透明度工具" ，在属性栏上设置"渐变透明度"为"线性渐变透明度""合并模式"为"常规""旋转"为88.8°，设置后的效果如图7-20所示。

图7-18　　　　　　　　　　　　　图7-19　　　　　　　　　　　　　图7-20

08 选中前面输入的文本，复制一份，接着删除前面的字母只留下字母T，再移动该字母位置使其与原来的字母T重合，如图7-21所示。选中复制的字母，然后单击"透明度工具" ，在属性栏上设置"渐变透明度"为"线性渐变透明度""合并模式"为"常规""旋转"为152.709°，设置后的效果如图7-22所示。

图7-21　　　　　　　　　　　　　　　　　　图7-22

09 使用工具箱中的"文本工具" 字 输入美术文本，然后在属性栏上设置"字体"为Ash、"字体大小"为8pt，接着填充颜色为黑色（C:0，M:0，Y:0，K:100），如图7-23所示，再复制一份，分别放置倾斜文字的左右两侧，如图7-24所示。选中页面左侧的文字，单击"透明度工具" ，最后在属性栏上设置"渐变透明度"为"线性渐变透明度""合并模式"为"常规""节点透明度"为62°，设置后的效果如图7-25所示。

图7-23　　　　　　　　　　　　　图7-24　　　　　　　　　　　　　图7-25

10 选中右侧的文字，单击"透明度工具" ，然后在属性栏上设置"渐变透明度"为"线性渐变透明度""合并模式"为"常规""旋转"为-176.1°、"节点透明度"为62，接着在属性栏上设置"透明度类型"为"线性""透明度操作"为"常规""开始透明度"为100、"角度"为180.477°，最终效果如图7-26所示。

图7-26

7.2 选择文本

与图形的编辑处理一样，在对文本对象进行编辑时，必须首先对文本进行选择。用户可以选择绘图窗口中的全部文本、单个文本或一个文本对象中的部分文本，下面分别介绍选择文本的操作方法。

7.2.1 选择全部文本

选择全部文本的操作方法与选择图形对象相似，只需要使用"选择工具"单击文本对象，文本中的所有文字都将被选中，如图7-27所示。

```
I remembered black skies,
the lightning all around me
I remembered each flash as
time began to blur
Like a startling sign
that fate had finally found me
And your voice was all I heard
That I get what I deserve
```

图7-27

技巧与提示

执行"编辑>全选>文本"菜单命令，可选择当前绘图窗口中所有的文本对象。使用"选择工具"在文本上双击，可以快速地从"选择工具"切换到"文本工具"。

7.2.2 选择部分文本

在编辑文本对象时，如果只对一个对象中的部分文字进行编辑，则只能选择这部分文字后在进行编辑。要选择部分文本，可通过以下的方法来完成。

选择"文本工具"，在选中的部分文字中，按照排列前后顺序，在位于第一个位置的字符前按下鼠标左键并向后拖曳鼠标，直到选择最后一个字符为止，松开鼠标后即可选择这部分文字，如图7-28所示。

I remembered black skies,
the lightning all around me
I remembered each flash as
time began to blur
Like a startling sign
that fate had finally found me
And your voice was all I heard
That I get what I deserve

图7-28

7.3 设置美术字和文本段落

在实际设计创作中，通常情况下需要对输入的文本进行进一步的编辑，以达到突出主题的目的，这就需要了解文本的基本属性。文本的基本属性包括文字的字体、字体大小、颜色、间距及字符效果等。接下来介绍操作方法。

7.3.1 设置字体、字号和颜色

设置字体、字体大小和颜色是在编辑文本时进行的最基本操作，其设置方法如下。

按下快捷键Ctrl+I导入一张图片，使用"文本工具" 在图像上输入文本，如图7-29所示。

更改字体时，使用"选择工具"选中上一步输入的文本对象，然后在属性栏中的"字体列表"下拉菜单中为对象设置适当字体，如图7-30所示。

图7-29　　　　　　　　　　　图7-30

更改字体大小时，保持对象的选中状态，在属性栏中的"字体大小"下拉列表中为对象设置字体大小，如图7-31所示。

更改文字颜色时，选中文本，打开"编辑填充"对话框为文本填充颜色，如图7-32所示。

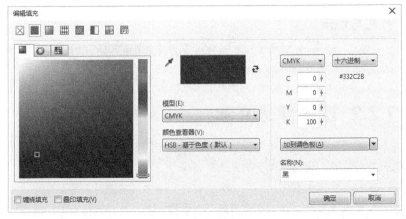

图7-31　　　　　　　　　　　图7-32

技巧与提示

与填充图形对象一样，除了可以为文本填充均匀颜色外，还可以为文本填充渐变颜色和图样底纹等。

7.3.2 设置文本的对齐方式

通过“文本属性”面板的“段落”选项，可以设置段落文本在水平和垂直方向上的对齐方式，下面介绍具体操作方法。

选中一个段落文本，执行“文本>文本属性”菜单命令，打开“文本属性”面板，在面板中展开“段落”，如图7-33所示。单击“段落”选项中第一排对应的对齐按钮，可选择文本在水平方向与段落文本框对齐的方式，分别选择“居中”“右对齐”“两端调整”“强制调整”等选项来调整文本的对齐效果，“强制调整”效果如图7-34所示。

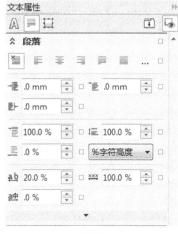

图7-33

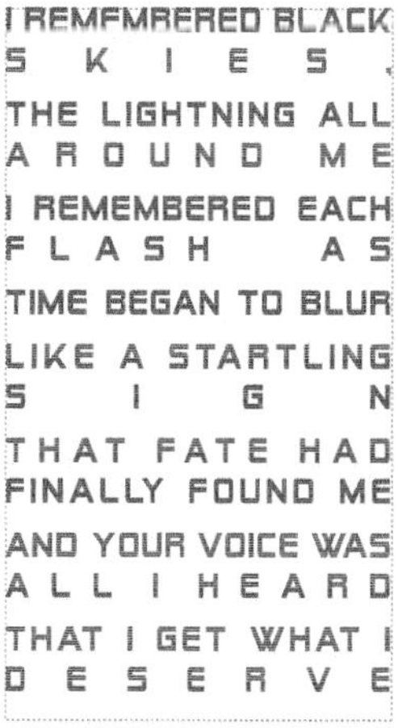

图7-34

7.3.3 设置字符间距

在文字配合图形进行编辑的过程中，经常要对文本间距进行调整，以达到构图上的平衡和视觉上的美观，在CorelDRAW X7中，调整文本间距的方法有使用“形状工具”调整和精确调整两种。

1.使用“形状工具”调整文本间距

调整美术文本与段落间距的操作方法相似，下面进行讲解操作方法。

使用“文本工具”创建一个段落文本对象，并将其选中，然后将工具切换到“形状工具”，文本状态如图7-35所示。在文本右侧的控制符号上按下鼠标左键，拖曳鼠标指针到适当位置后释放鼠标，即可调整文本的字间距。按下鼠标左键，拖曳文本框下面的控制符号向下调整文本的行距。

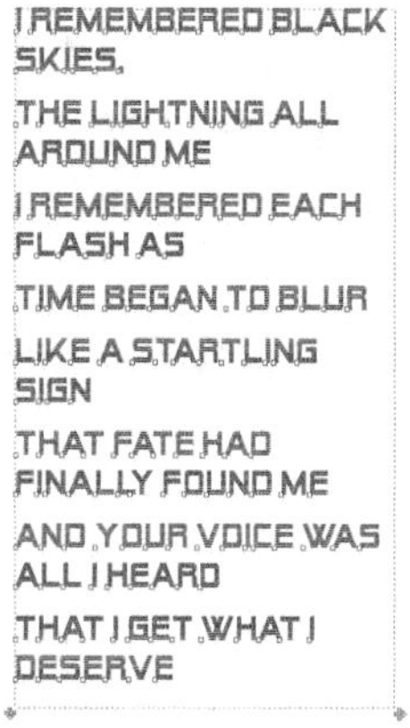

图7-35

技巧与提示

调整段落文本还可以使用“选择工具”选择对象，在文本框的右下角会出现两个控制符号，拖曳控制符号，可以调整文本的字间距，拖曳控制符号，可以调整文本的行间距。

2.精确调整文本间距

使用“形状工具”只能大概调整文本的间距，要对文本间距进行精确调整，可通过“文本属性”来完成，具体操作如下。

选中文本对象，执行“文本>文本属性”菜单命令，打开“文本属性”面板，展开“段落”选项，拖曳滚动条，显示出字符和段落间距选项，如图7-36所示。在“行距”数值框中输入行距值，即可调整段落文本的行间距。在"字符间距"数值框中输入字间距值，即可调整段落文本的字间距。

图7-36

7.3.4 移动和旋转字符

　　使用"文本工具"▣将文字光标插入到文本中，并选中文本内容，然后展开"文本属性"的"字符"选项，即可对文字旋转的角度及文字在水平或垂直方向上位移的距离进行设置，如图7-37所示。

　　要移动字符的位置，还可以通过"形状工具"来完成，操作方法如下。

　　使用"形状工具"▣选中文本对象，单击字符前的节点，此时节点由空心变为实心状态，按下鼠标左键拖曳节点，即可移动字符的位置，如图7-38所示。

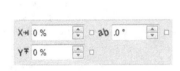

图7-37　　　　　　　　　　　　　　　　　　　　　　　图7-38

技巧与提示

　　按下Shift键的同时，选中部分字符节点，拖曳鼠标可移动多个字符位置。按下Ctrl键的同时拖曳字符节点，可使字符在水平方向移动。

7.3.5 设置字符效果

　　使用CorelDRAW X7可以根据文字内容，为文字添加相应的字符效果。单击属性栏上的"文本属性"按钮▣，或是执行"文本>文本属性"菜单命令，打开"文本属性"面板，然后展开"字符"面板进行设置，如图7-39所示。

图7-39

技巧与提示

在"文本属性"面板中使用鼠标左键单击按钮 ，可以展开对应的设置面板；如果单击按钮 ，可以折叠对应的设置面板。

"文本属性"面板的参数介绍

＊ 脚本：在该选项的列表中可以选择要限制的文本类型，如图7-40所示，当选择 "拉丁文"时，在该面板中设置的各选项将只对选择文本中的英文和数字起作用；当选择"亚洲"时，只对选择文本中的中文起作用（默认情况下选择"所有脚本"，即对选择的文本全部起作用）。

＊ 字体列表：可以在下拉字体列表中选择需要的字体样式，如图7-41所示。

＊ 下划线 ：单击该按钮，可以在下拉列表中为选中的文本添加其中的一种下划线样式，如图7-42所示。

图7-40   图7-41   图7-42

＊ 字体大小：设置字体的字号，设置该选项可以使用鼠标左键单击后面的按钮🔽；也可以当光标变为↕时，按住鼠标左键拖曳。

＊ 字距调整范围：扩大或缩小选定文本范围内单个字符之间的间距，设置该选项可以使用鼠标左键单击后面的按钮⊟，也可以当光标变为↕时，按住鼠标左键拖曳。

技巧与提示

字符设置面板中的"字句调整范围"选项，只有使用"文本工具"或是"形状工具"选中文本中的部分字符时，该选项才可用。

＊ 填充类型：用于选择字符的填充类型，如图7-43所示。

＊ 填充设置⋯：单击该按钮，可以打开相应的填充对话框，在打开的对话框中可以对文本颜色选择的填充样式进行更详细的设置，如图7-44和图7-45所示。

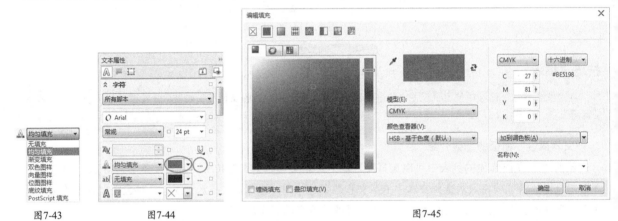

图7-43   图7-44   图7-45

＊ 背景填充类型：用于选择字符背景的填充类型，如图7-46所示。

＊ 填充设置⋯：单击该按钮，可以打开所选填充类型对应的填充对话框，在对应的对话框内可以对字符背景的填充颜色或填充图样进行更详细的设置，如图7-47和图7-48所示。

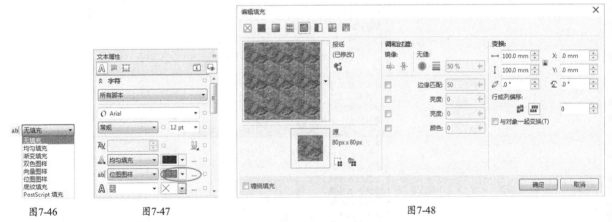

图7-46   图7-47   图7-48

＊ 轮廓宽度：可以在该选项的下拉列表中选择系统预设的宽度值作为文本字符的轮廓宽度，也可以在该选项数值框中输入数值进行设置，如图7-49所示。

＊ 轮廓颜色：可以从该选项的颜色挑选器中选择颜色为所选字符的轮廓填充颜色，如图7-50所示，也可以单击"更多"按钮 更多(O)... ，打开"选择颜色"对话框，从该对话框中选择颜色，如图7-51所示，填充效果如图7-52所示。

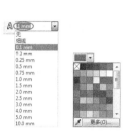

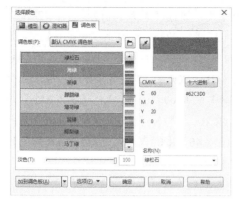

图7-49　　图7-50　　　　　　　　　　图7-51　　　　　　　　　　　　　图7-52

* 轮廓设置：单击该按钮，可以打开"轮廓笔"对话框，如图7-53所示，设置后的效果如图7-54所示。

* 大写字母：更改字母或英文文本为大写字母或小型大写字母，如图7-55所示。

* 位置：更改选定字符相对于周围字符的位置，如图7-56所示。

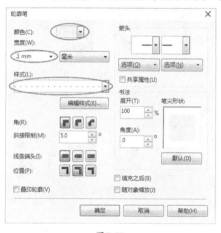

图7-53　　　　　　　　　　图7-54　　　　　　　　　图7-55　　　　　图7-56

7.3.6 实例：制作错位文字

实例位置	实例文件>CH07>实战：制作错位文字.cdr
素材位置	无
实用指数	★★★☆☆
技术掌握	文字的填充方法

错位文字效果如图7-57所示。

图7-57

01 新建空白文档，设置文档名称为"错位文字"，设置"宽度"为190mm、"高度"为160mm。

02 双击"矩形工具" ⬜创建一个与页面重合的矩形，单击"交互式填充工具" ，然后在属性栏上选择"椭圆形渐变填充"、位置为0%的节点填充颜色为白色、位置为64%的节点填充颜色为（C:5，M:4，Y:4，K:0）、位置为100%的节点填充颜色为（C:22，M:16，Y:16，K:0），填充效果如图7-58所示。

03 使用"文本工具" 输入文本，设置"字体"为Adobe黑体Std R、"字体大小"为110pt，然后适当拉长文字，如图7-59所示。选中文字，单击"交互式填充工具" ，接着在属性栏上设置"渐变填充"为"线性渐变填充"、第1个节点填充颜色为（C:69，M:43，Y:40，K:0）、第二节点个填充颜色为（C:84，M:82，Y:55，K:10），设置"旋转"为-90°，填充效果如图7-60所示。

| 图7-58 | 图7-59 | 图7-60 |

04 复制一份填充的文字，使用"裁剪工具" 框住文字的下部分，如图7-61所示，裁剪后如图7-62所示。选中前面完整的文字，使其与裁剪后的文字重合，单击"裁剪工具" 框住文字的上部分（该部分正好是前一个裁剪的文字裁掉的部分），如图7-63所示，裁剪后向上移动该部分，使两部分的文字间流出一点距离，如图7-64所示。

图7-61

| 图7-62 | 图7-63 | 图7-64 |

05 选中上部分的文字，单击"交互式填充工具" ，然后在属性栏上设置"渐变填充"为"线性渐变填充"、第1个节点填充颜色为（C:53，M:22，Y:24，K:0）、第二个节点填充颜色为（C:89，M:65，Y:56，K:15），接着设置"旋转"为-90°，填充效果如图7-65所示。

06 保持上部分文字的选中状态，执行"效果>增加透视"菜单命令，然后按住鼠标左键拖曳文字两端的节点，使其向中间倾斜相同的角度，并保持两个节点在同一水平线上，如图7-66所示。选中文字的上部分和下部分，然后移动到页面中间，如图7-67所示。

| 图7-65 | 图7-66 | 图7-67 |

07 使用"矩形工具" ⬜绘制一个矩形，双击"渐层工具" ，在"编辑填充"对话框中选择"渐变填充"方

式，设置"类型"为"椭圆形渐变填充"，设置"节点位置"为0%的色标颜色为白色、"节点位置"为100%的色标颜色为（C:44，M:20，Y:29，K:0），"填充宽度"为192.128%、"水平偏移"为0%、"垂直偏移"为13.0%、"旋转"为89.9°，单击"确定"按钮 确定 ，如图7-68所示，填充完毕后去除轮廓，效果如图7-69所示。

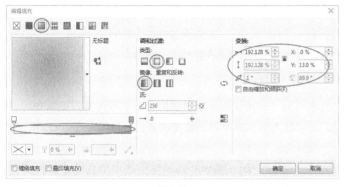

图7-68

图7-69

08 保持矩形的选中状态，单击"透明度工具" ，然后在属性栏上设置"渐变透明度"为"线性渐变透明度""合并模式"为"常规""节点透明度"为100，效果如图7-70所示。移动矩形到下部分文字的后面一层，然后选中矩形和下部分文字，按T键使其顶端对齐，最终效果如图7-71所示。

图7-70

图7-71

7.4 设置段落文本的其他格式

段落文本通常用于较多文字内容的输入和编辑，在CorelDRAW X7中编排段落文本时，可以对文本进行首字下沉、项目符号、段落缩进、对齐方式、文本栏及连接文本设置，操作如下。

7.4.1 设置缩进

文本的段落缩进，可以改变段落文本框与框内文本的距离。用户可以缩进整个段落，或从文本框的右侧或左侧缩进，还可以移除缩进格式，而不会删除文本或重新输入文本。设置方法如下。

选中文本对象后，执行"文本>文本属性"菜单命令，打开"文本属性"面板，展开"段落"选项，显示出缩进选项设置。分别在数值框中输入数值，按下Enter键，即可对段落文本的首行缩进效果进行设置，如图7-72所示。

图7-72

7.4.2 自动断字

断字功能用于某个单词不能排入一行时，将单词拆分。CorelDRAW具有断字功能，当使用自动断字功能时，软件将预设断字定义与自定义的断字设置结合使用。

1.自动断字

选择段落文本对象，执行"文本>使用断字"菜单命令，即可在文本段落中自动断字。

2.断字设置

除了使用自动断字功能外，用户还可以自定义断字设置。如指定连字符前后的最小字母数及指定断字区，或者使用可选连字符指定单词位于尾时的断字位置，还可以为可选连字符创建定制定义，以指定在CorelDRAW中输入单词时在特定单词中插入连字符的位置。

选中段落文本，执行"文本>断字设置"菜单命令，在开启的"断字"对话框中选中"自动连接段落文本"复选框，当激活该对话框中的所有选项后，即可进行设置，如图7-73所示。

图7-73

3.插入可选连字符

选中文本对象，并使用"文本工具"在单词中需要放置可选连字符的位置处单击，执行"文本>插入格式化代码>可选的连字符"菜单命令，或者按下快捷键Ctrl+-，即可插入可连选字符。在插入可选连字符后，如果单词在此处断开，就会在字母断开处添加一个连字符。

7.4.3 添加制表位

用户可以在段落文本中添加制表位，以设置段落文本的缩进量，同时可以调整制表位的对齐方式。在不需要使用制表位时，还可以将其移除。

选中段落文本对象，执行"文本>制表位"菜单命令，打开"制表位设置"对话框，如图7-74所示。

图7-74

要添加制表位，可在"制表位位置"对话框中单击"添加"按钮，然后在"制表位"列表中新添加的单元格中输入值，再单击"确定"按钮即可，如图7-75所示。

要更改制表位的对齐方式，可单击"对齐"列表中的单元格，然后从列表框中选择对齐选项，如图7-76所示。

要设置带有后缀前导符的制表位，可单击"前导符"列中的单元格，然后从列表框中选择"开"选项即可，如图7-77所示。

要删除制表位，在单击选中需要删除的单元格后，单击"移除"按钮即可。

要更改默认前导符，可单击"前导符选项"按钮，开启"前导符设置"对话框，在"字符"下拉列表中选取所需的字符，单击"确定"按钮即可。在"前导符设置"对话框的"间距"数值框中输入一个值，可更改默认前导符的间距，如图7-78所示。

图7-75

图7-76   图7-77

图7-78

7.4.4 设置项目符号

系统为用户提供了丰富的项目符号样式，通过对项目符号进行设置，就可以在段落文本的句首添加各种项目符号。设置项目符号的操作方法如下。

选中段落文本，执行"文本>项目符号"菜单命令，打开"项目符号"对话框，选中"使用项目符号"复选框，如图7-79所示。在"字体"下拉列表中选择项目符号的字体，然后在"符号"下拉列表中选择系统提供的符号样式。在"大小"数值框中输入适当的符号大小值，并在"基线位移"数值框中输入数值，设置项目符号相对于基线的偏移量，设置好项目符号效果后，单击"确定"按钮，应用该设置。

图7-79

7.4.5 设置首字下沉

首字下沉可以将段落文本中每一段文字的第1个文字或是字母放大同时嵌入文本。执行"文本>首字下沉"菜单命令，打开"首字下沉"对话框，如图7-80所示。

图7-80

* 使用首字下沉：勾选该选项的复选框，才可进行该对话框中各选项的设置。

* 下沉行数：设置段落文本中每个段落首字下沉的行数，该选项范围为2~10。

* 首字下沉后的空格：设置下沉文字与主体文字之间的距离。

* 首字下沉使用悬挂式缩进：勾选该选项的复选框，首字下沉的效果将在整个段落文本中悬挂式缩进，如图7-81所示。若不勾选该选项的复选框，如图7-82所示。

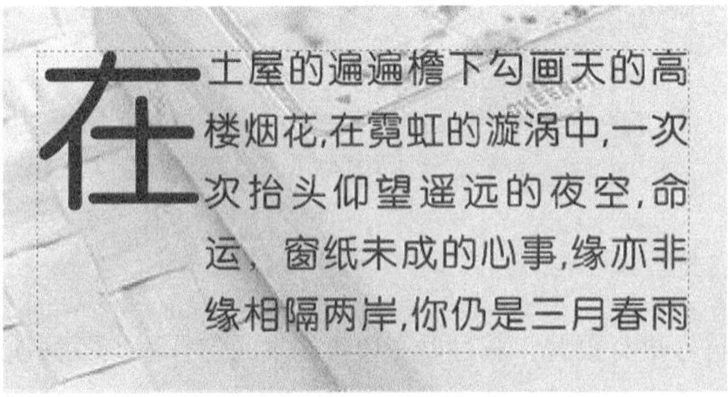

图7-81

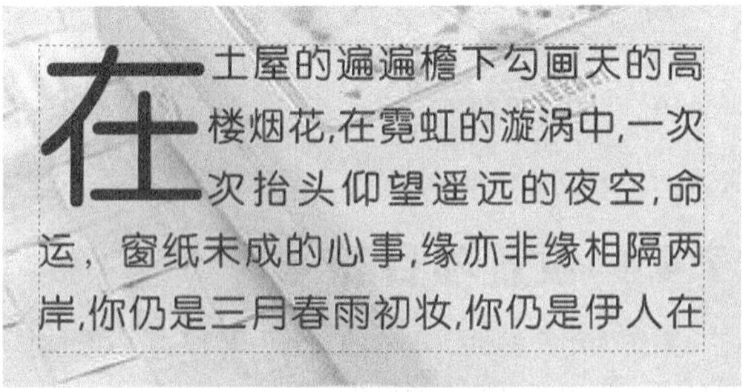

图7-82

7.4.6 链接段落文本框

在CorelDRAW X7中，可以通过链接文本的方式，将一个段落文本分离成多个文本框链接。文本框链接可移动到同个页面的不同位置，也可以在不同页面中进行链接，在其之间是相互关联的。

1.多个对象之间链接

如果段落文本中的文字过多，超出绘图文本框所能容纳的范围，文本框下方将出现▼标记，说明文字未被完全显示，此时可将隐藏的文字链接到其他的文本框中。此方法再进行文字量很多的排版工作中很有用，尤其是多页面排版时。

经过链接后的文本可以被联系在一起，当其中一个文本框中的内容增加的时候，多出文本框的内容将自动放置到下一个文本框中。如果其中一个文本框被删除，那么其中的文字内容将自动移动到与链接的下一个文本框中。创建链接文本的具体方法如下。

使用"选择工具" 选择文本对象，移动光标至文本下方的▼控制点上，鼠标指针变成↕形状，单击鼠标左键，光标变成形状后，在页面上其他位置按下鼠标左键拖曳出一个段落文本框，此时被隐藏的部分文本将自动转移到新创建的链接文本框中，如图7-83所示。

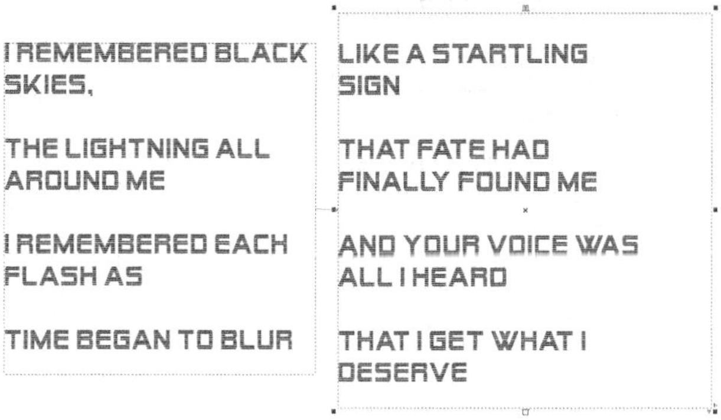

I REMEMBERED BLACK SKIES,
THE LIGHTNING ALL AROUND ME
I REMEMBERED EACH FLASH AS
TIME BEGAN TO BLUR
LIKE A STARTLING SIGN
THAT FATE HAD FINALLY FOUND ME
AND YOUR VOICE WAS ALL I HEARD
THAT I GET WHAT I DESERVE

图7-83

2.文本与外形之间的链接

文本还可以链接到绘制的图形对象中，具体操作如下。

使用工具箱中的“选择工具”选择文本对象，移动光标至文本框下方的控制点上，光标变成↕形状，单击鼠标左键，光标变成形状，将光标移动到图形对象上时将成为➡形状，单击该对象，即可将文本链接到图形对象中，如图7-84所示。

SKIES,
THE LIGHTNING ALL AROUND ME
I REMEMBERED EACH FLASH AS
TIME BEGAN TO BLUR
LIKE A STARTLING SIGN
THAT FATE HAD FINALLY FOUND ME
AND YOUR VOICE WAS ALL I HEARD
THAT I GET WHAT I DESERVE

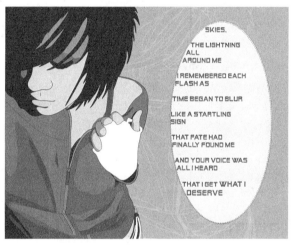

图7-84

3.解除文本链接

要解除文本链接，可以选中链接的文本对象后，按Delete键删除即可。剩下的文本框仍保持原来的状态。

技巧与提示

用于链接的图形对象必须是封闭图形，用户也可以绘制任意形状的图形来对文本进行链接。

7.4.7 字体乐园

CorelDRAW X7的“字体乐园”引入了一种更易于浏览、体验的选择最合适字体的方法。用户执行“文本>字体乐园”菜单命令，打开“字体乐园”面板，选择好“字体”和“样式”，然后按住鼠标左键拖曳窗口的滚动条，待出现需要的字体排列样式时，松开鼠标左键单击字体，并在“缩放”中更改示例文本的大小，接着单击“复制”按钮 复制 ，如图7-85所示。

“字体乐园”面板的参数介绍

* 字体列表：在打开的字体列表中选择需要的字体样式，如图7-86所示。

* 单行▤：单击该按钮显示单行字体，如图7-87所示。

图7-85　　　　　　　　　　图7-86　　　　　　　　　　图7-87

* 多行▤：单击该按钮显示一段文本，如图7-88所示。

* 瀑布式▤：单击该按钮显示字体逐渐变大的单行文本，如图7-89所示。

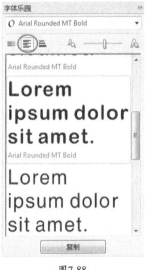

图7-88　　　　　　　　　　图7-89

7.4.8　实例：绘制杂志内页

实例位置	实例文件>CH07>实战：绘制杂志内页.cdr
素材位置	素材文件>CH07>01.jpg
实用指数	★★★★☆
技术掌握	文本的属性设置

杂志内页效果如图7-90所示。

图7-90

01 新建空白文档，设置文档名称为"杂志内页"，设置"宽度"为210mm、"高度"为275mm。双击"矩形工具" ▢创建一个与页面重合的矩形，填充白色，接着去除轮廓，如图7-91所示。

02 使用工具箱中的"贝塞尔工具" ✎绘制一条竖直的线段，设置"轮廓宽度"为"细线"，然后适当旋转，如图7-92所示。接着选中直线，在水平方向上均匀的复制多个，如图7-93所示。使用"形状工具" ✎调整绘制的线段对象，使线段对象的外轮廓呈矩形形状，如图7-94所示。

| 图7-91 | 图7-92 | 图7-93 | 图7-94 |

03 选中前部分的线段对象填充轮廓颜色为（C:0，M:0，Y:0，K:50），然后选中后部分的线段填充轮廓颜色为（C:0，M:0，Y:0，K:100），效果如图7-95所示，接着移动所有的线段到页面上方，再按快捷键Ctrl+G进行组合对象，如图7-96所示。

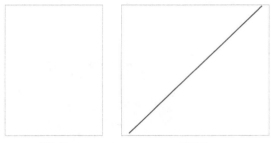

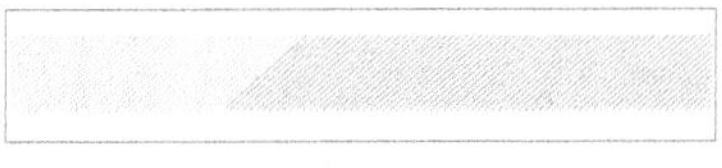

图7-95

图7-96

04 使用"文本工具" 输入美术文本，在属性栏上设置"字体"为Arrus BT、"字体大小"为38pt，然后填充颜色为（C:0，M:0，Y:0，K:80），再放置页面左上角，如图7-97所示。导入教学资源中的"素材文件>CH07>01.jpg"文件，放置页面内，接着适当调整位置，如图7-98所示。使用"矩形工具" 绘制一个矩形，填充黄色（C:2，M:60，Y:95，K:0），去除轮廓，最后放置在图片的下方，如图7-99所示。

| 图7-97 | 图7-98 | 图7-99 |

05 使用"文本工具" 输入段落文本，打开"文本属性"面板，然后在"字符"面板中设置标题的"字体"为Arrus BT、"字体大小"为16pt、填充颜色为黑色（C:0，M:0，Y:0，K:100），如图7-100所示，接着设置其余内容文本的"字体"为Arial、"字体大小"为7pt、填充颜色为（C:100，M:96，Y:64，K:46），如图7-101所示，再打开"段落"面板设置内容文本的"首行缩进"为4mm、整个文本的"段前间距"为130%、"行间距"为110%，如图7-102所示，效果如图7-103所示。

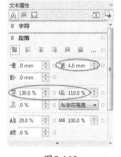

| 图7-100 | 图7-101 | 图7-102 | 图7-103 |

06 使用"文本工具" 在前面输入的文本下方输入段落文本，在属性栏上设置"字体"为ArmstrongCursive、"字体大小"为8pt，然后调整文本位置，使其与上方的文本左对齐，如图7-104所示。选中前面输入的文本，再执行"文本>项目符号"菜单命令，打开"项目符号"对话框，勾选"使用项目符号"的复选框，在"符号"列表中选择要使用的符号，再设置"大小"为6.8pt、"基线位移"为-1pt、"到文本的项目符号"为1.126mm，最后单击"确定"按钮 确定 ，如图7-105所示，效果如图7-106所示。

a new life

Today I shed my old skin which hath, too long, suffered the bruises of failure and the wounds of mediority.

Today I am born anew and my birthplace is a vineyard where there is fruit for all.

Today I will pluck grapes of wisdom from the tallest and fullest vines in the vineyard,for these were planted by the wisest of my profession who have come before me,generation upon generation.

www.luyuanyuan.com ←

图7-104

图7-105

a new life

Today I shed my old skin which hath, too long, suffered the bruises of failure and the wounds of mediority.

Today I am born anew and my birthplace is a vineyard where there is fruit for all.

Today I will pluck grapes of wisdom from the tallest and fullest vines in the vineyard,for these were planted by the wisest of my profession who have come before me,generation upon generation.

❀ *www.luyuanyuan.com*

图7-106

07 使用"文本工具"❒选中插入的项目符号，填充颜色为（C:2，M:60，Y:95，K:0），如图7-107所示。然后使用"矩形工具"❒绘制一个矩形，并且框住图片下方的文本，然后放置黄色矩形下面，使顶边被黄色矩形覆盖，填充轮廓颜色为（C:0，M:0，Y:0，K:60），最后设置"轮廓宽度"为0.25mm，如图7-108所示。

a new life

Today I shed my old skin which hath, too long, suffered the bruises of failure and the wounds of mediority.

Today I am born anew and my birthplace is a vineyard where there is fruit for all.

Today I will pluck grapes of wisdom from the tallest and fullest vines in the vineyard,for these were planted by the wisest of my profession who have come before me,generation upon generation.

❀ *www.luyuanyuan.com*

图7-107

图7-108

08 选中前面绘制的线段，复制一份，旋转-90°，水平翻转，移动到页面下方，按快捷键Ctrl+U取消组合对象，然后删除不在页面内的线段，如图7-109所示。使用"形状工具"调整超出页面外的线段，使其边缘与页面底边对齐，接着选中图片下方的所有线段填充轮廓颜色为（C:0，M:0，Y:0，K:50），按快捷键Ctrl+G进行组合对象，如图7-110所示。

图7-109

图7-110

09 使用"矩形工具"❒绘制一个矩形，填充边框颜色为（C:0，M:0，Y:0，K:60），设置"轮廓宽度"为0.25mm，然后放置图片下面，如图7-111所示。使用"文本工具"❒输入美术文本，在属性栏上设置"字体"为Arrus Blk BT、"字体大小"为9pt，填充第一行文本颜色为（C:0，M:0，Y:0，K:80）、第二行文本颜色为（C:0，M:0，Y:0，K:100），最后放置图片下面的矩形内，如图7-112所示。

图7-111

图7-112

⑩ 使用"矩形工具" ▢绘制一个矩形，填充白色，接着去除轮廓，然后移动到线段对象的上面，遮挡住线段对象的中间部分，如图7-113所示。接着使用"文本工具" 字输入美术文本，在属性栏上设置"字体"为Bell Gothic Std Black、设置文本中文字的"字体大小"为20pt、符号的"字体大小"为70pt、填充文字的颜色为（C:0，M:0，Y:0，K:50）、符号的颜色为（C:2，M:60，Y:95，K:0），效果如图7-114所示。

图7-113

图7-114

⑪ 使用"形状工具" ⬚调整前面输入的文本位置，调整后如图7-115所示，移动文本到线段对象上的白色矩形上面，然后适当调整位置，效果如图7-116所示。接着使用"文本工具" 字在页面左下角输入页码，在属性栏上设置"字体"为"Arial粗体""字体大小"为18pt，填充颜色为（C:100，M:96，Y:64，K:46），效果如图7-117所示。

图7-115

图7-116

图7-117

⓬ 使用"文本工具"[字]输入美术文本，然后在属性栏上设置"字体"为Armstrong Cursive、"字体大小"为14pt，接着填充颜色为（C:100，M:96，Y:64，K:46），再移动到页码下方，最终效果如图7-118所示。

图7-118

7.5 书写工具

CorelDRAW X7中的书写工具可以完成对文本的辅助处理，如帮助用户更正拼写和语法方面的错误、同义词和语言方面的识别，以及进行校正功能的设置等，此外书写工具还可以自动更正错误，并能帮助改进书写样式。

7.5.1 拼写检查

执行"文本>书写工具>拼写检查"菜单命令，打开"书写工具"对话框，如图7-119所示，在"拼写检查器"标签中可以检查所选文本内容中拼错、重复的单词等。

图7-119

"书写工具"对话框的参数介绍

* 替换为：显示系统字典中最接近所选单词的拼写建议。

* 替换：显示系统字典中最接近所选单词的所有拼写建议。

* 检查：在该选项下拉列表中可以选择所要检查的目标，包括"文档"和"选定的文本"。

* 自动替换：单击该按钮，自动替换有拼写错误的单词。

* 跳过一次：单击该按钮，可忽略所选单词中的拼写错误。

* 全部跳过：单击该按钮，可忽略所有单词中的拼写错误。

* 撤销：单击该按钮，撤销上一步操作。

* 关闭：完成拼写检查后，单击该按钮，关闭"书写工具"对话框。

7.5.2 语法检查

"语法检查"命令可以检查整个文档中语法、拼写及样式的错误。

选中文本对象，执行"文本>书写工具>语法检查"菜单命令，打开"书写工具"对话框，其中默认为"语法"标签，使用建议的新句子替换有语法错误的句子，单击"替换"按钮，在打开的"语法"对话框中单击"是"按钮，即可完成替换，如图7-120所示。

图7-120

用户也可以单击"跳过一次"或者"全部跳过"按钮，以跳过错误一次或全部跳过，还可以禁用与该错误相关的规则，使用"语法检查"不标出同类错误。

7.5.3 同义词

"同义词"允许用户查找的选项有多种，如同义词、反义词和相关单词等。

执行"文本>书写工具>同义词"菜单命令，即可打开"同义词"对话框，如图7-121所示，执行"同义词"命令，会在文档中替换及插入单词，用"同义词"建议的单词替换文档中的单词时，"插入"按钮会变为"替换"按钮。

图7-121

7.5.4 快速更正

"快速更正"命令可自动更正拼错的单词和大写错误，使用该命令的具体操作方法如下。

执行"文本>书写工具>快速更正"菜单命令，打开"选项"对话框中的"快速更正"选项设置，如图7-122所示，选中需要更正的选项，单击"确定"按钮，即可更正文本对象。

图7-122

将单词添加到"快速更正"选项组中，可以替换常常输错的单词和缩略语，当再次输入拼错的单词时，"快速更正"将自动更正此单词。用户还可以使用此功能创建常用单词和短语的快捷方式。

在"快速更正"选项设置中，对"被替换文本"选项栏进行设置，单击"添加"按钮，将新的单词添加"替换"列表框后，单击"确定"按钮，即可完成设置。

7.5.5 语言标记

当用户在应用"拼写检查器""语法检查"或"同义词"功能时，CorelDRAW X7将根据指定的语言来检查单词、短语和句子，这样可以防止外文单词被标记为拼错的单词。

执行"文本>书写工具>语言"菜单命令，打开"文本语言"对话框，用户可以为选定的文本进行标记，如图7-123所示。

图7-123

7.5.6 拼写设置

执行"文本>书写工具>设置"菜单命令，打开"选项"对话框，用户可以在"拼写"选项中进行拼写校正的相关设置，如图7-124所示。

图7-124

* "执行自动拼写检查"复选框：可以在输入文本的同步进行拼写检查。

* "错误的显示"选项组：可以设置显示错误的范围。

* "显示"文本框：可以显示1~10个错误的建议拼写。

* "将更正添加到快速更正"复选框：可以将错误的更正添加到快速更正中，方便对同样错误的替换。

* "显示被忽略的错误"复选框：可以显示在文本输入过程中被忽略的拼写错误。

7.6 查找和替换文本

通过"查找和替换"菜单命令，可以查找当前文件中指定的文本内容，同时还可以将查找到的文本内容替换为另一指定的内容。

7.6.1 查找文本

当需要查找当前文件中的单个文本对象时，可以执行"查找文本"命令来查找指定的文本内容，操作方法如下。

使用工具箱中的"选择工具" ，选中需要查找的文本范围，执行"编辑>查找并替换>查找文本"菜单命令，打开"查找下一个"对话框，在"查找"文本框中输入需要查找的文本内容，单击"查找下一个"按钮，即可在选定的文本对象中查找到相关的内容，如图7-125所示。

图7-125

7.6.2 替换文本

当用户在编辑文本时出现了错误，可以使用"替换文本"命令对错误的文本内容进行替换，而不用对其进行逐一更改。替换文本的操作方法如下。

单击工具箱中的"选择工具" 选中整个文本对象，执行"编辑>查找替换>替换文本"菜单命令，在打开的"替换文本"对话框中，分别设置查找和替换的文本内容，设置完成后单击"全部替换"按钮，即可将当前文件中查找的文字全部替换为指定的内容，如图7-126所示。

图7-126

技巧与提示

"查找文本"和"替换文本"命令只能应用于未转换为曲线的文本对象。

7.7 编辑和转换文本

在处理文字的过程中，除了可以直接在绘图窗口中设置文字属性外，还可以通过编辑文本对话框来完成。在编辑文本时，可以根据版面需要，将美术文本转换为段落文本，以方便编排文字，或者为了在文字中应用各类填充或特殊效果，而将段落文本转换为美术文本。用户也可以将文本转换为曲线以方便对字形进行编辑。

7.7.1 编辑文本

选中文本对象后，执行"文本>编辑文本"菜单命令，打开"编辑文本"对话框中更改的内容，如图7-127

所示，设置文字的字体、字号、字符效果、对齐方式，更改英文大小写及导入外部文本等。

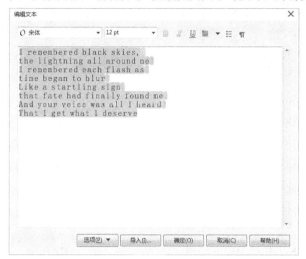

图7-127

7.7.2 美术文本与段落文本的转换

输入的美术文本与段落文本之间可以相互转换。要将美术文本转换为段落文本，只需要使用"选择工具"选中需要转换的美术文本后，在文本上单击鼠标右键，从打开的快捷菜单中选择"转换为段落文本"命令即可，如图7-128所示。

图7-128

要将段落文本转换为美术文本，在选择的段落文本上单击鼠标右键，在打开的快捷菜单中选择"转换为美术字"命令即可。

7.7.3 文本转换为曲线

美术文本和段落文本都可以转换为曲线，转曲后的文字无法再进行文本的编辑，但是，转曲后的文字具有曲线的特性，可以使用编辑曲线的方法对其进行编辑。

1.文本转曲的方法

选中美术文本或段落文本，单击右键在打开的快捷菜单中选择"转换为曲线"菜单命令，即可将选中文本转换为曲线，如图7-129所示，也可以执行"对象>转换为曲线"菜单命令，还可以直接按快捷键Ctrl+Q转换为曲线，转曲后的文字可以使用"形状工具"对其进行编辑，如图7-130所示。

EVERY

Every day

图7-129

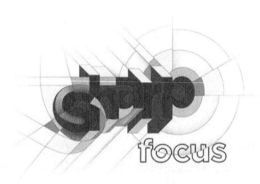

图7-130

2.艺术字体设计

　　艺术字体设计表达的含意丰富多彩，常用于表现产品属性和企业经营性质。运用夸张、明暗、增减笔画形象以及装饰等手法，以丰富的想象力，重新构成字形，既加强文字的特征，又丰富了标准字体的内涵。

　　艺术字广泛应用于宣传、广告、商标、标语、企业名称、展览会，以及商品包装和装潢等。在CorelDRAW X7中，利用文本转曲的方法，可以在原有字体样式上对文字进行编辑和再创作，如图7-131所示。

图7-131

7.7.4 实例：艺术字体设计

实例位置	实例文件>CH07>实战：艺术字体设计.cdr
素材位置	素材文件>CH07>02.jpg
实用指数	★★★★☆
技术掌握	文本转换为曲线的使用方法

　　字体设计效果如图7-132所示。

01 新建空白文档，设置文档名称为"字体设计"，设置"宽度"为243mm、"高度"为151mm。

02 单击工具箱中的"文本工具"囝，输入美术文本，在属性栏上设置"字体"为"经典平黑简"，然后按下快捷键Ctrl+Q将文本转为曲线，如图7-133所示。

03 单击工具箱中的"形状工具"⬠，对转曲的对象进行调整，将多余的节点删除，再将相应的节点设置对齐、垂直，调整好后全选对象进行组合，如图7-134所示。

图7-132

图7-133

图7-134

04 单击工具箱中的"钢笔工具"绘制一个图形，再复制一份，进行变换调整，如图7-135所示。

05 导入教学资源中的"素材文件>CH07>02.jpg"文件，执行"对象>图框精确裁剪>置于图文框内部"菜单命令，将图片适当调整，将设计好的字体拖曳至页面中适当位置，填充颜色为白色，最终效果如图7-136所示。

图7-135

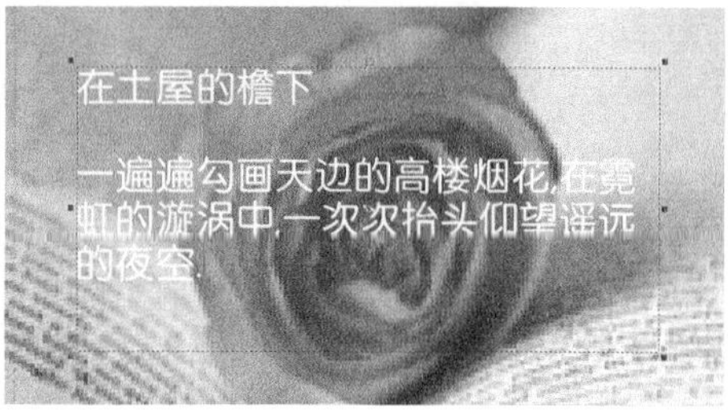

图7-136

7.8 图文混排

通常在排版设计中，对图形图像和文字编排是不可缺少的。在CorelDRAW X7中，可以将段落文本与图形图像达到规整、有序的排列效果，使画面更加美观。

7.8.1 沿路径排列

在进行设计创作时，为了使文字与图案造型更紧密地结合到一起，通常会应用将文本沿路径排列的设计方式，将文字按一定弧度进行排列。

使文字沿路径排列，可以通过以下的操作方法来完成。

单击工具箱中的"贝塞尔工具"绘制一条曲线路径，选择"文本工具"，将光标移动到路径边缘，当出现光标时，单击绘制的曲线路径，便可在路径上输入文字，如图7-137所示。

图7-137

技巧与提示

同时选择文本和路径，执行"文本>使文本适合路径"菜单命令，也可以完成文本沿路径排列的操作。

选中沿路径排列的文字与路径，可以在属性栏中修改其属性设置，以改变文字沿路径排列的方式，如图7-138所示。

图7-138

"沿路径排列"的参数介绍

* 文本方向：指定文本的总体朝向，如图7-139所示，进行列表中各项设置后效果如图7-140~图7-144所示。

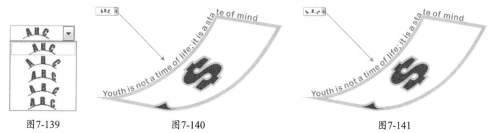

图7-139

图7-140

图7-141

图7-142　　　　　　　　　图7-143　　　　　　　　　图7-144

＊ 与路径的距离：指定文本和路径间的距离，当参数为正值时，文本向外扩散，如图7-145所示；当参数为负值时，文本向内收缩，如图7-146所示。

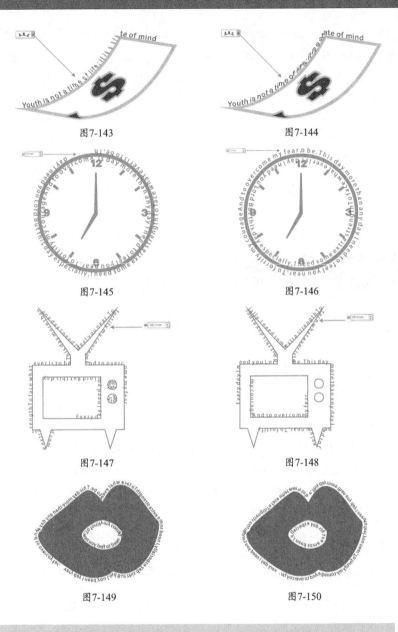

图7-145　　　　　　　　　图7-146

＊ 偏移：通过指定正值或负值来移动文本，使其靠近路径的终点或起点，当参数为正值时，文本按顺时针方向旋转偏移，如图7-147所示；当参数为负值时，文本按逆时针方向偏移，如图7-148所示。

图7-147　　　　　　　　　图7-148

＊ 水平镜像文本 ：单击该按钮可以使文本从左到右翻转，效果如图7-149所示。

＊ 垂直镜像文本 ：单击该按钮可以使文本从上到下翻转，效果如图7-150所示。

图7-149　　　　　　　　　图7-150

技巧与提示

　　沿路径排列后的文本仍具有文本的基本属性，可添加或删除文字，也可以更改文字的字体和字体大小等属性。

7.8.2 插入特殊字符

　　执行"插入符号字符"菜单命令，可以将系统已经定义好的符号或图形插入到当前文件中。

　　执行"文本>插入符号字符"菜单命令，打开"插入字符"面板，选择好"代码页"和"字体"，然后按住左键拖曳下方符号选项窗口的滚动条，待出现需要的符号时，松开左键单击符号，并在"字符大小"文本框中设置好插入符号的大小，接着单击"复制"按钮 ，如图7-151所示，（或是在选择的符号上双击鼠标左键），即可将所选符号插入到绘图窗口的中心位置。

图7-151

"插入字符"面板的参数介绍

* 字体列表：为字符和字形中的列表项目选择字体。

* 字符过滤器：为特定的OpenType特性、语言、类别等查找字符和字形。

7.8.3 段落文本环绕图形

在CorelDRAW X7中可以将段落文本围绕图形进行排列，使画面更加美观。段落文本围绕图形排列称为文本绕图。

设置文本绕图的具体操作为如下。

单击工具箱中的"文本工具"字，输入段落文本，绘制任意图形或是导入位图图像，将图形或图像放置在段落文本上，使其与段落文本有重叠的区域，然后单击属性栏上的"文本换行"按钮图，打开"换行样式"选项面板，如图7-152所示，单击面板中的任意一个按钮即可选择一种文本绕图效果（"无"按钮图除外）。

图7-152

"换行样式"面板的参数介绍

* 无图：取消文本绕图效果。

* 轮廓图：使文本围绕图形的轮廓进行排列。

  * 文本从左向右排列图：使文本沿对象轮廓从左向右排列，效果如图7-153所示。

  * 文本从右向左排列图：使文本沿对象轮廓从右向左排列，效果如图7-154所示。

  * 跨式文本图：使文本沿对象的整个轮廓排列，效果如图7-155所示。

图7-153 图7-154 图7-155

* 正方形：使文本围绕图形的边界框进行排列。

  * 文本从左向右排列图：使文本沿对象边界框从左向右排列，效果如图7-156所示。

  * 文本从右向左排列图：使文本沿对象边界框从右向左排列，效果如图7-157所示。

  * 跨式文本图：使文本沿对象的整个边界框排列，效果如图7-158所示。

图7-156 图7-157 图7-158

* 上/下画：使文本沿对象的上下两个边界框排列，效果如图
7-159所示。

* 文本换行偏移：设置文本到对象轮廓或对象边界框的距离，设
置该选项可以单击后面的按钮田；也可以当光标变为↕时，拖曳鼠标
进行设置。

图7-159

技巧与提示

文本绕图功能不能用于美术文本中，要执行此项功能，必须先将美术文本转换为段落文本。

7.8.4 实例：绘制邀请函

实例位置	实例文件>CH07>实战：绘制邀请函.cdr
素材位置	素材文件>CH07>03.cdr
实用指数	★★★☆☆
技术掌握	文本适合路径的操作方法

邀请函效果如图7-160所示。

图7-160

01 新建空白文档，设置文档名称为"邀请函"，然后设置"宽度"为290mm、"高度"为180mm。双击"矩形工具"口创建一个与页面重合的矩形，然后填充颜色为（C:57，M:48，Y:44，K:0），填充完后删除轮廓线，如图7-161所示。

02 选中前面绘制的矩形，执行"位图>转换为位图"菜单命令，打开"转换为位图"对话框，然后单击"确定"按钮，如图7-162所示，即可将矩形转换为位图。

图7-161

图7-162

03 选中矩形，执行"位图>创造性>天气"菜单命令，打开"天气"对话框，然后选择"预报"为"雪""浓度"为1、"大小"为10，接着单击"确定"按钮 确定，如图7-163所示，效果如图7-164所示。

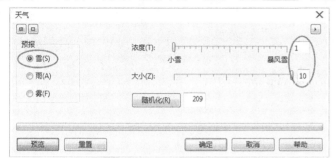

图7-163　　　　　　　　　　　　　　　　　　　图7-164

04 使用"矩形工具" □绘制一个长条矩形，设置"宽度"为290mm、"高度"为46mm，填充颜色为红色，如图7-165所示，然后再绘制一个长条矩形，设置"宽度"为290mm、"高度"为4mm，填充颜色为（C:0，M:40，Y:20，K:0），如图7-166所示。

图7-165　　　　　　　　　　　　　　　　　　　图7-166

05 全选图形，打开"对齐与分布"泊坞窗，单击"水平居中对齐"按钮 ，然后单击"垂直居中对齐"按钮 调整间距，如图7-167所示。接着导入教学资源中的"素材文件>CH07>03.cdr"文件，按P键使其居中，如图7-168所示。

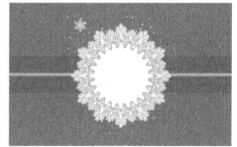

图7-167　　　　　　　　　　　　　　　　　　　图7-168

06 选中前面导入的素材文件，使用"阴影工具" □，按住鼠标左键在对象上由右到左拖曳，然后在属性栏上设置"阴影的不透明度"为87、"阴影羽化"为2，如图7-169所示。接着使用"文本工具" 字输入美术字，在属性栏上设置"字体"为EngraversMT、"字体大小"为pt、填充颜色为红色，如图7-170所示。

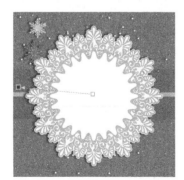

图7-169　　　　　　　　　　　　　　　　　图7-170

07 使用"贝塞尔工具" 绘制一条曲线，选中前面输入的文本，执行"文本>使文本适合路径"菜单命令，即可创建沿路径文本，如图7-171所示。然后使用"形状工具" ，选中沿路径文本曲线，单击"选择工具" ，按Delete键即可删除曲线，接着移动文本到页面位置，如图7-172所示。

08 使用"文本工具" 字输入美术文本，在属性栏上设置"字体"为BalamoraIPLain、"字体大小"为14pt、"文本对齐"为"居中"，然后填充颜色为红色，再放置于沿路径文本的下方，最终效果如图7-173所示。

图7-171

图7-172

图7-173

7.9 本章练习

练习1：绘制书籍封套

素材位置	素材文件> CH07>04.psd、05.jpg
实用指数	★★★☆☆
技术掌握	文本属性设置的使用方法

利用本章所学的添加文本与图形的方法，结合"文本属性"设置，为输入的文本设置字符和段落属性，制作封套版式效果，如图7-174所示。

图7-174

练习2：绘制胸针效果

素材位置	素材文件> CH07>06.jpg、07.cdrpsd、05.jpg
实用指数	★★★☆☆
技术掌握	图框精确裁剪的使用方法方法

运用本章介绍的沿路径排列文本的方法，制作胸针效果，如图7-175所示。

图7-175

第8章
表格的绘制与操作

表格提供了一种结构布局方式，用户可以直接绘制表格，也可以从段落文本创建表格。通过修改表格属性和格式，可以轻松地更改表格的外观。此外，由于表格是对象，因此可以以多种方式处理表格，还可以从文本文件或电子表格导入现有表格。

学习要点

❖ 绘制表格
❖ 编辑表格

8.1 绘制表格

使用"表格工具"可以绘制出表格图形，更改表格的属性和格式，合并和拆分单元格，还可以轻松创建出所需要的表格类型。用户可以在绘图中添加表格，也可以将段落文本与表格互相转换，还可以在表格中插入列表，添加文字、图形图像及背景等。

8.1.1 绘制表格

在绘图过程中，可以通过插入表格，在表格中编排文字和和排列图形，使版面达到规整的效果。选择工具箱中的"表格工具" ⊞，在绘图窗口中按下鼠标左键，并拖曳鼠标，即可绘制出表格，如图8-1所示。

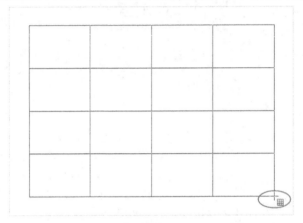

图8-1

选择整个表格或部分单元格后，可以通过表格工具的属性栏，修改整个表格或部分表格的属性格式，如图8-2所示。

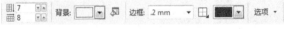

图8-2

"表格工具"的属性参数介绍

∗ 行数和列数：设置表格的行数和列数。

∗ 背景：设置表格背景的填充颜色，如图8-3所示，填充效果如图8-4所示。

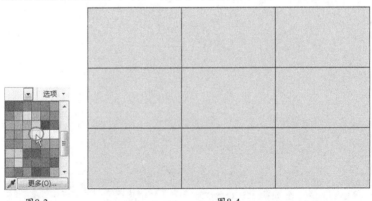

图8-3　　　　　　　　　图8-4

∗ 编辑颜色 ◈：单击该按钮可以打开"均匀填充"对话框，在该对话框中可以对已填充的颜色进行设置，也可以重新选择颜色为表格背景填充，如图8-5所示。

∗ 边框 ⊞：用于调整显示在表格内部和外部的边框，单击该按钮，可以在下拉列表中选择所要调整的表格边框（默认为外部）如图8-6所示。

图8-5   图8-6

＊ 轮廓宽度：单击该选项按钮，可以在打开的列表中选择表格的轮廓宽度，也可以在该选项的数值框中输入数值，如图8-7所示。

＊ 轮廓颜色：单击该按钮，可以在打开的颜色挑选器中选择一种颜色作为表格的轮廓颜色，如图8-8所示，设置后的效果如图8-9所示。

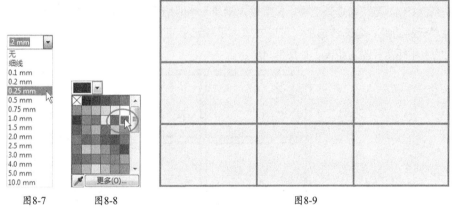

图8-7   图8-8   图8-9

＊ 轮廓笔：双击状态栏下的轮廓笔工具，打开"轮廓笔"对话框，在该对话框中可以设置表格轮廓的各种属性，如图8-10所示。

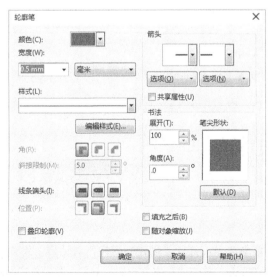

图8-10

技巧与提示

　　打开"轮廓笔"对话框，可以在"样式"选项的列表中为表格的轮廓选择不同的线条样式，拖曳右侧的滚动条可以显示列表中隐藏的线条样式，如图8-11所示，选择线条样式后，单击"确定"按钮 确定，即可将该线条样式设置为表格轮廓的样式，如图8-12所示。

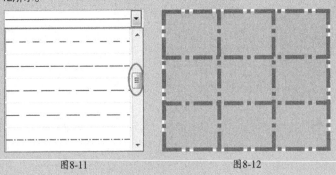

图8-11　　　　　　　　　　　　　　　　图8-12

　　* 选项 选项 · ：单击该按钮，可以在下拉列表中设置"在键入数据时自动调整单元格大小"或"单独的单元格边框"，如图8-13所示。

　　* 在键入时自动调整单元格大小：勾选该选项后，在单元格内输入文本时，单元格的大小会随输入的文字的多少而变化。若不勾选该选项，文字输入满单元格时继续输入的文字会被隐藏。

　　* 单独单元格边距：勾选该选项，可以在"水平单元格间距"和"垂直单元格间距"的数值框中设置单元格间的水平距离和垂直距离，如图8-14所示。

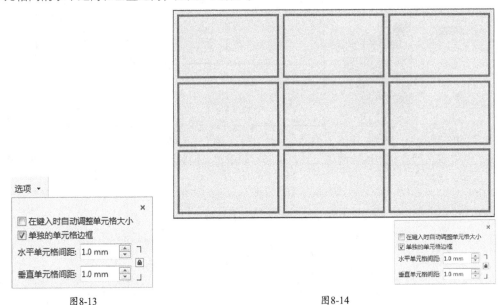

图8-13　　　　　　　　　　　　　　　　　　　图8-14

8.1.2 文本与表格的转换

　　如果不希望表格中再显示表格文本，用户可以将表格文本转换为段落文本，同时可以再将段落文本转换为表格文本。

1.表格转换为文本

　　执行"表格>创建新表格"菜单命令，打开"创建新表格"对话框，设置"行数"为3、"栏数"为3、"宽度"为130mm、"高度"为100mm，单击"确定"按钮 确定，如图8-15所示，在表格的单元格中输入文本，执行"表格>将表格转换为文本"菜单命令，打开"将表格转换为文本"对话框，进行设置，最后单击"确定"按钮 确定，如图8-16所示。

图8-15

图8-16

"将表格转换为文本"对话框的参数介绍

＊ 逗号：选中该单选项，在创建表格时，在文本中的逗号显示处创建一个列，在段落标记显示处创建一个行。

＊ 制表位：选中该单选项，将创建一个显示制表位的列和一个显示段落标记的行。

＊ 段落：选中该单选项，在创建表格时，将创建一个显示段落标记的列。

＊ 用户定义：选中该单选项，在右边的文本框中输入一个字符，创建表格时，将创建一个显示指定标记的列和一个显示段落标记的行。

2.文本转换为表格

选中转换的文本，执行"表格>文本转换为表格"菜单命令，打开"将文本转换表格"对话框，然后勾选"用户定义"选项，再输入符号*，单击"确定"按钮 确定，如图8-17所示。

图8-17

8.1.3 实例：绘制明信片

实例位置	实例文件>CH08>实战：绘制明信片.cdr
素材位置	素材文件>CH08>01.jpg、02.cdr
实用指数	★★★★☆
技术掌握	表格工具绘制的使用方法

明信片效果如图8-18所示。

图8-18

01 新建空白文档，设置文档名称为"明信片"，然后设置"宽度"为296mm、"高度"为185mm。

02 双击工具箱中的"矩形工具"□创建一个与页面重合的矩形，然后导入教学资源中的"素材文件>CH08>01.jpg"文件，效果如图8-19所示。

03 单击工具箱中的"表格工具"▦，在属性栏上设置"行数和列数"为1和6，然后在页面左上方绘制出表格，设置"背景色"为（C:0，M:0，Y:0，K:20）、"边框选择"为"无"、单击"选项"下拉菜单，勾选"单独的单元格边框"，效果如图8-20所示。

04 选中表格，单击工具箱中的"透明度工具"▨，在属性栏上设置"透明度类型"为"均匀透明度""透明度"为30，效果如图8-21所示。

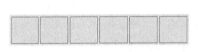

图8-19　　　　　　　　　　　　图8-20　　　　　　　　　　　　图8-21

05 单击工具箱中的"表格工具"▦，在属性栏上设置"行数和列数"为6和1，然后在页面左上方绘制出表格，设置"背景色"为白色、"边框"为"无"，如图8-22所示。

06 选中表格，单击工具箱中的"透明度工具"▨，在属性栏上设置"透明度类型"为"均匀透明度""透明度"为30，然后适当调整位置，效果如图8-23所示。

07 导入教学资源中的"素材文件>CH08>02.cdr"文件，然后放置在页面右上方，适当调整位置，效果如图8-24所示。

图8-22　　　　　　　　　　　　图8-23　　　　　　　　　　　　图8-24

08 使用工具箱中的"文本工具"🅰输入美术文本，在属性栏上设置"字体"为Folio Bk BT、"字体大小"为50pt，然后填充颜色为（C:0，M:60，Y:100，K:0），如图8-25所示。

09 使用"文本工具"🅰在前面输入的文本下方输入美术文本，在属性栏上设置"字体"为AF TOMMY HIFIGER、"字体大小"为8pt，然后设置颜色为（C:0，M:60，Y:100，K:0），最终效果如图8-26所示。

图8-25　　　　　　　　　　　　图8-26

8.2　编辑表格

用户在使用表格工具绘图时，可以跟文本对象一样进行编辑，在绘制表格时，可以将表格进行选择和移动，而将表格插入行和列，同时单元格还可以拆分、合并使用，以及编辑单元格的大小。

8.2.1 选择、移动表格组件

用户必须先选择表格、行、列或表格单元格，然后才能插入行或列、更改表格边框属性、添加背景填充色或编辑其他表格属性。用户可以将选定的行和列移至表格中的新位置，也可以从一个表格中复制或剪切一行或列，将其粘贴到另一个表格中。此外，编辑表格单元格文本时可以从一个表格单元格移至另一个单元格中，并且可以设置方向，使用 Tab 键在表格周围移动。

1.选择表格、行或列

在处理表格的过程中，首先选择需要处理的表格、单元格、行或列。在CorelDRAW X7中选择表格内容，需要使用表格工具在表格上单击，将光标插入到单元格中，通过下面6种方法，选择表格内容。

第一种：要选择表格中的所有单元格，执行"表格>选择>表格"菜单命令，或者按下快捷键Ctrl+A+A即可。

第二种：要选择一行，可在需要选择的行中单击，执行"表格>选择>行"菜单命令即可。

第三种：要选择一列，可在需要选择的列中单击，执行"表格>选择>列"菜单命令即可。

第四种：要选择所有表格内容，将表格工具光标移动到表格的左上角，当光标变为◥状态时，单击鼠标左键即可。

第五种：要选择表格中的单元格，使用表格工具在需要选择的单元格中单击，执行"表格>选择>单元格"菜单命令即可。

第六种：要选择连续排列的多个单元格，可将表格工具光标插入表格后，在需要的多个单元格内拖曳鼠标即可。

2.移动表格、行或列

创建表格后，可以将表格中的行或列移动到该表格中的其他位置，也可以将行或列移动到其他的表格中，方法如下两种。

第一种：要将行或列移动表格中的其他位置，可选择要移动的行或列，然后将其拖曳至其他位置。

第二种：要将行或列移动到其他表格中，可选择要移动的表格、行或列，按下快捷键Ctrl+X进行剪切，然后在另一个表格中选择一行或一列，按下快捷键Ctrl+V进行粘贴，此时将打开"粘贴行"或"粘贴列"对话框，在其中选择插入行或列的位置后，单击"确定"按钮即可。

8.2.2 合并与拆分单元格

可以通过合并相邻单元格、行和列来更改表格的配置方式。如果合并表格单元格，则左上角单元格的格式将应用于所有合并的单元格。或者，用户可以拆分先前合并的单元格。

1.合并表格单元格

选择要合并的单元格，执行"表格>合并单元格"菜单命令，如图8-27所示，用于合并的单元格必须是在水平或垂直方向上呈矩形状，且要相邻。在合并表格单元格时，左上角单元格的格式将决定合并后的单元格格式。

图8-27

2.拆分表格单元格

选择合并后的单元格，执行"表格>拆分单元格"菜单命令，即可将其拆分。拆分后的每个单元格格式保持拆分前的格式不变，如图8-28所示。

图8-28

3.拆分表格单元格为行或列

选择需要拆分的单元格，执行"表格>拆分为行"或"表格>拆分为列"菜单命令，如图8-29或图8-30所示，打开"拆分单元格"对话框，在其中设置拆分的行数或栏数后，单击"确定"按钮即可。

图8-29   图8-30

8.2.3 插入与删除行和列

在绘图过程中，可以根据图形或文字排列的需要，在绘制的表格中插入行或列，或者删除表格中的部分行或列。

1.插入行或列

插入行或列的具体步骤如下。

选择绘制的表格，使用表格工具在表格上单击，当光标插入单元格中，然后在表格上按鼠标左键并拖曳，选择多个连续排列的单元格，执行"表格>插入"菜单命令，在展开的下一级子菜单中选择相应的命令，即可在当前选取的单元格上方、下方、左侧或右侧插入行或列，如图8-31所示。

图8-31

"插入行或列"的菜单命令介绍

＊ 行上方：在所选单元格或行的上方插入相应数量的行，如图8-32所示。

* 行下方：在所选单元格或行的下方插入相应数量的行，如图8-33所示。

* 列左侧：在所选单元格或列的左侧插入相应数量的列，如图8-34所示。

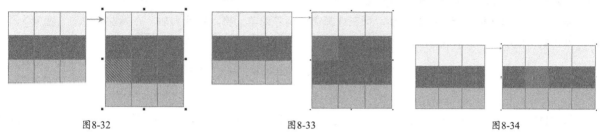

图8-32   图8-33   图8-34

* 列右侧：在所选单元格或列的右侧插入相应数量的列，如图8-35所示。

* 插入行：选择该命令，将打开"插入行"对话框，在其中可以设置插入行的行数和位置，如图8-36所示。

* 插入列：选择该命令，将打开"插入列"对话框，在其中可以设置插入列的列数和位置，如图8-37所示。

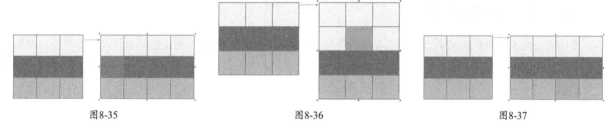

图8-35   图8-36   图8-37

2.删除行或列

在表格中删除行或列的操作步骤如下。

选择绘制的表格，使用表格工具在表格上单击，当光标插入单元格中，然后将光标移动到需要删除的行或列的左侧或上方的外部边框线上，光标将变为➡或⬇状态，单击鼠标左键，选择需要删除的行或列，执行"表格>删除"菜单命令，展开下一级子菜单，在其中选择相应的命令，即可删除选定的行或列，如图8-38所示。

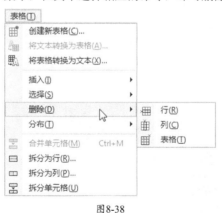

图8-38

技巧与提示

执行"表格>删除>表格"菜单命令，将删除选定的行或列所在的整个表格。

8.2.4 调整单元格的大小

在绘制的表格中，可以调整表格单元格、行和列的大小，还可以对调整单元格大小后的表格、行或列进行重新分布，使行或列具有相同的大小。

1.调整表格单元格、行和列的大小

要调整表格单元格、行和列的大小，可在选择需要调整的单元格、行或列后，在属性栏中的"宽度"和"高度"数值框中输入大小值即可，如图8-39所示。

图8-39

用户也可手动调整表格单元格、行和列的大小。将表格工具光标插入到表格中，然后拖曳单元格、行或列的边框线，即可进行调整。

2.分布表格行或列

选择分布的表格单元格，执行"表格>分布>行均分"菜单命令，即可使所有选定行的高度相同。执行"表格>分布>列均分"菜单命令，即可使所有选定列的宽度相同。

8.2.5 设置表格边框

可以通过修改表格和单元格边框更改表格的外观。例如，用户可以在属性栏上进行设置，更改表格边框的宽度或颜色，如图8-40所示。

图8-40

8.2.6 设置表格与单元格背景色

如果需要在结构布局中安排位图图像或矢量图形，则可以将其添加到表格中。还可以通过添加背景色来更改表格的外观。

在默认状态下，表格背景为无色，单击属性栏中的"背景颜色"按钮，在打开的"颜色选取器"中即可选择所需要的颜色，设置表格背景颜色后，选择属性栏中的"编辑填充"按钮，在打开的"选择颜色"对话框中，可以编辑和自定义所需要的网格背景颜色，如图8-41所示。

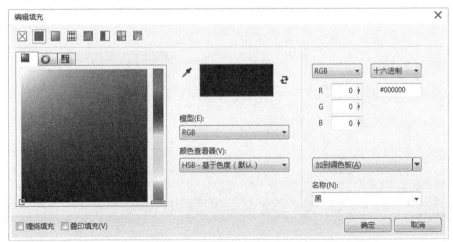

图8-41

8.2.7 实例：绘制日历卡片

实例位置	实例文件>CH08>实战：绘制日历卡片.cdr
素材位置	素材文件>CH08>03.cdr、04.cdr、05cdr、06cdr
实用指数	★★★★☆
技术掌握	表格工具的使用方法

日历卡片效果如图8-42所示。

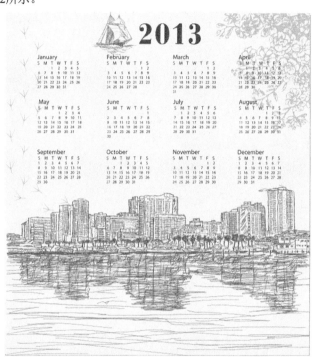

图8-42

01 新建空白文档，设置文档名称为"日历卡片"，设置"宽度"为210mm、"高度"为230mm。

02 双击"矩形工具" □创建一个与页面重合的矩形，填充颜色为（C:7，M:0，Y:9，K:0），然后去除轮廓，如图8-43所示。

03 使用"文本工具" 宇输入美术文本，在属性栏上设置"字体"为BauerBodni Blk BT、"字体大小"为59pt，然后填充颜色为（C:0，M:0，Y:0，K:90），放置页面上方，适当拉长，效果如图8-44所示。

2013

图8-43   图8-44

04 导入教学资源中的"素材文件>CH08>03.cdr"文件，适当调整大小，放置在文本的左侧，如图8-45所示。然后导入教学资源中的"素材文件>CH08>04.cdr"文件，适当调整大小，接着放置页面右侧，如图8-46所示。

05 使用"文本工具" 宇输入段落文本，在属性栏上设置"字体"为Arial，第1行文字的"字体大小"为12pt、第2行文本的"字体大小"为8pt、剩余文本的"字体大小"为7pt，然后填充第一列文本（不包括第1行）为红色（C:2，M:100，Y:100，K: 0），效果如图8-47所示。

图8-45

图8-46

图8-47

06 选中文本，执行"表格>文本转换为表格"菜单命令，打开"将文本转换为表格"对话框，然后勾选"制表位"选项，最后单击"确定"按钮 ，如图8-48所示，转换后的表格如图8-49所示。

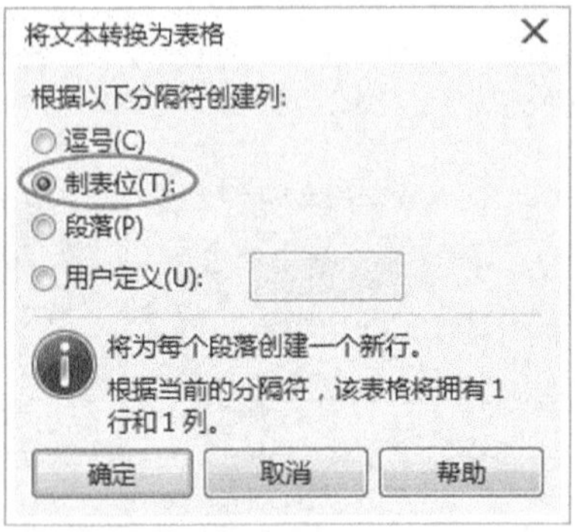

图8-48

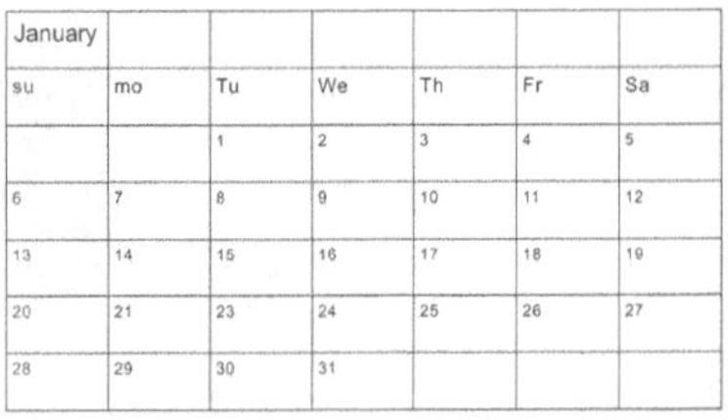

图8-49

07 使用"表格工具" ，选中表格中的第1行单元格，在属性栏上单击"合并单元格"按钮 ，效果如图8-50所示。然后使用"表格工具" 选中表格中的所有单元格，单击属性栏上的"页边距"按钮 ，在打开的面板中单击 按钮，设置文本页边距均为0mm，单击 按钮，如图8-51所示，适当调整表格大小。

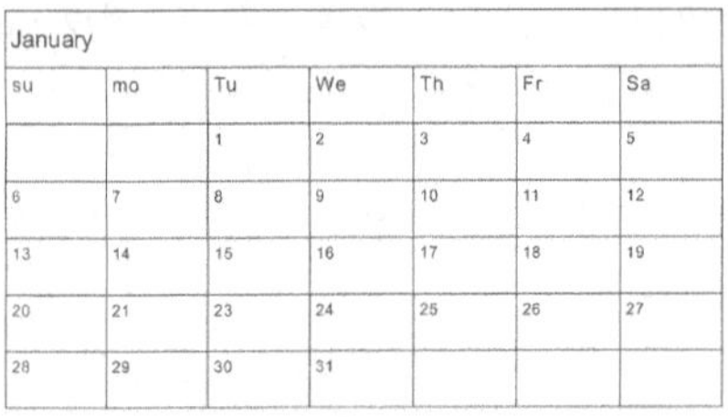

图8-50

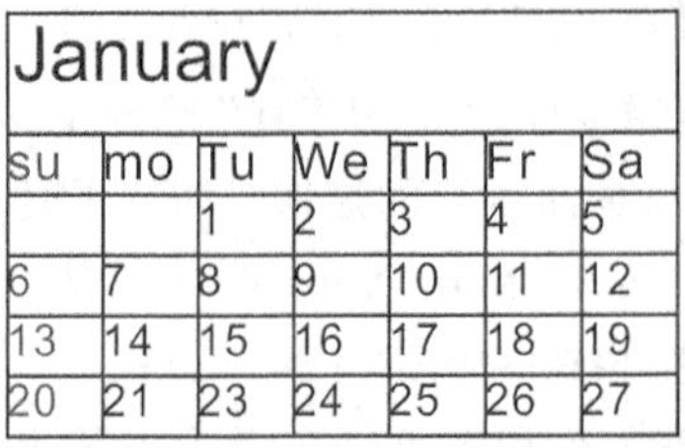

图8-51

08 使用"文本工具" 单击表格中的第1个单元格，使用"形状工具" 调整该单元格中文本的位置，使用"选择工具" 适当调整表格大小，效果如图8-52所示。然后使用"表格工具" 选中前面绘制的表格，在属性栏上单击"边框选择"按钮 ，在打开的列表中选择"全部"，如图8-53所示，接着设置"轮廓宽度"为"无"。

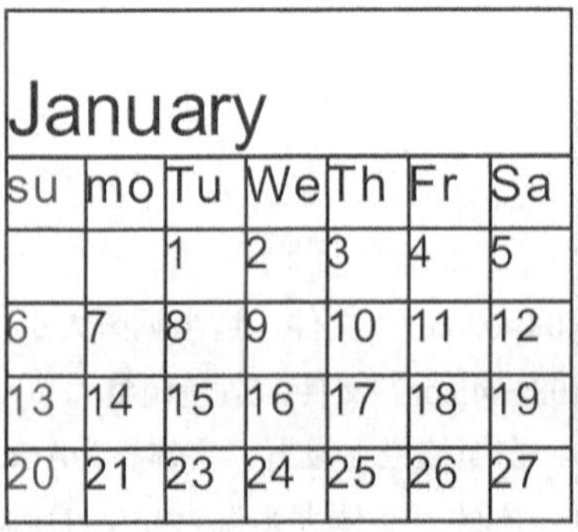

图8-52

图8-53

技巧与提示

在该案例中使用多个表格会影响系统的反应和操作速度，此时可以按快捷键Ctrl+Q将表格转换为曲线，然后删除转曲后的表格。

09 按照以上的方法，制作出其他文本的表格，放置在页面上方，然后分别选中每个表格按快捷键Ctrl+Q转换为曲线，效果如图8-54所示。

10 导入教学资源中的"素材文件>CH08>05.cdr"文件，放置页面的左侧，如图8-55所示。然后导入教学资源中的"素材文件>CH08>06.cdr"文件，放置页面下方，最终效果如图8-56所示。

图8-54　　　　　　　　　　　　　　图8-55　　　　　　　　　　　　　　图8-56

8.3 本章练习

练习1：绘制梦幻信纸

素材位置	素材文件>CH08>07.jpg、08.jpg
实用指数	★★★★☆
技术掌握	编辑表格的使用方法

运用本章所学编辑表格的方法，绘制梦幻信纸，如图8-57所示。

图8-57

练习2：绘制格子背景

素材位置	无
实用指数	★★★★☆
技术掌握	填充单元格的使用方法

根据编辑表格单元格、填充单元格的方法，绘制格子背景，如图8-58所示。

图8-58

第9章
图像效果的编辑

CorelDRAW X7拥有丰富的图形编辑功能，交互式工具的应用能使图形获得更好的视觉效果。交互式工具可以为对象直接应用调和效果、轮廓图效果、变形效果、阴影效果、封套效果、立体化效果和透明效果。

学习要点

- ❖ 调和效果
- ❖ 轮廓图效果
- ❖ 变形效果
- ❖ 透明度效果
- ❖ 立体化效果
- ❖ 阴影效果
- ❖ 封套效果
- ❖ 透视效果
- ❖ 透镜效果

9.1 调和效果

调和效果是CorelDRAW X7中用途最广泛、性能最强大的工具之一。用于创建任意两个或多个对象之间的颜色和形状过度，包括直线调和、曲线路径调和以及复合调和等多种方式。

调和可以用来增强图形和艺术文字的效果，也可以创建颜色渐变、高光、阴影、透视等特殊效果，在设计中运用频繁，CorelDRAW X7为用户提供了丰富的调和设置，使调和效果更加丰富。

9.1.1 创建调和效果

"调和工具"通过创建中间的一系列对象，以颜色序列来调和两个原对象，原对象的位置、形状、颜色会直接影响调和效果。

1.直线调和

单击工具箱中的"调和工具" 🖿，将光标移动到起始对象，按住左键不放向终止对象进行拖曳，会出现一列对象的虚框进行预览，如图9-1与图9-2所示，确定无误后松开左键完成调和，效果如图9-3所示。

图9-1

图9-2   图9-3

在调和时两个对象的位置大小会影响中间系列对象的形状变化，两个对象的颜色决定中间系列对象的颜色渐变的范围。

2.曲线调和

单击工具箱中"调和工具" 🖿，将光标移动到起始对象，先按住Alt键不放，然后按住左键向终止对象拖曳出曲线路径，出现一列对象的虚框进行预览，如图9-4和图9-5所示，松开左键完成调和，效果如图9-6所示。

图9-4

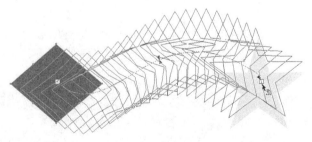   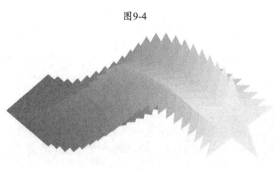

图9-5   图9-6

技巧与提示

在创建曲线调和选取起始对象时，必须先按住Alt键再进行选取绘制路径，否则无法创建曲线调和。

在曲线调和中绘制的曲线弧度与长短会影响到中间系列对象的形状、颜色变化。

3.复合调和

创建3个几何对象，填充不同颜色，如图9-7所示，单击工具箱中"调和工具" ，将光标移动到蓝色起始对象，按住左键不放向洋红对象拖曳直线调和，如图9-8所示。

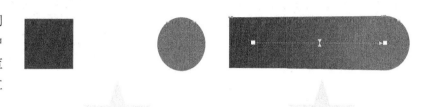

图9-7　　　　　　　图9-8

在空白处单击取消直线路径的选择，然后选择圆形按住左键向星形对象拖曳直线调和，如图9-9所示，如果需要创建曲线调和，可以按住Alt键选中圆形向星形创建曲线调和，如图9-10所示。

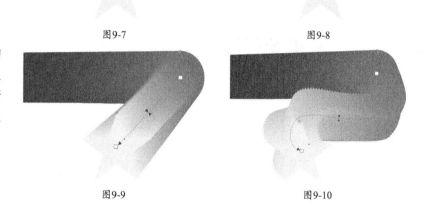

图9-9　　　　　　　图9-10

9.1.2 控制调和对象

在对象之间创建调和效果后，属性栏设置如图9-11所示，各选项功能如下。

图9-11

"调和"的属性参数介绍

＊ 预设列表：系统提供的预设调和样式，可以在下拉列表选择预设选项，如图9-12所示。

＊ 添加预设 ：单击该图标可以将当前选中的调和对象另存为预设。

＊ 删除预设 ：单击该图标可以将当前选中的调和样式删除。

＊ 调和步长 ：用于设置调和效果中的调和步长数和形状之间的偏移距离。激活该图标，可以在后面"调和对象"文本框
 35　　　　　中输入相应的步长数。

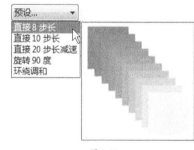

图9-12

＊ 调和间距 ：用于设置路径中调和步长对象之间的距离。激活该图标，可以在后面"调和对象"文本框 .764 mm　　　　　中输入相应的步长数。

技巧与提示

切换"调和步长"图标 与"调和间距"图标 必须在曲线调和的状态下进行。在直线调和状态下可以直接调整步长数，"调和间距"只运用于曲线路径。

* 调和方向  ° : 在后面的文本框中输入数值可以设置调和对象的旋转角度。

* 环绕调和 : 激活该图标可将环绕效果添加应用到调和中。

* 直接调和 : 激活该图标设置颜色调和序列为直接颜色渐变, 如图9-13所示。

* 顺时针调和 : 激活该图标设置颜色调和序列为按色谱顺时针方向颜色渐变, 如图9-14所示。

图9-13	图9-14

* 逆时针调和 : 激活该图标设置颜色调和序列为按色谱逆时针方向颜色渐变, 如图9-15所示。

* 对象和颜色加速 : 单击该按钮, 在打开的对话框中通过拖动"对象" 、 "颜色" 后面的滑块, 可以调整形状和颜色的加速效果, 如图9-16所示。

图9-15	图9-16

技巧与提示

激活"锁头"图标 后可以同时调整"对象" 、 "颜色" 后面的滑块; 解锁后可以分别调整"对象" 、 "颜色" 后面的滑块。

* 调整加速大小 : 激活该图标可以调整调和对象的大小更改速率。

* 更多调和选项 : 单击该图标, 在打开的下拉选项中进行"映射节点" "拆分" "熔合始端" "熔合末端" "沿全路径调和" "旋转全部对象"操作, 如图9-17所示。

* 起始和结束属性 : 用于重置调和效果的起始点和终止点。单击该图标, 在打开的下拉选项中进行显示和重置操作, 如图9-18所示。

* 路径属性 : 用于将调和好的对象添加到新路径、显示路径和分离出路径等操作, 如图9-19所示。

图9-17	图9-18	图9-19

技巧与提示

"显示路径"和"从路径分离"两个选项在曲线调和状态下才会激活进行操作, 直线调和则无法使用。

* 复制调和属性 : 单击该按钮可以将其他调和属性应用到所选调和中。

* 清除调和 : 单击该按钮可以清除所选对象的调和效果。

9.1.3 沿路径调和

在对象之间创建调和效果后, 可以通过应用"路径属性"功能, 使调和对象按照指定的路径进行调和。

使用工具箱中的"贝塞尔工具"绘制一条曲线路径，选择调和对象后，单击属性栏中的"路径属性"按钮，在打开的下拉菜单列表中选择"新建路径"选项，如图9-20所示，此时光标将变为✐形状，使用光标单击目标路径后，即可使调和对象沿该路径进行调和。

图9-20

9.1.4 复制调和属性

当绘制窗口中有两个以上的调和对象时，使用"复制调和属性"功能，可以将其中一个调和对象中的属性复制到另一个调和对象中，得到具有相同属性的调和效果。

选择需要修改的调和属性的目标对象，单击属性栏中的"复制调和属性"按钮，当光标变为➡形状时单击用于复制调和属性的源对象，即可将源对象中的调和属性复制到目标对象中。

9.1.5 拆分调和对象

应用调和效果后的对象，可以通过菜单命令将其分离为相互独立的个体。要分离调和对象，可以在选择调和对象后，执行"对象>拆分路径群组上的混合"菜单命令或按下快捷键Ctrl+K拆分群组对象，分离后的各个独立对象扔保持分离前的状态。

调和对象被分离后，之前调和效果中的起端对象和末端对象都可以被单独选取，而位于两者之间的其他图形将以群组的方式组合在一起，按下快捷键Ctrl+K即可将其解散组合对象，从而方便进行下一步的操作，如图9-21所示。

图9-21

9.1.6 清除调和效果

为对象应用调和效果后，如果不需要再使用此种效果，可清除对象的调和效果，只保留起端对象和末端对象。清除调和效果可以通过以下两种方法来完成。

第一种：选择调和对象后，执行"效果>清除调和"菜单命令。

第二种：选择调和对象后，单击属性栏中的"清除调和"按钮，清除调和效果。

9.1.7 实例：用调和绘制国画

实例位置	实例文件>CH09>实战：用调和绘制国画.cdr
素材位置	素材文件>CH09> 01.cdr、02.cdr
实用指数	★★★☆☆
技术掌握	调和效果的运用方法

花鸟国画效果如图9-22所示。

图9-22

01 新建空白文档，设置文档名称为"花鸟国画"，然后设置页面大小为"A4"、页面方向为"横向"。首先绘制青色果子。使用工具箱中的"椭圆形工具"◯绘制两个相交的椭圆形，在"造型"面板中选择"相交"类型，再勾选"保留原目标对象"选项，然后单击"相交对象"按钮 相交对象 完成相交操作，如图9-23和9-24所示。

图9-23　　　　　　图9-24

02 选中椭圆填充颜色为（C:16，M:6，Y:53，K:0），选中相交对象填充颜色为（C:22，M:59，Y:49，K:0），再全选对象去掉轮廓线，如图9-25所示，然后使用"调和工具"拖曳调和效果，在属性栏设置"调和对象"为20，如图9-26所示。

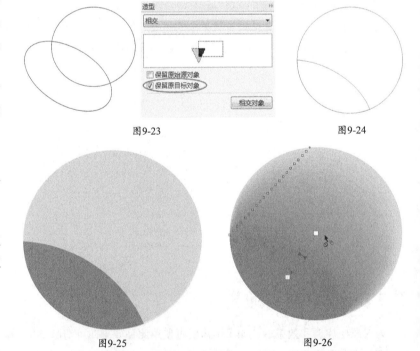

图9-25　　　　　　图9-26

03 使用"椭圆形工具"◯在调和对象上方绘制一个椭圆，填充颜色为黑色，然后将黑色椭圆置于调和对象后面，适当调整位置，效果如图9-27所示。下面绘制水果上的斑点。使用工具箱中的"椭圆形工具"◯绘制椭圆，接着由深到浅依次填充颜色为（C:38，M:29，Y:63，K:0）、（C:32，M:24，Y:58，K:0）、（C:23，M:18，Y:55，K:0），如图9-28所示，绘制小斑点,填充颜色为黑色,最后全选果子进行组合对象,效果如图9-29所示。

图9-27

图9-28

图9-29

04 下面绘制熟透的果子。使用工具箱中的"椭圆形工具" 绘制果子的外形,然后选中椭圆形填充颜色为
(C:0,M:54,Y:82,K:0),再选中相交区域填充颜色为(C:22,M:100,Y:100,K:0),接着全选删除轮廓线,如图9-30所示,最后使用"调和工具" 拖曳调和效果,效果如图9-31所示。

图9-30

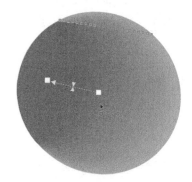

图9-31

05 绘制一个黑色椭圆置于调和对象下面,调整位置,如图9-32所示,在果身上绘制斑点,填充颜色为(C:16,M:67,Y:100,K:0),然后使用工具箱中的"透明度工具" 拖动渐变透明效果,如图9-33所示。使用"椭圆形工具" 绘制小斑点,填充颜色为黑色,如图9-34所示,接着使用相同的方法绘制三颗果子,最后重叠排列在一起进行组合对象,如图9-35所示。

图9-32

图9-33

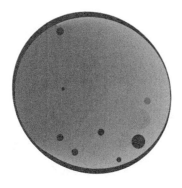

图9-34

图9-35

06 下面绘制叶子。使用"钢笔工具"绘制叶子的轮廓线，复制一份在上面绘制剪切范围，再修剪掉多余的部分，如图9-36所示，然后选中叶片填充颜色为（C:31，M:20，Y:58，K:0），填充修剪区域颜色为（C:28，M:72，Y:65，K:0），单击右键删除轮廓线，如图9-37所示。使用"调和工具"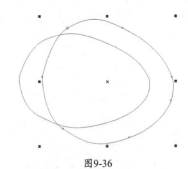拖动调和效果，如图9-38所示，单击工具箱中的"艺术笔工具"，在属性栏设置 "笔触宽度"为1.073mm、"类别"为"书法"，再选取合适的"笔刷笔触"，接着在叶片上绘制叶脉，效果如图9-39所示。

图9-36

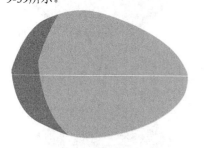

图9-37

图9-38

图9-39

07 使用同样方法绘制绿色叶片，选中叶片填充颜色为（C:31，M:20，Y:58，K:0），填充修剪区域颜色为（C:77，M:58，Y:100，K:28），如图9-40所示，然后使用"调和工具"拖动调和效果，如图9-41所示，接着使用"艺术笔工具"绘制叶脉，效果如图9-42所示。

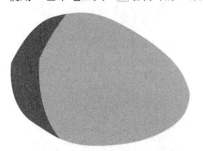

图9-40

图9-41

图9-42

08 使用"艺术笔工具"绘制枝干，在属性栏调整"笔触宽度"数值，效果如图9-43所示，然后将果子和树叶拖曳到枝干上，如图9-44所示。将伸出的枝丫绘制完毕，将果子复制拖曳到枝丫上，如图9-45所示，接着导入教学资源中的"素材文件>CH09>01.cdr"文件，将麻雀拖曳到枝丫上，最后全选对象进行组合，效果如图9-46所示。

图9-43

图9-44

图9-45

图9-46

09 下面绘制背景。使用"矩形工具" □ 创建与页面等大小的矩形，双击"渐层工具" ◇，在"编辑填充"对话框中选择"渐变填充"方式，设置"类型"为"椭圆形渐变填充"，再设置"节点位置"为0%的色标颜色为（C:24，M:25，Y:37，K:0）、"节点位置"为100%的色标颜色为白色，"填充宽度"为122.499%、"旋转"为-1.7°，接着单击"确定"按钮 ▭，如图9-47所示，最后右键去掉轮廓线，效果如图9-48所示。

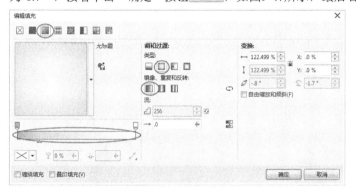

图9-47 图9-48

10 使用"椭圆形工具" ○ 绘制圆形光斑，如图9-49所示，填充颜色为黑色，再右键去掉轮廓线，然后单击"透明度工具" ▨，在属性栏设置"透明度类型"为"均匀透明度""透明度"为90，效果如图9-50所示。使用"矩形工具" □ 在页面下方绘制两个矩形，填充颜色为（C:76，M:58，Y:100，K:28），再单击右键去掉轮廓线，接着单击"透明度工具" ▨，在属性栏设置"透明度类型"为"均匀透明度""透明度"为27，效果如图9-51所示。

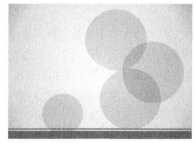

图9-49 图9-50 图9-51

11 导入教学资源中的"素材文件>CH09>02.cdr"文件，将光斑复制排放在页面中，调整大小和位置，效果如图9-52所示。然后将花鸟国画拖曳到页面中，调整位置，如图9-53所示。接着将光斑复制排放在国画上相应位置，形成光晕覆盖效果，如图9-54所示。最后将文字拖曳到页面右上角，最终效果如图9-55所示。

图9-52

图9-53 图9-54 图9-55

9.2 轮廓图效果

轮廓图效果是指，通过拖曳为对象创建一系列渐进到对象内部或外部的同心线。轮廓图效果广泛运用于创建图形和文字的三维立体效果、剪切雕刻制品输出，以及特殊效果的制作。创建轮廓图效果可以在属性栏进行设置，使轮廓图效果更加精确美观。创建轮廓图的对象可以是封闭路径也可以使开放路径，还可以是美工文本对象。

9.2.1 创建轮廓图

和创建调和效果不同的是，轮廓图效果只需要在一个图形对象上就可以完成。创建交互式轮廓图效果的操作步骤如下。

使用工具箱中的"多边形工具"在绘图窗口中绘制一个五边形，如图9-56所示，选择工具箱中的"轮廓图工具"，在图形上按下鼠标左键并向对象中心拖曳鼠标，即可创建出由图形边缘向中心放射的轮廓图效果，如图9-57所示。

图9-56　　　　　　　　　　图9-57

在对象上按下鼠标左键并向对象外拖曳鼠标，可创建边缘向外放射的轮廓图效果，如图9-58所示。

在对象上按下鼠标左键并向对象内拖曳鼠标，可创建边缘向内放射的轮廓图效果，如图9-59所示。

图9-58　　　　　　　　　　图9-59

为对象应用轮廓图效果后，其属性栏设置如图9-60所示。

图9-60

"轮廓图"的属性参数介绍

＊ 预设列表：系统提供的预设轮廓图样式，可以在下拉列表选择预设选项，如图9-61所示。

＊ 到中心：单击该按钮，创建从对象边缘向中心放射状的轮廓图。创建后无法通过"轮廓图步长"进行设置，可以利用"轮廓图偏移"进行自动调节，偏移越大层次越少，偏移越小层次越多。

＊ 内部轮廓：单击该按钮，创建从对象边缘向内部放射状的轮廓图。创建后可以通过"轮廓图步长"设置轮廓图的层次数。

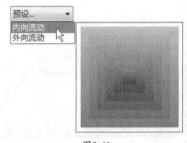

图9-61

技巧与提示

"到中心"和"内部轮廓"的区别主要有两点。

第1点：在轮廓图层次少的时候，"到中心"轮廓图的最内层还是位于中心位置，而"内部轮廓"则是更贴近对象边缘，如图9-62所示。

图9-62

第2点："到中心"只能使用"轮廓图偏移"进行调节，而"内部轮廓"则是使用"轮廓图步长"和"轮廓图偏移"进行调节。

＊外部轮廓⬛：单击该按钮，创建从对象边缘向外部放射状的轮廓图。创建后可以通过"轮廓图步长"设置轮廓图的层次数。

＊轮廓图步长⬛：在后面的文本框输入数值来调整轮廓图的数量。

＊轮廓图偏移⬛：在后面的文本框输入数值来调整轮廓图各步数之间的距离。

＊轮廓图角⬛：用于设置轮廓图的角类型。单击该图标，在下拉选项列表选择相应的角类型进行应用，如图9-63所示。

图9-63

＊ 斜接角：在创建的轮廓图中使用尖角渐变，如图9-64所示。

＊ 圆角：在创建的轮廓图中使用倒圆角渐变，如图9-65所示。

＊ 斜切角：在创建的轮廓图中使用倒角渐变，如图9-66所示。

图9-64   图9-65   图9-66

＊轮廓色⬛：用于设置轮廓图的轮廓色渐变序列。单击该图标，在下拉选项列表选择相应的颜色渐变序列类型进行应用，如图9-67所示。

图9-67

* 线性轮廓色：单击该选项，设置轮廓色为直接渐变序列，如图9-68所示。
* 顺时针轮廓色：单击该选项，设置轮廓色为按色谱顺时针方向逐步调和的渐变序列，如图9-69所示。
* 逆时针轮廓色：单击该选项，设置轮廓色为按色谱逆时针方向逐步调和的渐变序列，如图9-70所示。

| 图9-68 | 图9-69 | 图9-70 |

* 轮廓色：在后面的颜色选项中设置轮廓图的轮廓线颜色。当去掉轮廓线"宽度"后，轮廓色不显示。
* 填充色：在后面的颜色选项中设置轮廓图的填充颜色。
* 对象和颜色加速：调整轮廓图中对象大小和颜色变化的速率，如图9-71所示。

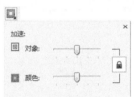

图9-71

* 复制轮廓图属性：单击该按钮可以将其他轮廓图属性应用到所选轮廓中。
* 清除轮廓：单击该按钮可以清除所选对象的轮廓。

9.2.2 设置轮廓图的填充和颜色

填充轮廓图颜色分为轮廓色和填充色，两者都可以在属性栏或泊坞窗直接选择进行填充。选中创建好的轮廓图，在属性栏"填充色"图标后面选择需要的颜色，轮廓图就向选中的颜色进行渐变，如图9-72所示。在去掉轮廓线"宽度"的时候"轮廓色"不显示。

图9-72

将对象的填充去掉，设置轮廓线"宽度"为1mm，如图9-73所示。此时"轮廓色"显示出来，"填充色"不显示。然后选中对象，在属性栏"轮廓色"图标后面选择需要的颜色，轮廓图的轮廓线以选中的颜色进行渐变，如图9-74所示。

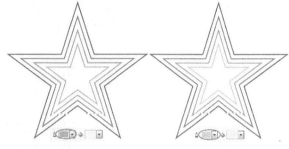

图9-73   图9-74

在没有去掉填充效果和轮廓线"宽度"时，轮廓图会同时显示"轮廓色"和"填充色"，并以设置的颜色进行渐变，如图9-75所示。

图9-75

技巧与提示

在编辑轮廓图颜色时，可以选中轮廓图，然后在调色板单击左键去色或单击右键去轮廓线。

9.2.3 分离与清除轮廓图

在设计中会出现一些特殊的效果，比如形状相同的错位图形、在轮廓上添加渐变效果等，这些都可以用轮廓图快速创建。分离和清除轮廓图的操作方法，与分离和清除调和效果相同。

要分离轮廓图，在选择轮廓图对象后，执行"对象>拆分轮廓图群组"菜单命令，即可使对象处于分离状态，如图9-76所示。

图9-76

要清除轮廓图效果，在选择应用轮廓图效果的对象后，执行"效果>清除轮廓"菜单命令或单击属性栏中的"清除轮廓"按钮即可。

9.2.4 实例：用轮廓图绘制电影字体

实例位置	实例文件>CH09>实战：用轮廓图绘制电影字体.cdr
素材位置	素材文件>CH09>03.cdr、04.psd
实用指数	★★★★☆
技术掌握	轮廓图效果的运用方法

电影海报效果如图9-77所示。

图9-77

01 新建空白文档，设置文档名称为"电影海报"，然后设置页面大小"宽"为250mm、"高"为195mm。接着导入教学资源中的"素材文件>CH09>03.cdr"文件，将标题文字拖曳到页面中，填充颜色为（C:84，M:56，Y:100，K:27），如图9-78所示。

图9-78

02 使用工具箱中的"钢笔工具"绘制文字上的两个耳朵，如图9-79所示，全选对象执行"对象>造型>合并"菜单命令将耳朵合并到文字上，如图9-80所示，然后选中文字进行拆分，接着选中字母分别进行合并，如图9-81所示。

图9-79 　　　　　　　　　　图9-80 　　　　　　　　　　图9-81

03 选中字母，双击"渐层工具"，在"编辑填充"对话框中选择"渐变填充"方式，然后设置"类型"为"线性渐变填充"，再设置"节点位置"为0%的色标颜色为（C:66，M:18，Y:100，K:0）、"节点位置"为100%的色标颜色为（C:84，M:64，Y:100，K:46），"填充宽度"为93.198%、"水平偏移"为-3.937%、"垂直偏移"为-7.484%、"旋转"为-80.9°，接着单击"确定"按钮，如图9-82所示，效果如图9-83所示。

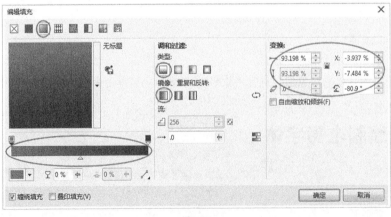

图9-82

图9-83

04 使用工具箱中的"属性滴管工具" ![icon] 吸取字母上的渐变填充颜色，如图9-84所示，然后填充到后面的字母中，如图9-85所示。接着单击"轮廓图工具" ![icon]，在属性栏选择"到中心"，设置"轮廓图偏移"为0.025mm、"填充色"为黄色、"最后一个填充挑选器"颜色为（C:76，M:44，Y:100，K:5），最后选中对象单击"到中心"按钮 ![icon]，将轮廓图效果应用到对象，效果如图9-86所示。

图9-84

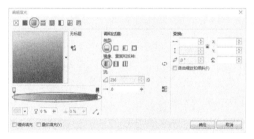

图9-85

图9-86

05 使用工具箱中的"钢笔工具" ![icon] 绘制耳洞轮廓，如图9-87所示，双击"渐层工具" ![icon]，然后在"编辑填充"对话框中选择"渐变填充"方式，设置"类型"为"线性渐变填充"，再设置"节点位置"为0%的色标颜色为（C:12，M:3，Y:100，K:0）、"节点位置"为100%的色标颜色为（C:78，M:47，Y:100，K:12），接着单击"确定"按钮 ![确定]，如图9-88所示，填充效果如图9-89所示。

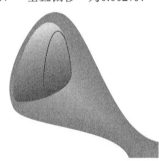

图9-87

图9-88

图9-89

06 使用"钢笔工具" ![icon] 绘制耳洞深处区域，如图9-90所示，双击"渐层工具" ![icon]，然后在"编辑填充"对话框中选择"渐变填充"方式，设置"类型"为"线性渐变填充"，再设置"节点位置"为0%的色标颜色为（C:63，M:17，Y:100，K:0）、"节点位置"为100%的色标颜色为（C:83，M:62，Y:100，K:44），"填充宽度"为83.673%、"垂直偏移"为0.002%、"旋转"为-80.8°，接着单击"确定"按钮 ![确定]，如图9-91所示。

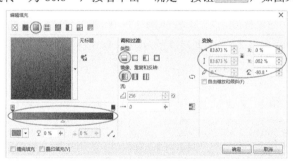

图9-90

图9-91

07 使用"调和工具" ![icon] 拖动耳洞的调和效果，如图9-92所示，然后将调和好的耳洞组合对象，再复制一份进行水平镜像，接着拖曳到另一边的耳朵上，如图9-93所示，最后将文字拖曳到绿色文字上方，如图9-94所示。

图9-92

图9-93

图9-94

08 下面绘制背景。双击"矩形工具" ![icon] 创建与页面等大的矩形，填充颜色为（C:0，M:0，Y:60，K:0），再单击鼠标右键去掉轮廓线，如图9-95所示，然后使用"钢笔工具" ⬚绘制藤蔓，如图9-96所示。双击"渐层工具" ◈，在"编辑填充"对话框中选择"渐变填充"方式，设置"类型"为"线性渐变填充"，再设置"节点位置"为0%的色标颜色为（C:0，M:0，Y:40，K:0）、"节点位置"为100%的色标颜色为（C:45，

M:6，Y:100，K:0），"填充宽度"为85.431%、"水平偏移"为-.171%、"垂直偏移"为-7.285%、"旋转"为90.3°，接着单击"确定"按钮 确定 完成填充，如图9-97所示，最后单击右键去掉轮廓线，效果如图9-98所示。

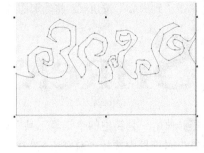

图9-95

图9-96

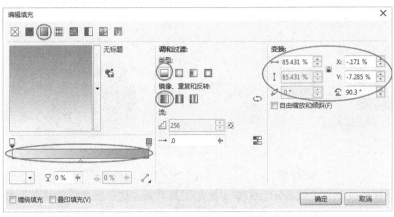

图9-97

图9-98

09 复制一份水平镜像，双击"渐层工具" ◈，然后在"编辑填充"对话框中选择"渐变填充"方式，设置"类型"为"线性渐变填充"，再设置"节点位置"为0%的色标颜色为（C:0，M:0，Y:60，K:0）、"节点位置"为100%的色标颜色为（C:44，M:18，Y:98，K:0），"填充宽度"为85.431%、"水平偏移"为-.171%、"垂直偏移"为-7.285%、"旋转"为90.3°，接着单击"确定"按钮 确定 完成填充，如图9-99所示，效果如图9-100所示。

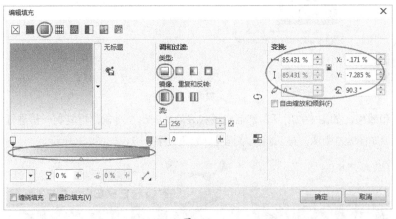

图9-99

图9-100

10 复制一份向下进行缩放，然后进行水平翻转，然后在"编辑填充"对话框中选择"渐变填充"方式，更改"旋转"为88.8°，再设置"节点位置"为100%的色标颜色为（C:40，M:0，Y:100，K:0），接着单击"确定"按钮 确定 完成填充，如图9-101所示，最后将前面绘制的标题字拖曳到页面上方，如图9-102所示。

图9-101   图9-102

⓫ 导入教学资源中的"素材文件>CH09>04.psd"文件，然后将对象拖曳到页面下方，如图9-103所示，接着使用"钢笔工具"[✎]绘制人物轮廓，再置于图像后面，如图9-104所示,最后填充颜色为白色去掉轮廓线，如图9-105所示。

图9-103   图9-104   图9-105

⓬ 单击工具箱中的"螺纹工具"[◎]，在属性栏设置"螺纹回圈"为2，再绘制螺纹，如图9-106所示，然后复制排列在背景上，最终效果如图9-107所示。

图9-106   图9-107

9.3 变形效果

　　"变形工具"[◎]可以将图形通过拖曳进行不同效果的变形，CorelDRAW X7为用户提供了推拉变形、拉链变形、扭曲变形3种变形方法，丰富变形效果。

9.3.1 应用变形效果

　　对图形应用变形效果的具体方法如下。

1.推拉变形

　　"推拉变形"效果可以通过手动拖曳的方式，将对象边缘进行推进或拉出操作。

绘制一个星形，在属性栏设置"点数或边数"为7，单击"变形工具"，再单击属性栏"推拉变形"按钮将变形样式转换为推拉变形。然后将光标移动到星形中间位置，按住左键进行水平方向拖曳，最后松开左键完成变形。

在进行拖曳变形时，向左边拖曳可以使轮廓边缘向内推进，如图9-108所示，向右边拖曳可以使轮廓边缘从中心向外拉出，如图9-109所示。

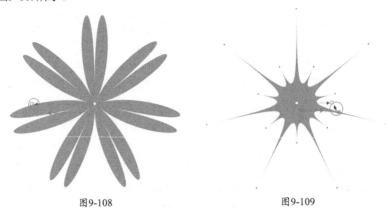

| 图9-108 | 图9-109 |

在水平方向移动的距离决定推进和拉出的距离和程度，在属性栏也可以进行设置。

单击"变形工具"，再单击属性栏"推拉变形"按钮，属性栏变为推拉变形的相关设置，如图9-110所示。

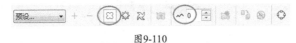

图9-110

"推拉变形工具"的属性参数介绍

* 预设列表：系统提供的预设变形样式，可以在下拉列表选择预设选项，如图9-111所示。

* 推拉变形：单击该按钮可以激活推拉变形效果，同时激活推拉变形的属性设置。

* 添加新的变形：单击该按钮可以将当前变形的对象转为新对象，然后进行再次变形。

* 推拉振幅：在后面的文本框中输入数值，可以设置对象推进拉出的程度。输入数值为正数则向外拉出，最大为200；输入数值为负数则向内推进，最小为-200。

* 居中变形：单击该按钮可以将变形效果居中放置，如图9-112所示。

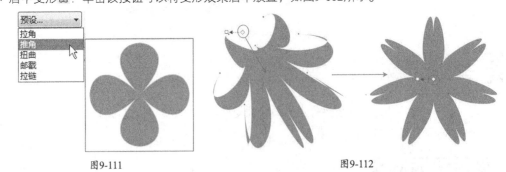

| 图9-111 | 图9-112 |

2.拉链变形

"拉链变形"效果可以通过手动拖曳的方式，将对象边缘调整为尖锐锯齿效果操作，可以通过移动拖曳线上的滑块来增加锯齿的个数。

绘制一个圆，然后单击"变形工具"，再单击属性栏"拉链变形"按钮将变形样式转换为拉链变形。

接着将光标移动到正圆中间位置，按住左键向外进行拖曳，出现蓝色实线进行预览变形效果，最后松开左键完成变形，如图9-113所示。

图9-113

变形后移动调节线中间的滑块可以添加尖角锯齿的数量，如图9-114所示。可以在不同的位置创建变形，如图9-115所示。也可以增加拉链变形的调节线，如图9-116所示。

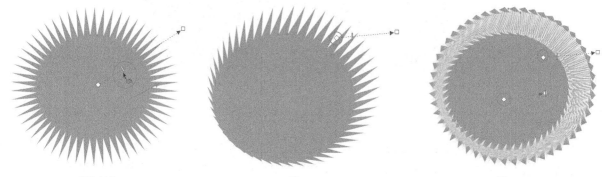

图9-114   图9-115   图9-116

单击"变形工具" ，再单击属性栏"拉链变形"按钮 ，属性栏变为拉链变形的相关设置，如图9-117所示。

图9-117

"拉链变形工具"的属性参数介绍

★ 拉链变形 ：单击该按钮可以激活拉链变形效果，同时激活拉链变形的属性设置。

★ 拉链振幅 ：用于调节拉链变形中锯齿的高度。

★ 拉链频率 ：用于调节拉链变形中锯齿的数量。

★ 随机变形 ：激活该图标，可以将对象按系统默认方式随机设置变形效果，如图9-118所示。

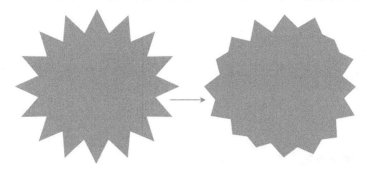

图9-118

★ 平滑变形 ：激活该图标，可以将变形对象的节点平滑处理，如图9-119所示。

229

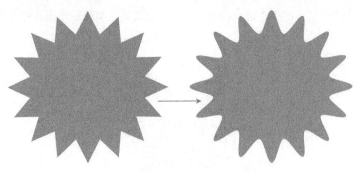

图9-119

* 局限变形⊠：激活该图标，可以随着变形的进行，降低变形的效果，如图9-120所示。

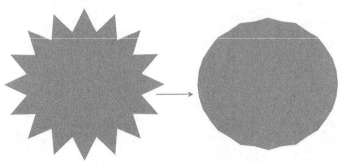

图9-120

3.扭曲变形

"扭曲变形"效果可以使对象绕变形中心进行旋转，产生螺旋状的效果，可以用来制作墨迹效果。

绘制一个星形，单击"变形工具"⊡，再单击属性栏"扭曲变形"按钮⚙将变形样式转换为扭曲变形。

将光标移动到星形中间位置，按住左键向外进行拖曳确定旋转角度的固定边，如图9-121所示。然后不放开左键直接拖动旋转角度，再根据蓝色预览线确定扭曲的形状，接着松开左键完成扭曲，如图9-122所示。在扭曲变形后还可以添加扭曲变形，使扭曲效果更加丰富，可以利用这种方法绘制旋转的墨迹，如图9-123所示。

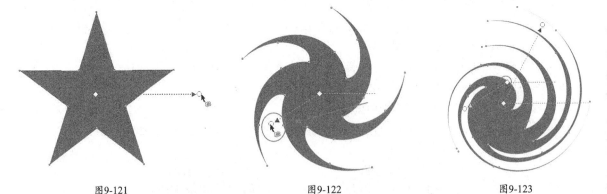

图9-121   图9-122   图9-123

单击"变形工具"⊡，再单击属性栏"扭曲变形"按钮⊡，属性栏变为扭曲变形的相关设置，如图9-124所示。

图9-124

"扭曲变形工具"的属性参数介绍

* 扭曲变形⊠：单击该按钮可以激活扭曲变形效果，同时激活扭曲变形的属性设置。

* 顺时针旋转◵：激活该图标，可以使对象按顺时针方向进行旋转扭曲。

* 逆时针旋转◯：激活该图标，可以使对象按逆时针方向进行旋转扭曲。

* 完整旋转◯◯：在后面的文本框中输入数值，可以设置扭曲变形的完整旋转次数，如图9-125所示。

* 附加度数 356：在后面的文本框中输入数值，可以设置超出完整旋转的度数。

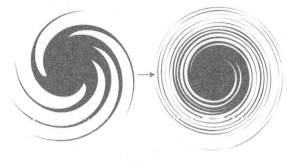

图9-125

9.3.2 清除变形效果

清除对象上应用的变形效果，可使对象恢复为变形前的状态，使用"变形工具"◯单击需要清除变形效果的对象，执行"效果>清除变形"菜单命令或单击属性栏中的"清除变形"按钮◯即可，如图9-126所示。

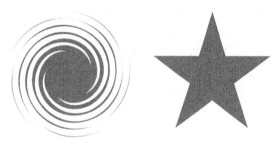

图9-126

9.3.3 实例：绘制万花筒花纹

实例位置	实例文件>CH09>实战：绘制万花筒花纹.cdr
素材位置	素材文件>CH09>05.jpg
实用指数	★★★★☆
技术掌握	变形工具的运用方法

万花筒效果如图9-127所示。

图9-127

01 新建空白文档，设置文档名称为"万花筒"，然后设置页面大小的"宽"为55mm、"高"为55mm。

02 单击工具箱中的"复杂星形工具"⚙绘制一个复杂星形，填充颜色为（C:40，M:100，Y:0，K:0），如图9-128所示，然后单击工具箱中的"变形工具"⚙选中对象，在属性栏上单击"预设列表"下拉菜单，选择"扭曲"进行变形，如图9-129所示。

03 单击工具箱中的"复杂星形工具"⚙绘制一个复杂星形，填充颜色为黄色，然后单击工具箱中的"变形工具"⚙选中对象，在属性栏上单击"预设列表"下拉菜单，选择"邮戳"进行变形，如图9-130所示。

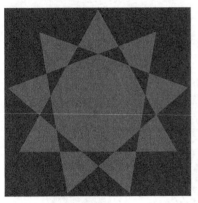

图9-128

图9-129

图9-130

04 单击工具箱中的"复杂星形工具"⚙绘制一个复杂星形，填充颜色为（C:100，M:20，Y:0，K:0），然后单击工具箱中的"变形工具"⚙选中对象，在属性栏上单击"预设列表"下拉菜单，选择"推角"进行变形，如图9-131所示。

05 单击工具箱中的"复杂星形工具"⚙绘制一个复杂星形，填充颜色为白色，然后单击工具箱中的"变形工具"⚙选中对象，在属性栏上单击"预设列表"下拉菜单，选择"拉角"进行变形，如图9-132所示。

图9-131

图9-132

06 选中以上绘制的所有图形，进行居中对齐，然后适当调整大小，如图9-133所示，接着导入教学资源中的"素材文件>CH09>05.jpg"文件，适当调整大小与位置，最终效果如图9-134所示。

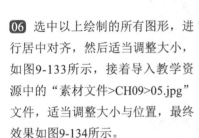

图9-133

图9-134

9.4 透明效果

透明效果经常运用于书籍装帧、排版、海报设计、广告设计和产品设计等领域中。使用CorelDRAW X7提供的"透明度工具"可以将对象转换为半透明效果,也可以拖曳为渐变透明效果,通过设置可以得到丰富的透明效果,方便用户进行绘制。

9.4.1 创建透明效果

为对象应用透明效果,可通过以下的操作步骤来完成。

使用"选择工具"选中图形对象,将工具切换到"透明度工具",在属性栏的"透明度类型"中选择"均匀透明度"为例,如图9-135所示,此时对象中的透明度效果创建完成。

图9-135

9.4.2 编辑透明效果

应用透明度效果后,可通过属性栏和手动调节的方式来调整对象的透明度效果。

1.均匀透明度

选中添加透明度的对象,如图9-136所示。然后单击"透明度工具",在属性栏中选择"均匀透明度"再通过调整"透明度"来设置透明度大小,如图9-137所示。调整后效果如图9-138所示。

| 图9-136 | 图9-137 | 图9-138 |

创建均匀透明度效果常运用在杂志书籍设计中,可以为文本添加透明底色、丰富图片效果和添加创意。用户可以在属性栏进行相关设计,使添加的效果更加丰富。

技巧与提示

创建均匀透明度不需要拖动透明度范围线,直接在属性栏进行调节就可以。

2.渐变透明度

单击"透明度工具",光标后面会出现一个形状,然后将光标移动到绘制的矩形上,光标所在的位置为渐变透明度的起始点,透明度为0,如图9-139所示,接着按住左键向左边进行拖动渐变范围,黑色方块是渐变透明度的结束点,该点的透明度为100,如图9-140所示。

图9-139

图9-140

松开左键，对象会显示渐变效
果，然后拖曳中间的"透明度中心
点"滑块可以调整渐变效果，如图
9-141所示。调整完成后效果如图
9-142所示。

图9-141 图9-142

图9-143 图9-144

创建渐变透明度可以灵活运用在产品设计、海报设计、Logo设计等领域，可以达到添加光感的作用。

渐变的类型包括"线性渐变透明度""椭圆形渐变透明度""锥形渐变透明度""矩形渐变透明度"4
种，用户可以在属性栏中进行切换，绘制方式相同。

3.图样透明度

选中添加透明度的对象，然后单击"透明度工具" ，在属性栏中
选择"向量图样透明度"，再选取合适的图样，接着通过调整"前景透
明度"和"背景透明度"来设置透明度大小，如图9-145所示，调整后效
果如图9-146所示。

图9-145 图9-146

调整图样透明度矩形范围线上的白色圆点，可以调整添加的图样大小，矩形范围线越小图样越小，如图
9-147所示，范围越大图样越大，如图9-148所示。调整图样透明度矩形范围线上的控制柄，可以编辑图样的倾
斜旋转效果，如图9-149所示。

图9-147 图9-148 图9-149

创建图样透明度，可以进行美化图片或为文本添加特殊样式的底图等操作，利用属性栏的设置达到丰富的效果。图样透明度包括"向量图样透明度""位图图样透明度""双色图样透明度"3种方式，在属性栏中进行切换，绘制方式相同。

4.底纹透明度

选中添加透明度的对象，然后单击"透明度工具" ，在属性栏中选择"底纹透明度"，再选取合适的图样，接着通过调整"前景透明度"和"背景透明度"来设置透明度大小，如图9-150所示。调整后效果如图9-151所示。

图9-150

图9-151

9.4.3 实例：用透明度绘制唯美效果

实例位置	实例文件>CH09>实战：用透明度绘制唯美效果.cdr
素材位置	素材文件>CH09>06.jpg、07.cdr
实用指数	★★★☆☆
技术掌握	透明度的运用方法

唯美效果如图9-152所示。

图9-152

01 新建空白文档，然后设置文档名称为"唯美效果"，接着设置页面大小"宽"为260mm、"高"为175mm。

02 导入教学资源中的"素材文件>CH09>06.jpg"文件，将图片拖曳到页面中，如图9-153所示，然后双击"矩形工具" 创建与页面等大的矩形，接着按快捷键Ctrl+Home将矩形置于顶层，填充颜色为（C:0，M:0，Y:20，K:0），如图9-154所示。

图9-153

图9-154

235

03 选中矩形单击"透明度工具" 🔲，在属性栏设置"透明度类型"为"底纹""样本库"为"样本9"，再选择"透明度图样"，如图9-155所示，然后调整矩形上低温的位置，效果如图9-156所示。

图9-155

图9-156

04 双击"矩形工具" 🔲创建与页面等大的矩形，填充颜色为（C:0，M:0，Y:60，K:0），再单击右键去掉轮廓线，然后按快捷键Ctrl+Home将矩形置于顶层，如图9-157所示，接着单击"透明度工具" 🔲，以同样的参数为矩形添加底纹透明效果，如图9-158所示。

图9-157

图9-158

05 使用"矩形工具" 🔲在页面上方绘制矩形，填充颜色为白色，再单击右键去掉轮廓线，如图9-159所示，然后使用"透明度工具" 🔲拖曳透明渐变效果，如图9-160所示。

图9-159

图9-160

06 使用"矩形工具" 🔲在页面右下方绘制矩形，在属性栏设置左边"圆角" 🔲为3mm，再填充颜色为黑色，如图9-161所示，然后单击"透明度工具" 🔲，在属性栏设置"透明度类型"为"均匀透明度""透明度"为60，效果如图9-162所示。

图9-161

图9-162

07 导入教学资源中的"素材文件>CH09>07.cdr"文件，然后取消组合对象将白色文字拖曳到页面右边矩形上，最终效果如图9-163所示。

图9-163

9.5 立体化效果

三维立体效果在logo设计、包装设计、景观设计、插画设计等领域中运用相当频繁，为了方便用户在制作过程中快速达到三维立体效果，CorelDRAW X7提供了强大的立体化效果工具，通过设置可以得到满意的立体化效果。"立体化工具"可以为线条、图形、文字等对象添加立体化效果。

9.5.1 创建立体化效果

"立体化工具"用于将立体三维效果快速运用到对象上。

选中"立体化工具" ，将光标放在对象中心，按住左键进行拖曳，出现矩形透视线预览效果，如图9-164所示，然后松开左键出现立体效果，可以移动方向改变立体化效果，如图9-165所示。效果如图9-166所示。

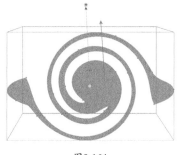 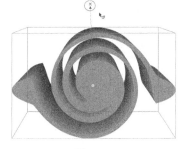 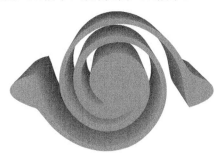

图9-164 图9-165 图9-166

9.5.2 在属性栏中设置立体化效果

在创建立体效果后，用户可以在属性栏进行参数设置，也可以执行"效果>立体化"菜单命令，在打开的"立体化"面板中进行参数设置。

"立体化工具" 的属性栏设置如图9-167所示。

图9-167

"立体化工具"的属性参数介绍

＊ 立体化类型 ：在下拉选项中选择相应的立体化类型应用到当前对象上，如图9-168所示。

图9-168

＊ 深度 ：在后面的文本框中输入数值调整立体化效果的进深程度。数值范围最大为99、最小为1，数值越大进深越深，当数值为10时，效果如图9-169所示，当数值为60时，效果如图9-170所示。

＊ 灭点坐标：在相应的x轴y轴上输入数值可以更改立体化对象的灭点位置。灭点就是对象透视线相交的消失点，变更灭点位置可以变更立体化效果的进深方向，如图9-171所示。

图10-169 图9-170 图9-171

* 灭点属性：在下拉列表中选择相应的选项来更改对象灭点属性，包括"灭点锁定到对象" "灭点锁定到页面" "复制灭点，自…" "共享灭点" 4种选项，如图9-172所示。

* 页面或对象灭点 ：用于将灭点的位置锁定到对象或页面中。

* 立体化旋转 ：单击该按钮在弹出的小面板中，将光标移动到红色"3"形状上，当光标变为抓手形状时，按住左键进行拖动，可以调节立体对象的透视角度，如图9-173所示。

* ：单击该图标可以将旋转后的对象恢复为旋转前。

* ：单击该图标可以输入数值进行精确旋转，如图9-174所示。

* 立体化颜色 ：在下拉面板中选择立体化效果的颜色模式，如图9-175所示。

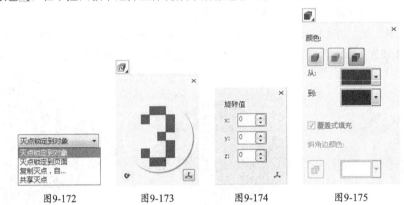

| 图9-172 | 图9-173 | 图9-174 | 图9-175 |

* 使用对象填充：激活该按钮，将当前对象的填充色应用到整个立体对象上，如图9-176所示。

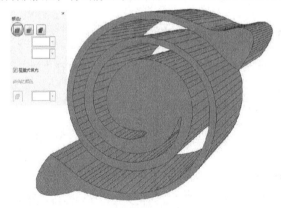

图9-176

技巧与提示

在"使用对象填充"时，删除轮廓线则显示纯色，无法分辨立体效果，如图9-177所示。添加轮廓线后则显示线描的立体效果，如图9-178所示。

图9-177

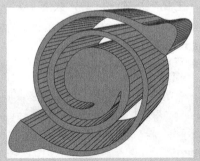

图9-178

* 使用纯色：激活该按钮，可以在下面的颜色选项中选择需要的颜色填充到立体效果上，如图9-179所示。

* 使用递减的颜色：激活该按钮，可以在下面的颜色选项中选择需要的颜色，以渐变形式填充到立体效果上，如图9-180所示。

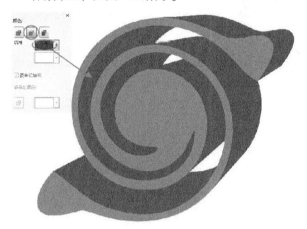

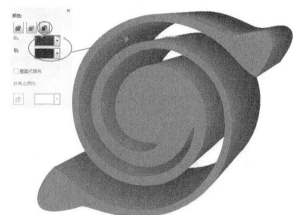

图9-179   图9-180

* 立体化倾斜 ：单击该按钮在弹出的面板中可以为对象添加斜边，如图9-181所示。

* 使用斜角修饰边：勾选该选项可以激活"立体化倾斜"面板进行设置，显示斜角修饰边。

* 只显示斜角修饰边：勾选该选项，只显示斜角修饰边，隐藏立体化效果，如图9-182所示。

* 斜角修饰边深度 ：在后面的文本框中输入数值，可以设置对象斜角边缘的深度，如图9-183所示。

图9-181   图9-182   图9-183

* 斜角修饰边角度 ：在后面的文本框中输入数值，可以设置对象斜角的角度，数值越大斜角就越大，如图9-184所示。

* 立体化照明 ：单击该按钮，在弹出面板中可以为立体对象添加光照效果，可以使立体化效果更强烈，如图9-185所示。

* 光源 ：单击可以为对象添加光源，最多可以添加3个光源进行移动，如图9-186所示。

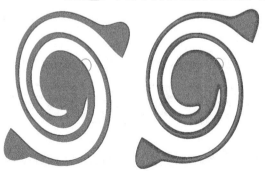 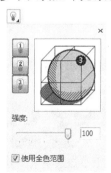 

图9-184   图9-185   图9-186

* 强度：可以移动滑块设置光源的强度。数值越大光源越亮，如图9-187。

图9-187

* 使用全色范围：勾选该选项可以让阴影效果更真实。

9.5.3 实例：用立体化绘制海报字

实例位置	实例文件>CH09>实战：用立体化绘制海报字.cdr
素材位置	素材文件>CH09>08.cdr、09.jpg
实用指数	★★★★☆
技术掌握	立体化效果的运用方法

海报字效果如图9-188所示。

图9-188

01 新建空白文档，设置文档名称为"海报字"，然后设置页面大小"宽"为209mm、"高"为146mm。

02 导入教学资源中的"素材文件>CH09>08.cdr"文件，将文字拖曳到页面中，然后拆分文字，再分别进行合并，如图9-189所示，接着将中间的"人"字向下移动，如图9-190所示。

图9-189 　　　　　　　　　　图9-190

03 双击文字，将"人"字下边垂直的两个节点选中水平方向移动，如图9-191所示，然后将人字向上缩放，与其他三个字齐平，如图9-192所示，接着调整文字之间的间距，效果如图9-193所示。

超人归来 超人归来 超人归来

图9-191　　　　　　　　　　图9-192　　　　　　　　　　图9-193

04 将文字全选进行合并，双击"渐层工具" ，然后在"编辑填充"对话框中选择"渐变填充"方式，设置"类型"为"线性渐变填充""镜像、重复和反转"为"默认渐变填充"，再设置"节点位置"为0%颜色为（C:20，M:0，Y:0，K:80）、"节点位置"13颜色为（C:0，M:0，Y:0，K:30）、"节点位置"26颜色为（C:0，M:0，Y:0，K:70）、"节点位置"45颜色为白色、"节点位置"56颜色为（C:0，M:0，Y:0，K:50）、"节点位置"74颜色为（C:0，M:0，Y:0，K:10）、"节点位置"87颜色为（C:0，M:0，Y:0，K:70）、"节点位置"100颜色为（C:0，M:0，Y:0，K:50），"填充宽度"为123.445%、"水平偏移"为1.331%、"垂直偏移"为6.38%、"旋转"为136.4°，接着单击"确定"按钮 完成填充，如图9-194所示，填充效果如图9-195所示。

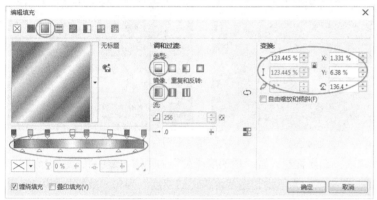

图9-194　　　　　　　　　　　　　　　　图9-195

05 使用"立体化工具" 拖动立体化效果，然后调节中间的滑块调整效果，如图9-196所示，接着导入教学资源中的"素材文件>CH09>09.jpg"文件，拖曳到页面中缩放到合适大小，如图9-197所示，最后将文字拖曳到页面下方，如图9-198所示。

图9-196

图9-197

图9-198

06 下面绘制光晕。使用"星形工具" 绘制星形，然后在属性栏设置"点数或边数"为8、"锐度"为60，如图9-199所示，接着选中星形执行"位图>转换为位图"菜单命令，打开"转换为位图"对话框，单击"确定"按钮 完成转换，如图9-200所示。

图9-199　　　　　　　　　　图9-200

241

07 选中星形，执行"位图>模糊>高斯式模糊"菜单命令，然后设置"半径"数值为40像素，单击"确定"按钮 ▭确定 完成模糊效果，如图9-201所示，效果如图9-202所示，将对象缩放，如图9-203所示。将光晕拖曳到文字上，如图9-204所示，然后将上映字体拖曳到页面上方，再复制一份拖曳到标题字上面，接着填充上方的文字颜色为黄色，标题上面的文字颜色为（C:0，M:0，Y:0，K:90），如图9-205所示。

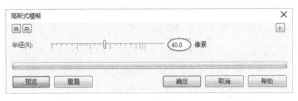

图9-201　　　　　　　　　　　　　　　　　　　　　　　　　图9-202

图9-203　　　　　　　　　　　图9-204　　　　　　　　　　　图9-205

08 选中黄色文字，然后单击"透明度工具" ，在属性栏设置"透明度类型"为"均匀透明度""透明度"为29，接着选中灰色字，在属性栏设置"透明度类型"为"均匀透明度""透明度"为50，效果如图9-206所示。

09 将主演文字拖曳到标题上方，然后填充颜色为白色，再单击"透明度工具" ，在属性栏设置"透明度类型"为"均匀透明度""透明度"为31，如图9-207所示，将发行商拖曳到页面中一份。

10 将发行商拖曳到页面中复制一份，然后填充文字颜色为（C:0，M:0，Y:0，K:20），再填充复制对象的颜色为黑色，接着选中对象单击"透明度工具" ，在属性栏设置"透明度类型"为"均匀透明度""透明度"为50，如图9-208所示。

图9-206　　　　　　　　　　　图9-207　　　　　　　　　　　图9-208

11 把导演文字拖曳到页面中，填充颜色为（C:0，M:0，Y:0，K:20），单击"透明度工具" ，在属性栏设置"透明度类型"为"均匀透明度""透明度"为50，最终效果如图9-209所示。

图9-209

9.6 阴影效果

阴影效果是绘制图形中不可缺少的，使用阴影效果可以使对象产生光线照射、立体的视觉感受。

CorelDRAW X7为用户提供方便的创建阴影的工具，可以模拟各种光线的照射效果，也可以对多种对象添加阴影，包括位图、矢量图、美工文字、段落文本等。

9.6.1 创建阴影效果

为对象创建交互式阴影效果，可通过以下的操作方法来完成。

选中要创建阴影效果的对象，单击工具箱中的"阴影工具"，在图形对象上按住鼠标左键不放，拖曳鼠标到适当位置，释放鼠标后，即可为对象创建阴影效果，如图9-210所示。

图9-210

技巧与提示

在对象的中心按下鼠标左键并拖曳鼠标，可创建与对象相同形状的阴影效果，在对象的边线上按下鼠标左键并拖曳鼠标，可创建具有透视的阴影效果。

9.6.2 在属性栏中设置阴影效果

"阴影工具" ⬚的属性栏设置，如图9-211所示。

图9-211

"阴影工具"的属性参数介绍

＊阴影偏移：在x轴和y轴后面的文本框输入数值，设置阴影与对象之间的偏移距离，正数为向上向右偏移，负数为向左向下偏移。"阴影偏移"在创建无角度阴影时才会激活，如图9-212所示。

图9-212

＊ 阴影角度 □ 40 ＋：在后面的文本框输入数值，设置阴影与对象之间的角度。该设置只在创建呈角度透视阴影时激活，如图9-213所示。

图9-213

＊ 阴影的不透明度 ♀ 22 ＋：在后面的文本框输入数值，设置阴影的不透明度。值越大颜色越深，如图9-214所示；值越小颜色越浅，如图9-215所示。

图9-214

图9-215

＊ 阴影羽化 ∅ 2 ＋：在后面的文本框输入数值，设置阴影的羽化程度。

＊ 羽化方向：单击该按钮在弹出的选项中，选择羽化的方向。包括"向内""中间""向外""平均"4种方式，如图9-216所示。

＊ 向内：单击该选项，阴影从内部开始计算羽化值，如图9-217所示。

图9-216 　　　　　　　　　　　　　　　　　图9-217

＊ 中间：单击该选项，阴影从中间开始计算羽化值，如图9-218所示。

图9-218

＊ 向外：单击该选项，阴影从外开始计算羽化值，形成的阴影柔和而且较宽，如图9-219所示。

图9-219

＊ 平均：单击该选项，阴影以平均状态介于内外之间进行计算羽化，是系统默认的羽化方式，如图9-220所示。

CorelDRAW X7

图9-220

* 羽化边缘：单击该按钮在弹出的选项中，选择羽化的边缘类型。包括"线性""方形的""反白方形""平面"4种方式，如图9-221所示。

* 线性：单击该选项，阴影以边缘开始进行羽化，如图9-222所示。

CorelDRAW X7

图9-221    图9-222

* 方形的：单击该选项，阴影从边缘外进行羽化，如图9-223所示。

CorelDRAW X7

图9-223

* 反白方形：单击该选项，阴影以边缘开始向外突出羽化，如图9-224所示。

CorelDRAW X7

图9-224

* 平面：单击该选项，阴影以平面方式不进行羽化，如图9-225所示。

CorelDRAW X7

图9-225

* 阴影淡出：用于设置阴影边缘向外淡出的程度。在后面的文本框输入数值，最大值为100，最小值为0，值越大向外淡出的效果越明显，如图9-226和图9-227所示。

图9-226

245

图9-227

* 阴影延展 50 ÷ : 用于设置阴影的长度。在后面的文本框输入数值，数值越大阴影的延伸越长，如图9-228所示。

图9-228

* 透明度操作：用于设置阴影和覆盖对象的颜色混合模式。可在下拉选项中选择进行设置，如图9-229所示。

* 阴影颜色：用于设置阴影的颜色，在后面的下拉选项中选取颜色进行填充。填充的颜色会在阴影方向线的终端显示，如图9-230所示。

图9-229   图9-230

9.6.3 分离与清除阴影

用户可以将对象和阴影分离成两个相互独立的对象，分离后的对象仍保持原有的颜色和状态不变。

要将对象与阴影分离，在选择整个阴影对象后，按下快捷键Ctrl+K即可。分离阴影后，使用工具箱中的"选择工具"移动图形或阴影对象，可以看到对象与阴影分离后的效果。

清除阴影效果与清除其他效果的方法相似，只需要选择整个阴影对象，执行"效果>清除阴影"菜单命令或单击属性栏上的"清除阴影"按钮即可。

9.6.4 实例：绘制阴影字体

实例位置	实例文件>CH09>实战：绘制阴影字体.cdr
素材位置	素材文件>CH09>10.cdr
实用指数	★★★★☆
技术掌握	阴影的运用方法

阴影字体效果如图9-231所示。

图9-231

01 新建空白文档，设置文档名称为"阴影字体"，然后设置页面大小为A4。

02 单击工具箱中的"矩形工具" □绘制一个矩形，双击"渐层工具"打开"编辑填充"对话框，选择"渐变填充"方式，设置"类型"为"线性渐变填充"，再设置"节点位置"为0%的色标颜色为（C:24，M:18，Y:17，K:0）、"节点位置"为25%的色标颜色为（C:20，M:15，Y:15，K:0）、"节点位置"为100%的色标颜色为白色，"填充宽度"为100%、"水平偏移"为100%、"旋转"为180°，接着单击"确定"按钮 确定，效果如图9-232所示。

03 导入教学资源中的"素材文件>CH09>10.cdr"文件，将文字拖曳到页面中，适当调整位置，如图9-233所示。

04 单击工具箱中的"阴影工具" □，在属性栏上单击"预设列表"下拉菜单，选择"透视右上"，然后适当调整阴影位置，接着设置"阴影角度"为78°、"阴影延展"为50、"阴影的不透明度"为45、"阴影羽化"为3、"阴影颜色"为黑色、"合并模式"为乘，最终效果如图9-234所示。

图9-232   图9-233   图9-234

9.7 封套效果

在字体、产品、景观等设计中，有时需要将编辑好的对象调整为封套效果，来增加视觉美感。使用"形状工具"修改形状会比较麻烦，而利用封套可以快速创建逼真的透视效果，使用户在转换三维效果的创作中更加灵活。

9.7.1 创建封套效果

"封套工具"用于创建不同样式的封套来改变对象的形状。

使用工具箱中的"封套工具" □单击对象，在对象外面自动生成一个蓝色虚线框，如图9-235所示，然后左键拖曳虚线上的封套控制节点来改变对象形状，如图9-236所示。

图9-235　　　　　　　　　　　　　　　图9-236

在使用封套改变形状时，可以根据需要选择相应的封套模式，CorelDRAW X7为用户提供了"直线模式""单弧模式""双弧模式"3种封套类型。

9.7.2　编辑封套效果

在对象四周出现封套编辑框后，可以结合该工具属性栏对封套形状进行编辑。"封套工具" 的属性栏设置如图9-237所示。

图9-237

"封套工具"的属性参数介绍

＊选取范围模式：用于切换选取框的类型。在下拉现象列表中包括"矩形"和"手绘"两种选取框。

＊直线模式：激活该图标，可应用由直线组成的封套改变对象形状，为对象添加透视点，如图9-238所示。

＊单弧模式：激活该图标，可应用单边弧线组成的封套改变对象形状，使对象边线形成弧度，如图9-239所示。

＊双弧模式：激活该图标，可用S形封套改变对象形状，使对象边线形成S形弧度，如图9-240所示。

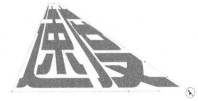

图9-238　　　　　　　　　　　图9-239　　　　　　　　　　　图9-240

＊非强制模式：激活该图标，将封套模式变为允许更改节点的自由模式，同时激活前面的节点编辑图标，如图9-241所示。选中封套节点可以进行自由编辑。

图9-241

＊添加新封套：在使用封套变形后，单击该图标可以为其添加新的封套，如图9-242所示。

＊映射模式：选择封套中对象的变形方式。在后面的下拉选项中进行选择，如图9-243所示。

＊保留线条：激活该图标，在应用封套变形时直线不会变为曲线，如图9-244所示。

图9-242　　　　　　　　　　图9-243　　　　　　　　　　　图9-244

* 创建封套自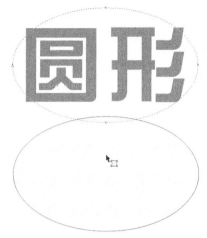：单击该图标，当光标变为箭头时在图形上单击，可以将图形形状应用到封套中，如图9-245所示。

图9-245

在封套控制线上添加节点的3种方法如下。

第1种：直接在封套控制线上需要添加节点的位置上双击鼠标左键。

第2种：在需要添加节点的位置上单击鼠标左键，按+键。

第3种：在封套控制线上需要添加节点位置上单击鼠标左键，然后单击属性栏中的"添加节点"按钮，即可。

在编辑封套的过程中，如果需要删除封套中的节点，可通过以下的两种方法来完成。

第1种：直接双击需要删除的封套节点。

第2种：选择需要删除的节点后，按Delete键或-键，也可单击属性栏上的"删除节点"按钮，即可将节点删除。

封套效果不仅应用于单个的图形和文本对象，用户可以更方便地在实际的设计工作中进行变形对象的操作。

9.7.3 实例：用封套绘制变形字体

实例位置	实例文件>CH09>实战：用封套绘制变形字体.cdr
素材位置	素材文件>CH09>11.jpg
实用指数	★★★★☆
技术掌握	封套效果的运用方法

变形字体效果如图9-246所示。

图9-246

01 新建空白文档，设置文档名称为"阴影字体"，然后设置页面大小的"宽"为178mm、"高"为239mm。

02 导入教学资源中的"素材文件>CH09>11.jpg"文件，适当调整大小与位置，如图9-247所示。

03 单击工具箱中的"文本工具" 🄭输入美术文本，设置"字体"为Asenine、"字体大小"为29pt，填充颜色为霓虹粉，如图9-248所示。

04 选中美术文本，单击工具箱中的"封套工具" 🄰，对对象进行变形，然后适当调整位置，最终效果如图9-249所示。

图9-247　　　　　　　　　　　　　图9-248　　　　　　　　　　　　　图9-249

9.8 透视效果

透视效果可以将平面对象通过变形达到立体透视效果，常运用于产品包装设计、字体设计和一些效果处理上，为设计提升视觉感受。

选中添加透视的对象，如图9-250所示，在菜单栏执行"效果>添加透视"菜单命令，如图9-251所示，在对象上生成透视网格，然后移动网格的节点调整透视效果，如图9-252所示，调整后效果如图9-253所示。

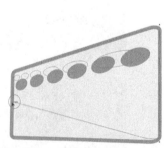

图9-250　　　　　　　　图9-251　　　　　　　　图9-252　　　　　　　　图9-253

技巧与提示

透视效果只能运用在矢量图形上，位图无法添加透视效果。

9.9 透镜效果

透镜效果可以运用在图片显示效果中，可以将对象颜色、形状进行调整到需要的效果，广泛运用在海报设计、书籍设计和杂志设计中，来体现一些特殊效果。

执行"窗口>泊坞窗>效果>透镜"菜单命令或者按快捷键Alt+F3，打开"透镜"面板，用户可以在透镜类型下拉列表中选择需要的透镜类型，如图9-254所示。

虽然每一个类型的透镜所需要设置的参数选项不同，但"冻结""视点"和"移除表面"复选框却是所有类型的透镜都必须设置的参数。

图9-254

"透镜"面板的参数介绍

* 冻结：选择该复选框后，可以将应用透镜效果对象下面的其他对象所产生的效果添加成透镜效果的一部分，不会因为透镜或者对象的移动而改变该透镜效果。

* 视点：选择该复选框后，在不移动透镜的情况下，只打开透镜下面对象的一部分。

* 移除表面：选择该复选框后，透镜效果只显示该对象与其他对象重合的区域，而被透镜覆盖的其他区域则不可见。

* 无透镜效果：不应用透镜效果，如图9-255所示。

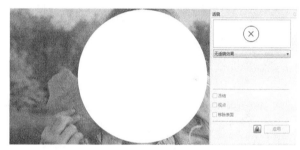

图9-255

* 变亮：允许使对象区域变亮和变暗，还可以设置亮度或暗度的比率，如图9-256和图9-257所示。

图9-256

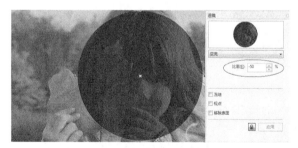

图9-257

* 颜色添加：允许模拟加色光线模型。透镜下的对象颜色与透镜的颜色相加，就像混合了光线的颜色，如图9-258所示。

* 色彩限度：仅允许用黑色和透过的透镜颜色查看对象区域，如图9-259所示。

图9-258

图9-259

* 自定义彩色图：允许将透镜下方对象区域的所有颜色改为介于指定的两种颜色之间的一种颜色，如图9-260所示。用户可选择这个颜色的范围的起始色和结束色，以及这两种颜色的渐进。在"颜色范围选项"的下拉列表中可以选择范围，包括"直接调色板""向前的彩虹""反转的彩虹"，后两种效果如图9-261和图9-262所示。

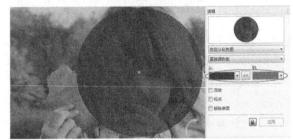

图9-260

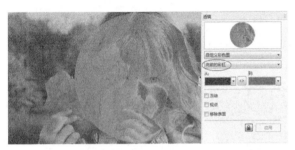

图9-261

图9-262

* 鱼眼：允许根据指定的百分比变形、放大或缩小透镜下方的对象，如图9-263和图9-264所示。

图9-263

图9-264

* 热图：允许通过在透镜下方的对象区域中模仿颜色的冷暖度等级，来创建红外图像的效果，如图9-265和图9-266所示。

图9-265

图9-266

＊ 反转: 允许将透镜下方的颜色变为其CMYK的互补色, 互补色是色轮上互为相对的颜色, 如图9-267所示。

＊ 放大: 指定放大对象上的某个区域, 放大透镜取代原始对象填充, 使对象看起来是透明的, 如图9-268所示。

图9-267

图9-268

＊ 灰度浓淡: 将透镜下方对象区域的颜色变为其等值的灰度, 如图9-269所示。

＊ 透明度: 使对象看起来像着色胶片或彩色玻璃, 如图9-270所示。

图9-269

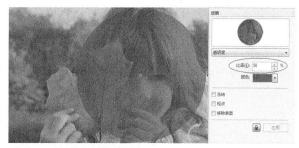

图9-270

＊ 线框: 用所选的轮廓或填充色显示透镜下方的对象区域, 如图9-271所示。

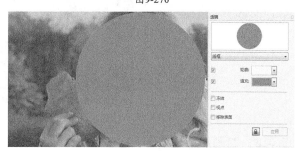

图9-271

技巧与提示

需要注意的是, 不能将透镜效果直接应用与链接群组, 如勾画轮廓线的对象、斜角修饰边对象、立体化对象、阴影、段落文本或用"艺术笔"工具创建。

9.10 本章练习

练习1: 绘制甜品宣传海报

素材位置	素材文件>CH09>12.cdr、13.psd、14.jpg、15. jpg ~19. jpg、20cdr
实用指数	★★★★☆
技术掌握	阴影效果的使用方法

运用本章所学习的阴影效果, 用阴影工具绘制甜品宣传海报, 如图9-272所示。

图9-272

练习2：绘制立体字

素材位置	素材文件>CH09>21.cdr、22.psd
实用指数	★★★★☆
技术掌握	立体化效果和阴影效果的使用方法

运用本章所学的立体化效果和阴影效果，结合前面所学处理文本的知识，绘制立体字，如图9-273所示。

图9-273

练习3：绘制油漆广告

素材位置	素材文件>CH14>23.cdr、24.cdr
实用指数	★★★★☆
技术掌握	透明度效果的使用方法

运用本章所学透明度效果，绘制油漆广告，如图9-274所示。

图9-274

第10章
图层、样式和模板

在CorelDRAW中，图层和样式都是用来管理和处理对象的工具，比如使用图层来管理对象，用户可以将这些对象组织在不同的图层中，以便更加灵活地编辑对象；而样式则可以控制对象外属性的集合，分为图形样式、文本样式和颜色样式。模板是一组可以控制绘图布局、页面布局和外观样式的设置，用户可以从CorelDRAW提供的多种预设模板中选择一种可用的模板，如果预设模板不能满足绘图要求，则可以自己创建模板。合理使用这些工具，可以大大提高设计师的创作效率。

学习要点

❖ 使用图层控制对象
❖ 样式和样式集
❖ 颜色样式
❖ 模板的创建和运用

10.1 使用图层控制对象

在CorelDRAW中控制和管理图层的操作都是通过"对象管理器"面板完成的。默认状态下，每个新创建的文件都由默认页面和主页面构成。默认页面包含辅助线图层和图层1，辅助线图层用于存储页面上的特定的辅助线。图层1是默认的局部图层，在没有选择其他相同的图层时，在工作区中绘制的对象都将添加到图层1上。

主页面包含应用于当前文档中所有的页面信息。默认状态下，主页面可包含辅助线图层、桌面图层和网格图层，如图10-1所示。

图10-1

"主页面"面板的参数介绍

* 辅助线图层：包含用于文档中所有页面的辅助线。

* 桌面图层：包含绘图页面边框外的对象，该图层创建以后可能要使用的绘图。

* 网格图层：包含用于文档中所有页面网格，该图层始终位于图层底部。

执行"窗口>泊坞窗>对象管理器"菜单命令，打开"对象管理器"面板，如图10-2所示，单击"对象管理器"面板右上角的按钮▶，打开菜单，如图10-3所示。

图10-2

图10-3

"对象管理器"面板的参数介绍

* 显示或隐藏：单击 👁 图标，可以隐藏图层。隐藏图层后，👁 图标将变成 👁 状态，单击 👁 图标，又可显示图层。

* 启用还是禁用打印和导出：单击 🖨 图标，可以禁用图层的打印和导出，此时 🖨 图标将变为 🖨 状态。禁用打印和导出图层后，可防止该图层中的内容被打印或导出到绘图中，也防止在全屏预览中显示。单击 🖨 图标，又可启用图层的打印和导出。

* 锁定或解锁：单击 ✏ 图标，可锁定图层，此时图标将变为 🔒 状态。单击 🔒 图标，可解除图层的锁定，使图层称为可编辑状态。

* 在"对象管理器"面板的菜单中，各命令的功能如下。

* 新建图层：选择该命令，可新建一个图层。

* 新建主图层（所有页）：选择该命令，可新建一个主图层。

* 新建主图层（奇数页/偶数页）：选择该命令，可新建一个只出现在奇数页或偶数页的主图层，方便在进行多页的内容文档编辑时，为奇数或偶数页添加不同的标头、页码等。

＊删除图层：选中需要删除的图层，选择该命令，可以将所选的图层删除。

＊移到图层：选中需要移动的对象，选择"移到图层"命令，单击目标图层，即可将所选的对象移动到目标图层中。

＊复制到图层：选中需要复制的对象，选择"复制到图层"命令，单击目标图层，即可将所选的对象复制到目标图层中。

＊插入页面：选中该命令，可以打开"插入页面"对话框，根据需要设置在文档中的当前页面之前或之后插入指数数量的页面。

＊再制页面：选中该命令，可以打开"再制页面"对话框，根据需要设置在文档中当前页面之前或之后插入新的页面，对当前页面中的图层或图层内容进行复制。

＊删除页面：选中该命令，删除当前所选页面。

＊显示（隐藏）对象属性：选中该命令，显示（隐藏）对象的详细信息。

＊跨图层编辑：当该命令为勾选状态时，可允许编辑所有的图层。当取消该命令的勾选时，只允许编辑活动图层，也就是所选图层。

＊扩展为显示选定对象：选中该对象，显示选定对象。

＊显示页面和图层：选中该命令，"对象管理器"面板内同时显示页面和图层。

＊显示页面：选中该命令，"对象管理器"面板内只显示页面。

＊显示图层：选中该命令，"对象管理器"面板内只显示图层。

10.1.1 新建和删除图层

要新建图层，可在"对象管理器"面板中单击"新建图层"按钮，即可创建一个新的图层，同时在出现文字编辑框中可以修改图层的名称。默认状态下，新建图层以"图层2"命名。

如果要在主页面中创建新的主图层，可单击"对象管理器"面板左下角的"新建主图层（所有页）"按钮即可，如图10-4所示。在进行多页内容的编辑时，也可以根据需要只在奇数页或偶数页创建主图层。

在绘图过程中，如果要删除不需要的图层，可在"对象管理器"面板中单击需要删除的图层名称，此时被选中的图层名称将以红色粗体显示，表示该图层为活动图层，然后单击该面板中的"删除"按钮，或者按下Delete键，即可将选中的图层删除。

图10-4

技巧与提示

默认页面不能被删除或复制，同时辅助线图层、桌面图层和网格图层不能被删除。如果需要删除的图层被锁定，那么必须将该图层解锁后，才能将其删除。在删除图层时，将同时删除该图层上的所有对象，如果要保留该图层上的对象，可先将对象移动到另一个图层上，然后再删除当前图层。

10.1.2 在图层中添加对象

要在指定的图层中添加对象，首先需要保证该图层处于未锁定状态。如果图层被锁定，可在"对象管理器"面板中单击图层前的解锁图标 ，将其解除，然后在图层名称上单击，使该图层成为选取状态，如图10-5所示。接下来在CorelDRAW X7中绘制、导入或粘贴CorelDRAW中的对象，都会被放置在该图层中，如图10-6所示。

图10-5

图10-6

10.1.3 为新建的主图层添加对象

在新建主图层时，主图层始终都将添加到主页面中，并且添加到主图层上的内容在文档的所有页面上都可见。用户可以将一个或多个图层添加到主页面，以保留这些页面具有相同的页眉、页脚或静态背景等内容。

要为新建的主图层添加对象的操作方法如下。

单击"对象管理器"面板左下角的"新建主图层"按钮，新建一个主图层，为"图层1"，如图10-7所示，单击工具栏中的"导入"按钮，导入图像，将图像添加到主图层"图层1"中，如图10-8所示。在页面标签栏中单击按钮，为当前文件插入一个新的页面，得到一个新的页面，执行"视图>页面排序器视图"菜单命令，可以同时查看页面的两个内容，如图10-9所示。

图10-7

图10-8

页1

页2

图10-9

10.1.4 在图层中移动和复制对象

在"对象管理器"面板中，可以移动图层的位置或者将对象移动到不同的图层中，也可以将选中的对象复制到不同的图层中。移动和复制对象的操作方法如下3种。

第1种：要移动图层，可在图层名称上单击，将需要移动的图层选中，然后将该图层拖曳到新的位置即可，如图10-10所示。

第2种：要移动对象到新的图层，可在选择对象所在的图层后，单击图层名称左边的图标，展开该图层的所有子图层，然后选择所要移动的对象移动到指定的图层中。

第3种：要在不同图层之间复制对象，可在"对象管理器"面板中，单击需要复制对象所在的子图层，然后按下快捷键Ctrl+C进行复制，再选择目标图层，按下快捷键Ctrl+V进行粘贴，即可将选中的对象复制到新的图层中。

图10-10

10.2 样式和样式集

将创建好的图形或文本样式应用到其他的图形或对象中，可以快速为新创建或选择的对象引用设置好的样式效果，并且可以随时对"对象样式"面板中的样式项目进行需要的修改，即可对所有应用了该样式的对象进行效果更新，是在进行包含大量编辑内容的文档或设计工作时，节省工作时间，提高工作效率的有效手段。

图形样式包括填充设置和轮廓设置，可用于矩形、椭圆形或曲线等图形对象。文本样式包括文本的字体、大小、填充属性和轮廓属性等设置，分为美术字和段落文本两类。通过文本样式，可以更改默认美术字和段落文本属性。应用同一种文本样式，可以使创建的美术字具有一致格式。

10.2.1 创建样式与样式集

在CorelDRAW X7中，可以根据现有对象的属性创建图形或文本样式，也可以重新创建图形或文本样式，通过这两种方式创建的样式都可以被保存下来。

创建新的图形样式操作方法如下。

选中需要创建图形样式的图形对象，为其填充所需的颜色，并设置好轮廓属性，在对象上单击鼠标右键，从打开的命令中选择"对象样式>从以下新建样式"命令，从打开的子菜单中，可以选择"轮廓""填充"和"透明度"命令，创建对应内容的样式，如图10-11所示。在子菜单中选择"填充"命令，在打开的对话框中输入新样式的名称，如图10-12所示，单击"确定"按钮，打开"对象样式"面板，即可在样式列表中查看到新添加的填充样式，点选该样式后，还可以在面板下方显示其色彩填充的具体设置，如图10-13所示。

| 图10-11 | 图10-12 | 图10-13 |

如果选取的对象是文本对象，在单击鼠标右键打开的菜单中，"对象样式>从以下项新建样式"命令的子菜单将显示字符、段落和图文框命令，如图10-14所示，根据需要选择要创新的样式内容，在打开的新建样式对话框中为样式命名确认，即可在打开的"对象样式"面板中查看新建文本样式的具体设置，如图10-15所示。

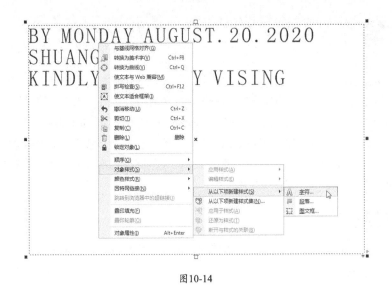

图10-14   图10-15

点选需要创建到样式集的对象后，在单击鼠标右键菜单打开的菜单中选择"对象样式>从以下项新建样式集"命令，如图10-16所示，即可创建出一个样式集项目，单击样式设置项目后面的"添加或删除样式"按钮，可以添加或删除要在该样式集中包含的项目内容，如图10-17所示。

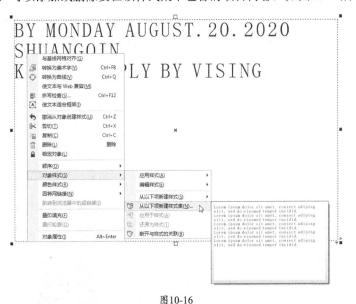

图10-16   图10-17

技巧与提示

在工作区中选中需要创建到样式集的对象后，按住鼠标左键将其拖曳到"对象样式"面板的"样式集"选项上，在鼠标指针改变形状后释放鼠标，即可将所选对象的设置创建为一个样式集，另外，样式集还可以创建子样式集，方便编辑出更细致的对象设置效果。

10.2.2 应用图形或文本样式

在创建新的图形或文本样式后，新绘制的对象不会自动应用该样式，要应用新建的样式或样式集，可在需要应用样式的对象上单击鼠标右键，从打开的命令中选择"对象样式>应用样式"命令，如图10-18所示，并在展开的下一级子菜单中选择所需的样式即可，如图10-19所示。

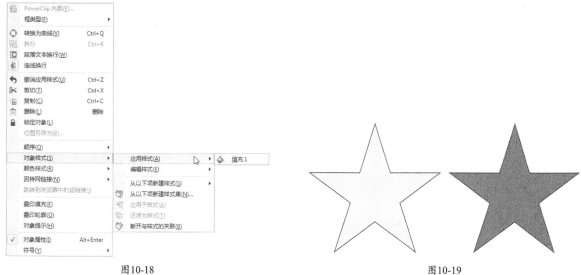

图10-18   图10-19

技巧与提示

选择需要应用图形或文本样式的对象后，在"对象样式"面板中选择需要的样式，或直接双击需要应用的图形或文本样式名称，可快速地将指导的样式应用到选中的对象上。

10.2.3 编辑样式或样式集

如果对设置的样式或样式集的效果属性不满意，或需要对所有应用了该样式或样式集的对象进行效果属性的修改，可以通过对样式或样式集进行编辑修改来完成。

执行"窗口>泊坞窗>对象样式"菜单命令，打开"对象样式"面板，选中需要编辑的样式或样式集上单击，将其选中，选中一个字符样式，如图10-20所示。在面板下面展开所选字符样式的内容项目，查看所选样式的具体设置，为字符样式重新选择一种字体和填充色，即可更新应用样式的对象。如果需要对所选样式或样式集的填充、轮廓效果进行具体的修改，可以在内容项目列表中单击该项目后面的设置按钮，即可打开填充或轮廓设置对话框，如图10-21所示，完成需要修改的内容后单击"确定"按钮，即可更新对所选样式的修改，如图10-22所示。

图10-20   图10-21   图10-22

技巧与提示

"对象样式"面板中的"默认对象属性"所包含的样式项目，是对文档中各种类型对象默认的样式设置，如果需要对新建文档中所创建对象的默认设置进行修改，可以在此选择需要的样式项目并进行编辑即可。需要恢复到基本的默认设置时，可以在需要恢复的样式上单击鼠标右键并选择"还原为新文档默认属性"命令，即可。

10.2.4 断开与样式的关联

默认情况下，在修改了"对象样式"面板中的样式后，文档中所有应用了该样式的对象就会自动更新为新的样式设置。如果需要取消之间的联系，可以在选中对象后按下鼠标右键，从打开命令中选择"断开与样式的关联"命令，即可使所选对象不再随该样式的修改而更新，如图10-23所示。

图10-23

10.2.5 删除样式或样式集

要删除不需要的样式或样式集，可在"对象样式"面板中选择需要删除的样式，然后单击该样式后的"删除"按钮 🗑 ，即可删除，或直接按Delete键，即可删除。

10.3 颜色样式

颜色样式是指应用于绘图对象的颜色集，其功能与用法和大小样式基本相同。将应用在对象上的颜色保存为颜色样式，可以方便快捷地为对象应用所需要的颜色。对颜色样式进行修改后，可以对文档中所有应用该颜色设置的对象进行更新，也可以根据需要，断开对象与所应用颜色样式之间的关联。

在CorelDRAW X7中还新增了一个"颜色和谐"的功能，类似对象样式中的样式集，可以将多个颜色添加在一个颜色文件夹中，便于对一套或一系列编辑对象的样式进行管理。

执行"窗口>泊坞窗>颜色样式"菜单命令，打开"颜色样式"面板，如图10-24所示。

图10-24

10.3.1 创建颜色样式

与创建对象样式相似，在需要创建颜色样式时，可以通过以下几种
方法来完成。

图10-25

1.拖入颜色样式列表来创建

选中工作区中设置了有颜色效果后的对象后，将其按住并拖入"颜
色样式"面板的颜色样式列表中，即可将对象中包含的所有颜色分别添
加到颜色样式列表中，如图10-25所示。

从程序框窗口右边的调色板颜色列表中，将需要的颜色按住并拖入
"颜色样式"面板的颜色样式列表中，同样可以将其添加为颜色样式。

2.从"颜色样式"泊坞窗新建

在"颜色样式"面板中单击"新建颜色样式"按钮，从打开的菜单
中选择"新建颜色样式"命令，即可在颜色样式列表中新建一个默认为
红色的颜色样式，在下面的"颜色编辑器"中输入需要的颜色值，即可
改变新建颜色的色相，如图10-26所示。

图10-26

3.从选定对象新建颜色样式

在工作区中的对象上单击鼠标右键，从打开的命令中选择"颜色样式>从选定项新建"命令，如图10-27所
示，在打开的"创建颜色样式"对话框中，选择是以对象填充、对象轮廓还是填充和轮廓颜色来创建，然后根
据需要选择是否将所选颜色创建为颜色和谐，单击"确定"按钮，即可将所选对象中包含的所有颜色分别添加
到颜色样式列表中，如图10-28所示。

图10-27

图10-28

4.从文档新建颜色样式

在"颜色样式"面板中单击"新建颜色样式"按钮，从打开的菜单中选择"从文档新建"命令，或在工作
区中的对象上单击鼠标右键，从打开的命令中选择"颜色样式>从文档新建"'命令，然后在打开的"创建颜
色样式"对话框中选择好需要的设置并单击"确定"按钮，即可将当前文档中颜色，添加到"颜色样式"面板
中，如图10-29所示。

创建颜色和谐的方法也基本一致，将选中的对象或样式，拖入到"颜色样式"面板的颜色和谐列表框，或在选择从文档创建颜色样式时，在"创建颜色样式"对话框中勾选"将颜色样式对应归组至相应和谐"选项，并在下面的调整条或文本框中输入需要的分组数目，即可创建对应内容的颜色和谐，或将需要的颜色样式，从颜色样式列表框中向下拖入到颜色和谐列表框中，同样可以添加颜色和谐，如图10-30所示。

图10-29　　　　　　　　　　　　　图10-30

10.3.2　编辑颜色样式

在CorelDRAW X7中，对颜色样式或样式和谐的修改，可以直接在"颜色样式"对话框中完成，修改颜色样式后，应用了该样式的对象颜色也会发生对应的变化。

编辑颜色样式和颜色和谐的操作方法如下。

在"颜色样式"面板中选择需要编辑的颜色样式，然后在面板下面的颜色中输入数值，即可改变所选颜色样式的色相，如图10-31所示，单击"颜色编辑器"按钮，即可在展开的面板中，选择直接调整颜色滑块，或通过吸管吸取、调色板选取等方式，更改所选颜色样式的色相，如图10-32所示。在"颜色样式"面板中选择颜色和谐中的一种颜色，然后在下面的"和谐编辑器"或颜色编辑器中根据需要修改其颜色，即可完成对应用该样式的对象颜色的更新。

图10-31　　　　　　　　　　　　　图10-32

在"颜色样式"面板中单击"颜色和谐"图标，选中该颜色和谐中的所有颜色，然后在"和谐编辑器"中按住并拖动色谱环上的颜色环，即可整体改变全部颜色样式的色相。在"和谐编辑器"中选中一个颜色和谐后，按住并拖曳色谱环下的亮度滑块，可以整体改变颜色和谐中所有颜色的亮度，如图10-33所示。

图10-33

10.3.3 删除颜色样式

在"颜色样式"面板中选中不需要的颜色样式或颜色和谐，单击面板中的"删除"按钮，可以将其删除，当删除应用在对象上的颜色样式或颜色和谐后，对象的外观效果不会受到影响。

10.4 模板的创建和运用

CorelDRAW中的模板是一组可以控制绘图布局、页面布局和外观样式的设置，用户可以从CorelDRAW提供的多种预设模板中选择一种可用的模板。在模板基础上绘图创作，可以减少设置页面布局和页面格式等样式的时间。

10.4.1 创建模板

如果预设模板不符合用户的要求，则可以根据创建的样式或采用其他模板的样式创建模板。在保存模板时，可以添加模板参考信息，如页码、折叠、类别、行业和其他重要注释，这样利于对模板分类或查找。

创建模板的操作方法如下。

为当前文件设置页面属性，并在页面中绘制出模板中的基本图形或添加所需的文本对象，执行"文件>保存为模板"菜单命令，打开"保存绘图"对话框，在"保存在"下拉列表中选择模板文件的保存位置，在"文件名"文本框中输入模板文件的名称，保持"保存类型"选项中的模板文件格式不变，然后单击"保存"文件按钮，如图10-34所示，打开"模板属性"对话框，在其中添加相应的模板参考信息后，单击"确定"按钮，即可将当前文件保存为模板，如图10-35所示。

图10-34 图10-35

"模板属性"对话框的参数介绍

* 名称：在该选项文本框中指定一个模板的名称，该名称会随模板缩略图一同显示。

* 打印面：在该选项下拉列表中选择一个页码选项，包括"单一"和"双面"选项。

* 折叠：在该选项下拉列表中选择一种折叠方式，选择"其他"选项后，可以在该选项右边的文本框中输入折叠类型。

* 类型：在该选项下拉列表中选择一种模板类型，选择"其他"选项后，可以在该选项右边的文本框中输入模板类型。

* 行业：在该选项下拉列表中选择模板应用的行业，选择"其他"选项后，可以在该选项右边的文本框中输入模板专用的行业。

* 设计员注释：输入有关模板设计用途的信息。

10.4.2 应用模板

CorelDRAW预设了多种类型的模板，用户可以从这些模板中创建新的绘图页面，也可以从中选择一种合适的模板载入到绘图的图形文件中。

在CorelDRAW中打开模板或通过模板创建新的绘图页面的操作方法如下。

执行"文件>从模板新建"菜单命令，打开"从模板新建"对话框，如图10-36所示。

图10-36

在"过滤器"列的"查看方式"下拉列表中，可以选择按"类型"或"行业"方式对预设模板进行分类，单击对应的分类组，可以在"模板"列表中查看该组中的所有模板文件。单击"从模板新建"对话框左下角的"浏览"按钮，可以打开其他目录中保存的更多模板文件，在"模板"列表中选择需要打开的模板文件，然后单击"打开"按钮，即可从该模板新建一个绘图页面，如图10-37所示，根据需要对基于模板创建的新文档进行编辑，然后保存，即可得到新的绘图文档。

图10-37

10.5 本章练习

练习1：新建主图层

素材位置	素材文件>CH10>01.jpg
实用指数	★★★★☆
技术掌握	创建图层

新建一个图形文件，并为该文件插入两个页面，然后通过"对象管理器"面板，新建一个主图层，在新建的主图层中添加一个页面背景，使该背景自动应用到所有页面中，如图10-38所示。

图10-38

练习2：创建文本样式

素材位置	无
实用指数	★★★☆☆
技术掌握	对象创建样式

运用本章介绍的创建文本样式，创建一个文本样式，如图10-39所示。

图10-39

练习3：新建模板

素材位置	无
实用指数	★★★★☆
技术掌握	应用模板

运用本章介绍的创建模板，创建一个模板样式，如图10-40所示。

图10-40

第11章
位图的编辑处理

CorelDRAW X7允许矢量图和位图进行互相转换。通过将位图转换为矢量图，可以对其进行填充、变形等编辑；通过将矢量图转换为位图，可以进行位图的效果添加，也可以降低对象的复杂程度。在设计中，设计师会运用矢量图转换为位图来添加一些特殊效，常用于产品设计和效果图制作中，丰富制作效果。

学习要点

❖ 导入和简单调整位图
❖ 调整位图的颜色和色调
❖ 调整位图的色彩效果
❖ 校正位图色斑效果
❖ 位图的颜色遮罩
❖ 更改位图的颜色模式
❖ 描摹位图

11.1 导入和简单调整位图

在CorelDRAW X7中，不仅可以绘制各种效果的矢量图形，还可以通过导入位图，并对位图进行编辑处理后，制作出更加完美的画面效果。

11.1.1 导入位图

在实际工作中，经常需要将其他文件导入到文档中进行编辑，比如.jpg、.ai和.tif格式的素材文件，可以采用以下3种方法将文件导入文档中。

第1种：执行"文件>导入"菜单命令，在打开的"导入"对话框中选择需要导入的文件，如图11-1所示，然后单击"导入"按钮 导入 ▼ 准备好导入，待光标变为直角 形状时单击鼠标左键进行导入，如图11-2所示。

图11-1   图11-2

第2种：在常用工具栏上左键单击"导入"按钮 ，也可以打开"导入"对话框。

第3种：在文件夹中找到要导入的文件，然后将其拖曳到编辑的文档中。采用这种方法导入的文件会按原比例大小进行显示。

技巧与提示

选中需要导入的文件后，在预览窗口中可预览该图片的效果。将光标移动到文件名上停顿片刻后，在光标下方会显示出该图片的尺寸、类型、和大小信息。

11.1.2 链接和嵌入位图

CorelDRAW可以将文件作为链接或嵌入的对象插入到其他应用程序中，也可以在其中插入链接或嵌入的对象。链接的对象与其源文件之间始终都保持链接，而嵌入的对象与其源文件之间是没有链接关系的，是集成到活动文档中的。

链接位图与导入位图在本质上有很大的区别，导入的位图可以在CorelDRAW中进行修改和编辑，如调整图像的色调和为其应用特殊效果等，而链接到CorelDRAW中的位图却不能对其进行修改。如果要修改链接的位图，就必须在创建原文件的原软件中进行。

1.链接位图

要在CorelDRAW中插入链接的位图，可执行"文件>导入"菜单命令，在打开的"导入"对话框中选择需要链接到CorelDRAW中的位图，并选中需要链接的位图，并选中"外部链接位图"复选框，单击"导入"按钮即可。

2.嵌入位图

嵌入位图的操作步骤如下。

执行"对象>插入新对象"菜单命令，打开"插入新对象"对话框，如图11-3所示，选中"由文件创建"单选项，此时在对话框中选中"链接"复选框，然后单击"浏览"按钮，在打开的"浏览"对话框中选择需要嵌入的图像文件，如图11-4所示。单击"确定"按钮即可将该图像嵌入。

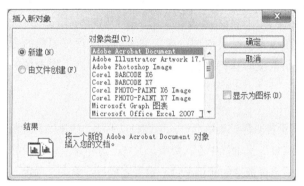

图11-3

图11-4

11.1.3 裁剪位图

在实际设计中，因为文件排版的需要，而只需要位图的一部分，要将多余的部分裁剪掉。要裁剪位图，可以在导入位图时进行，也可以在将位图导入到当前文件后进行。

在将位图导入到当前文件后，使用"裁剪工具"和"形状工具"对位图进行裁剪。

使用工具箱中的"裁剪工具"可以将位图裁剪为矩形状。选中"裁剪工具"，在位图上按下鼠标左键并拖曳，创建一个裁剪控制框，拖曳控制框上的控制点，调整裁剪控制框的大小和位置，使其框住需要保留的图像区域，如图11-5所示，然后在裁剪控制框内双击，即可将位于裁剪控制框外的图像裁剪掉。

使用工具箱中的"形状工具"可以将位图裁剪为不规则的各种形状。使用"形状工具"单击位图图像，此时在图像边角上将出现4个控制点，接下来按照调整曲线形状的方法进行操作，即可将位图裁剪为不规则形状，如图11-6所示。

图11-5

图11-6

技巧与提示

在使用"形状工具"裁剪位图图像时，按下Ctrl键可以使鼠标指针在水平或垂直方向移动。使用"形状工具"裁剪位图与控制曲线的方法相同，可将位图边缘调整成直线或曲线，用户可根据需要，将位图调整为各种所需的形状，但是，使用"形状工具"不能裁剪组合对象的位图图像。

11.1.4 重新取样位图

通过重新取样，可以增加像素以保留原始图像的更多细节。为图像执行"位图>重新取样"菜单命令后，调整图像大小就可以使像素的数量无论在较大区域还是较小区域中均保持不变。

需要了解的是，用固定分辨率重新取样可以在改变图像大小时用增加或减少像素的方法保持图像的分辨率。用变量分辨率重新取样可让像素的数目在图像大小改变时保持不变，从而产生低于或高于原图像的分辨率。

重新取样位图的操作方法如下。

导入一张位图，保持该图像的选中状态，执行"位图>重新取样"菜单命令，如图11-7所示，打开"重新取样"对话框，分别在"图像大小"选项栏的"宽度"和"高度"文本框中输入数值，并在"分辨率"选项组的"水平"和"垂直"文本框中设置图像的分辨率大小，然后选择需要的测量单位，设置完成后，单击"确定"按钮，即可完成操作。

图11-7

"重新取样"对话框的参数介绍

＊ 光滑处理：最大限度地避免曲线外观参差不齐。

＊ 保持纵横比：在宽度和高度文本框中输入适当数值，保持位图的比例。

＊ 图像大小：在文本框中输入数值，根据位图原始大小的百分比对位图重新取样。

11.1.5 变换位图

导入到CorelDRAW中的位图，可以按照变换对象的方法，使用"选择工具"或"自由变换工具"等对位图进行缩放、旋转、倾斜和扭曲等变换操作。具体操作方法请查看"3.3变换对象"和"6.3.3 自由变换对象"中的详细内容介绍。

11.1.6 编辑位图

导入一张位图，执行"位图>编辑位图"菜单命令，或单击属性栏上的"编辑位图"按钮，即可将位图导入到Corel PHOTO-PAINT中进行编辑，如图11-8所示。编辑完成后单击工具栏的"完成编辑"按钮，并将图像保存，关闭Corel PHOTO-PAINT，已编辑的位图将会出现在CorelDRAW的绘图窗口中。

图11-8

技巧与提示

要详细了解在Corel PHOTO-PAINT中编辑图像的方法，可单击Corel PHOTO-PAINT中的"帮助菜单"，查看需要帮助的内容，以找到解决问题的方法。

11.1.7 矢量图转换为位图

执行"位图>转换为位图"菜单命令，可以将矢量图形转换为位图。在转换过程中，还可以设置转换后的位图属性，如颜色模式、分辨率、背景透明度和光滑处理等参数。

矢量图转换为位图的方法如下。

打开矢量文件，选中该对象，执行"位图>转换为位图"菜单命令，打开"转换为位图"对话框，如图11-9所示，进行设置后单击"确定"按钮，即可转换为位图，如图11-10所示。

图11-9

图11-10

11.2 调整位图的颜色和色调

导入位图后，用户可以在"效果>调整"的子菜单选择相应的命令，如图11-11所示，对位图进行亮度、光度和暗度等调整，以及应用颜色和色调效果，恢复阴影或高光中丢失的细节，清除色块，校正曝光不足或曝光过度，使位图表现得更丰富。

图11-11

11.2.1 高反差

"高反差"通过重新划分从最暗区到最亮区颜色的浓淡，来调整位图阴影区、中间区域和高光区域。保证在调整对象亮度、对比度和强度时高光区域和阴影区域的细节不丢失。

选中导入的位图，执行"效果>调整>高反差"菜单命令，打开"高反差"对话框，在"通道"的下拉选项中进行调节，如图11-12所示。

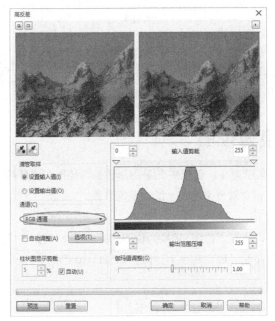

图11-12

选中"红色通道"选项，然后调整右边"输出范围压缩"的滑块，再预览调整效果，如图11-13所示。接着以同样的方法将"绿色通道""蓝色通道"调整完毕，如图11-14和图11-15所示。

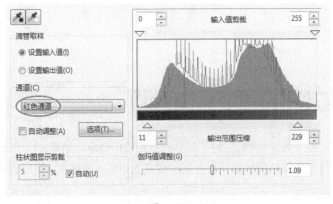

图11-13

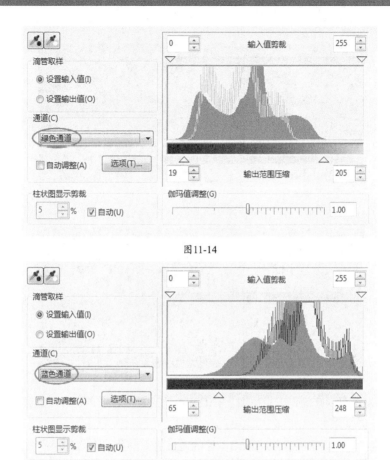

图11-14

图11-15

调整完成后单击"确定"按钮[确定]完成调整，效果如图11-16所示。

图11-16

"高反差"对话框的参数介绍

＊ 显示预览窗口⊡：单击该按钮可以打开预览窗口，默认显示为原图与调整后的对比窗口，如11-17所示，单击⊟按钮可以切换预览窗口为仅显示调整后的效果，如图11-18所示。

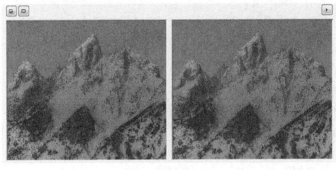

图11-17

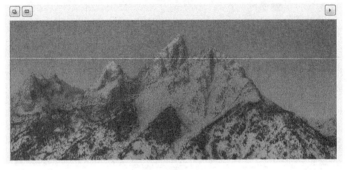

图11-18

＊ 滴管取样：单击上面的吸管可以在位图上吸取相应的通道值，应用在选取的通道调整中。包括深色滴管和浅色滴管，可以分别吸取相应的颜色区域。

＊ 设置输入值：勾选该选项可以吸取输入值的通道值，颜色在选定的范围内重新分布，并应用到"输入值剪裁"中，如图11-19所示。

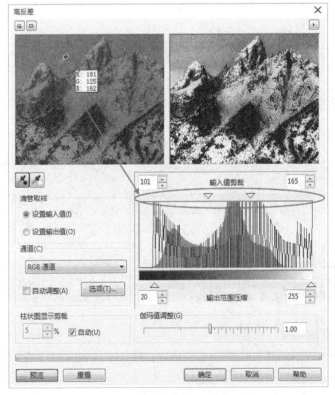

图11-19

* 设置输出值：勾选该选项可以吸取输出值的通道值，应用到"输出范围压缩"中，如图11-20所示。

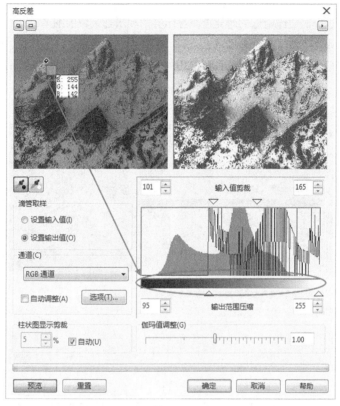

图11-20

* 通道：在下拉选项中可以更改调整的通道类型。

　　* RGB通道：该通道用于整体调整位图的颜色范围和分布。

　　* 红色通道：该通道用于调整位图红色通道的颜色范围和分布。

　　* 绿色通道：该通道用于调整位图绿色通道的颜色范围和分布。

　　* 蓝色通道：该通道用于调整位图蓝色通道的颜色范围和分布。

* 自动调整：勾选该复选框，可以在当前色阶范围内自动调整像素值。

* 选项：单击该按钮，可以在弹出的"自动调整范围"对话框中设置自动调整的色阶范围，如图11-21所示。

图11-21

* 柱状图显示剪裁：设置"输入值剪裁"的柱状图显示大小，数值越大柱状图越高。设置数值时，需要勾掉后面"自动"复选框。

* 伽玛值调整：拖动滑块可以设置图像中所选颜色通道的显示亮度和范围。

11.2.2 局部平衡

　　"局部平衡"可以通过提高边缘附近的对比度来显示亮部和暗部区域的细节。

　　选中位图，执行"效果>调整>局部平衡"菜单命令，打开"局部平衡"对话框，调整边缘对比的"宽度"和"高度"值，在预览窗口查看调整效果，如图11-22所示。调整后效果如图11-23所示。

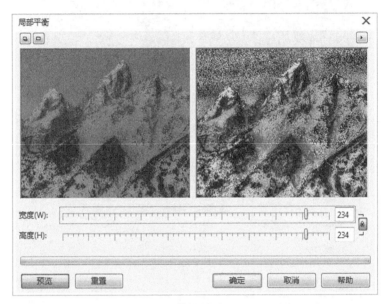

图11-22

图11-23

技巧与提示

　　调整"宽度"和"高度"时，可以统一进行调整，也可以单击解开后面的锁头进行分别调整。

11.2.3 取样/目标平衡

　　"取样/目标平衡"用于从图中吸取色样来参照调整位图颜色值，支持分别吸取暗色调、中间调和浅色调的色样，再将调整的目标颜色应用到每个色样区域中。

　　选中位图，执行"效果>调整>取样/目标平衡"菜单命令，打开"样本/目标平衡"对话框，然后使用"暗色调吸管"工具　吸取位图的暗部颜色，接着使用"中间调吸管"工具　吸取位图的中间色，最后使用"浅色调吸管"工具　吸取位图的亮部颜色，在"示例"和"目标"中显示吸取的颜色，如图11-24所示。

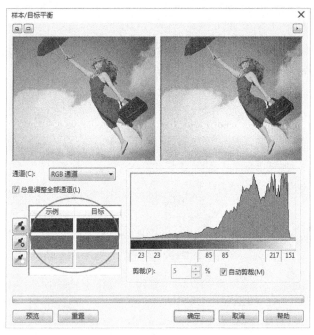

图11-24

双击"目标"下的颜色在"选择颜色"对话框里更改颜色，然后再单击"预览"按钮 预览 进行预览查看，接着在"通道"的下拉选项中选取相应的通道进行分别设置，如图11-25到图11-27所示。

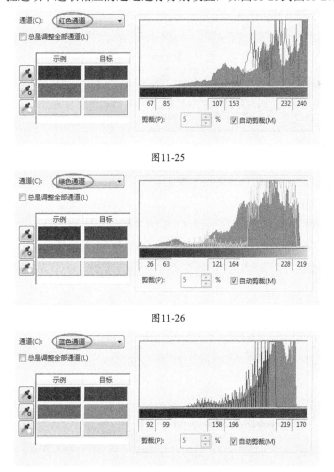

图11-25

图11-26

图11-27

技巧与提示

在分别调整每个通道的"目标"颜色时，需要勾掉"总是调整全部通道"复选框。

将每种颜色的通道调整完毕，然后选回"RGB通道"再进行微调，接着单击"确定"按钮 确定 完成调整，如图11-28所示。

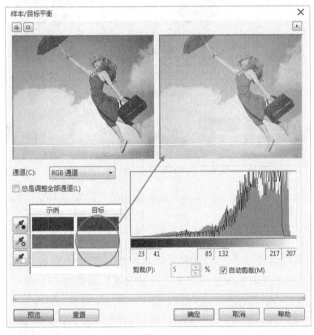

图11-28

技巧与提示

在调整过程中无法进行撤销操作，用户可以单击"重置"按钮 重置 进行重做。

11.2.4 调和曲线

"调和曲线"通过改变图像中的单个像素值来精确校正位图颜色。通过分别改变阴影、中间色和高光部分，精确地修改图像局部的颜色。

选中位图，执行"效果>调整>调和曲线"菜单命令，打开"调和曲线"对话框，然后在"活动通道"的下拉选项中分别选择"红""绿""兰"通道进行曲线调整，在预览窗口进行查看对比，如图11-29到图11-31所示。

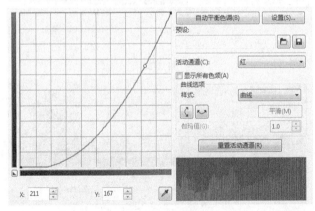

图11-29

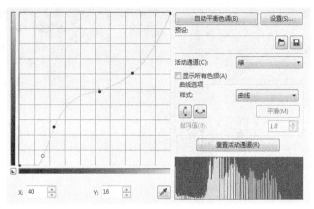

图11-30

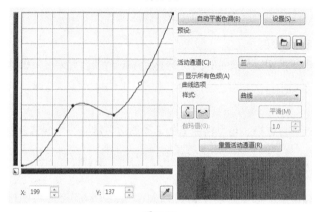

图11-31

在调整完"红""绿""兰"通道后，再选择"RGB"通道进行整体曲线调整，单击"确定"按钮 确定 完成调整，如图11-32所示，效果如图11-33所示。

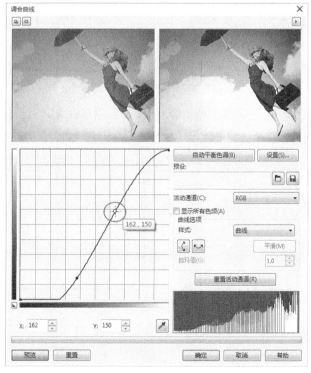

图11-32

281

图11-33

"调和曲线"对话框的参数介绍

* 自动平衡色调：单击该按钮以设置的范围进行自动平衡色调。可以在后面设置中设置范围。

* 活动通道：在下拉选项中可以切换颜色通道，包括"RGB""红""绿""兰"4种，用户可以切换相应的通道进行分别调整。

* 显示所有色频：勾选该复选框，可以将所有的活动通道显示在一个调节窗口中，如图11-34所示。

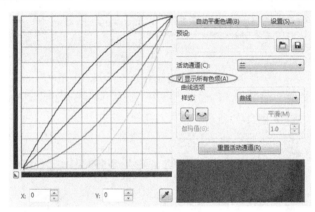

图11-34

* 曲线样式：在下拉选项中可以选择曲线的调节样式，包括"曲线""直线""手绘""伽玛值"，在绘制手绘曲线时，可以单击下面"平滑"按钮平滑曲线，如图11-35到图11-38所示。

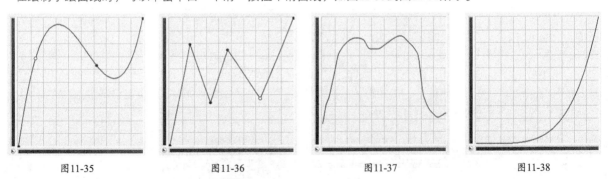

| 图11-35 | 图11-36 | 图11-37 | 图11-38 |

* 重置活动通道：单击该按钮可以重置当前活动通道的设置。

11.2.5 亮度/对比度/强度

"亮度/对比度/强度"用于调整位图的亮度和深色区域与浅色区域的差异。

选中位图，执行"效果>调整>亮度/对比度/强度"菜单命令，打开"亮度/对比度/强度"对话框，调整"亮度"和"对比度"，再调整"强度"使变化更柔和，然后单击"确定"按钮 ▭确定 完成调整，如图11-39所示，效果如图11-40所示。

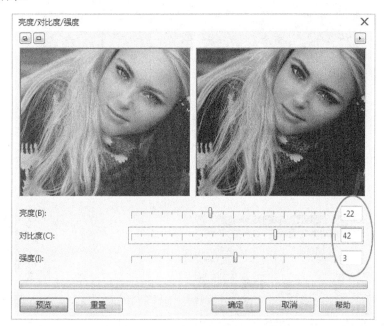

图11-39

图11-40

11.2.6 颜色平衡

"颜色平衡"用于将青色、红色、品红、绿色、黄色、蓝色添加到位图中，来添加颜色偏向。

选中位图，执行"效果>调整>颜色平衡"菜单命令，打开"颜色平衡"对话框，选择添加颜色偏向的范围，调整"颜色通道"的颜色偏向，在预览窗口进行预览，然后单击"确定"按钮 ▭确定 完成调整，如图11-41所示，效果如图11-42所示。

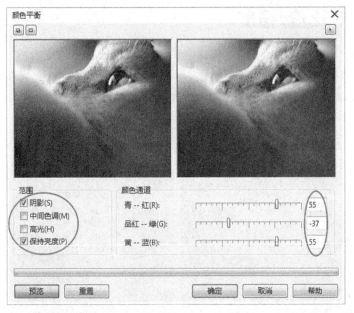

图11-41

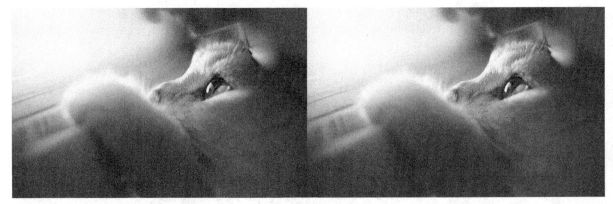

图11-42

"颜色平衡"的参数选项如图11-43所示。

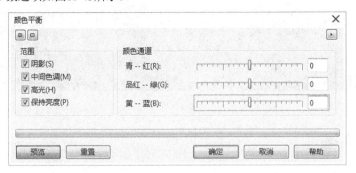

图11-43

"颜色平衡"对话框的参数介绍

＊ 阴影：勾选该复选框，仅对位图的阴影区域进行颜色平衡设置，如图11-44所示。

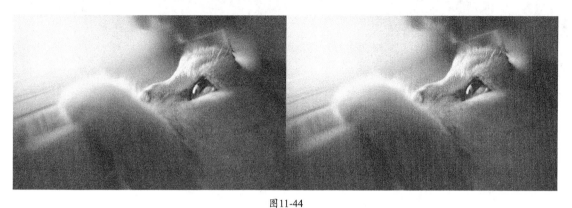

图11-44

* 中间色调：勾选该复选框，仅对位图的中间色调区域进行颜色平衡设置，如图11-45所示。

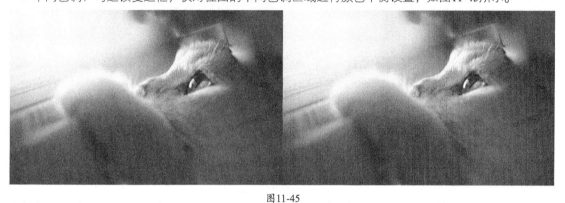

图11-45

* 高光：勾选该复选框，仅对位图的高光区域进行颜色平衡设置，如图11-46所示。

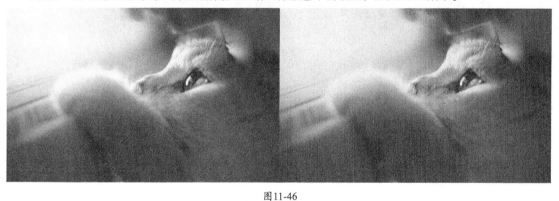

图11-46

* 保持亮度：勾选该复选框，在添加颜色平衡的过程中保证位图不会变暗，如图11-47所示。

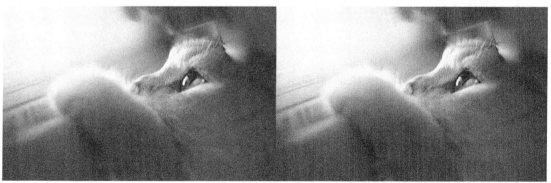

图11-47

技巧与提示

混合使用"范围"的复选项会呈现不同的效果，根据对位图的需求灵活选择范围选项。

11.2.7 伽玛值

"伽玛值"用于在较低对比度的区域进行细节强化，不会影响高光和阴影。

选中位图，执行"效果>调整>伽玛值"菜单命令，打开"伽玛值"对话框，调整伽玛值大小，在预览窗口进行预览，然后单击"确定"按钮 确定 完成调整，如图11-48所示。效果如图11-49所示。

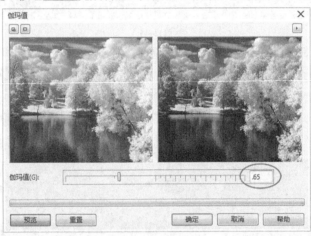

图11-48

图11-49

11.2.8 色度/饱和度/亮度

"色度/饱和度/亮度"用于调整位图中的色频通道，并改变色谱中颜色的位置，这种效果可以改变位图的颜色、浓度和白色所占的比例。

选中位图，执行"效果>调整>色度/饱和度/亮度"菜单命令，打开"色度/饱和度/亮度"对话框，分别调整"红""黄色""绿""青色""兰""品红""灰度"的色度、饱和度、亮度大小，在预览窗口进行预览，如图11-50到图11-56所示。

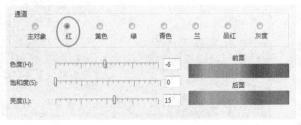

图11-50

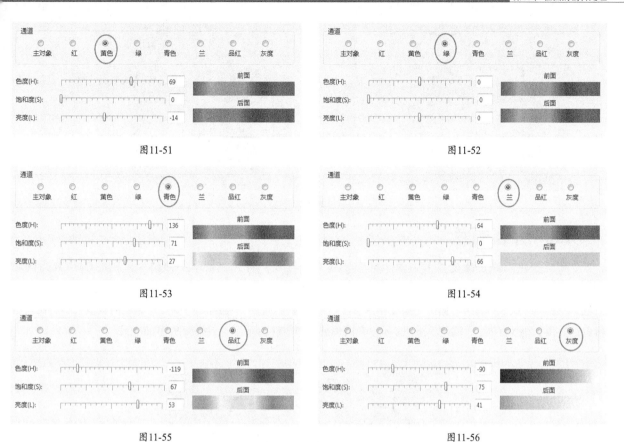

图11-51 图11-52

图11-53 图11-54

图11-55 图11-56

调整完局部颜色后，再选择"主对象"进行整体颜色调整，接着单击"确定"按钮 ▭ 完成调整，如图11-57所示，效果如图11-58所示。

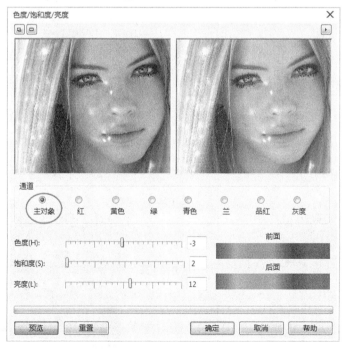

图11-57

图11-58

11.2.9 所选颜色

"所选颜色"通过改变位图中的"红""黄""绿""青""蓝""品红"色谱的CMYK数值来改变颜色。选中位图,执行"效果>调整>所选颜色"菜单命令,打开"所选颜色"对话框,分别选择"红""黄""绿""青""蓝""品红"色谱,调整相应的"青""品红""黄""黑"的数值大小,在预览窗口进行预览,然后单击"确定"按钮 <u>确定</u> 完成调整,如图11-59所示。效果如图11-60所示。

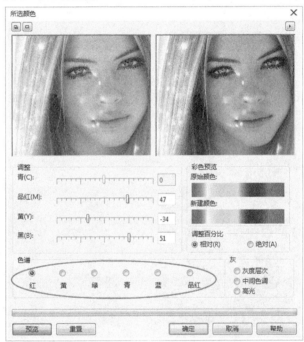

图11-59

图11-60

11.2.10替换颜色

"替换颜色"可以使用另一种颜色替换位图中所选的颜色。

选中位图，执行"效果>调整>替换颜色"菜单命令，打开"替换颜色"对话框，单击原颜色后面的吸管工具吸取位图上需要替换的颜色，选择"新建颜色"的替换颜色，在预览窗口进行预览，然后单击"确定"按钮 ___ 确定 ___ 完成调整，如图11-61所示。效果如图11-62所示。

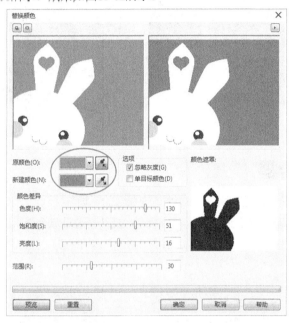

图11-61

图11-62

技巧与提示

在使用"替换颜色"进行编辑位图时，选择的位图必须是颜色区分明确的，如果选取的位图颜色区域有歧义，在替换颜色后会出现错误的颜色替换，如图11-63所示。

图11-63

11.2.11 取消饱和

"取消饱和"用于将位图中每种颜色饱和度都减为零，转化为相应的灰度，形成灰度图像。

选中位图，执行"效果>调整>取消饱和"菜单命令，即可将位图转换为灰度图，如图11-64所示。

图11-64

11.2.12 通道混合器

"通道混合器"通过改变不同颜色通道的数值来改变图像的色调。

选中位图，执行"效果>调整>通道混合器"菜单命令，打开"通道混合器"对话框，在色彩模式中选择颜色模式，选择相应的颜色通道进行分别设置，然后单击"确定"按钮 确定 完成调整，如图11-65所示。

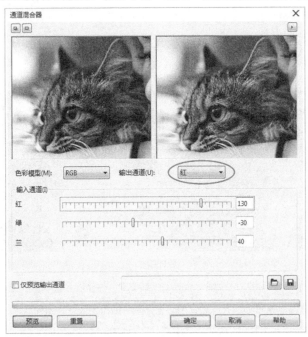

图11-65

11.3 调整位图的色彩效果

CorelDRAW X7允许用户将颜色和色调变换同时应用于位图图像。用户可以变换对象的颜色和色调，从而产生各种特殊效果。

在菜单栏"效果>变换"菜单命令下，如图11-66所示，用户可以选择"去交错""反显""极色化"操作来对位图的色调和颜色添加特殊效果。

图11-66

11.3.1 去交错

"去交错"用于从扫描或隔行显示的图像中移除线条。

选中位图，执行"效果>变换>去交错"菜单命令，打开"去交错"对话框，在"扫描线"中选择样式"偶数行""奇数行"，选择相应的"替换方法"，在预览图中查看效果，然后单击"确定"按钮 ，如图11-67所示。

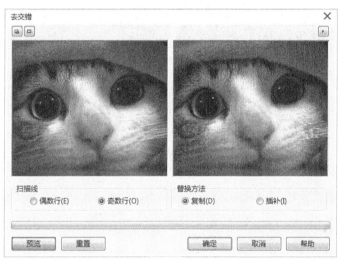

图11-67

11.3.2 反显

"反显"可以反显图像的颜色。反显图像会形成摄影负片的外观。

选中位图，执行"效果>变换>反显"菜单命令，即可将位图转换为灰度图，如图11-68所示。

图11-68

11.3.3 极色化

"极色化"用于减少位图中色调值的数量，减少颜色层次产生大面积缺乏层次感的颜色。

选中位图，执行"效果>变换>极色化"菜单命令，打开"极色化"对话框，在"层次"后设置调整的颜色层次，在预览图中查看效果，然后单击"确定"按钮 确定 ，如图11-69所示。

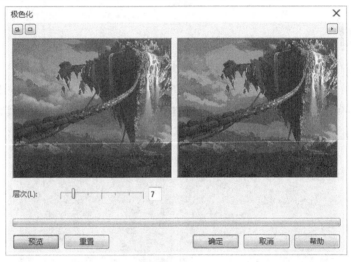

图11-69

11.3.4 实例：制作时装海报效果

实例位置	实例文件>CH11>实战：制作时装海报效果.cdr
素材位置	素材文件>CH11>01.jpg
实用指数	★★★★☆
技术掌握	调整位图色彩效果的运用方法

时装海报效果如图11-70所示。

图11-70

01 新建空白文档，设置文档名称为"时装海报"，设置页面大小"宽"为225mm、"高"为311mm。

02 导入教学资源中的"素材文件>CH11>01.jpg"文件，将图片拖曳到页面中心，适当调整位置，如图11-71所示。

03 执行"效果>变换>极色化"菜单命令，打开"极色化"对话框，设置"层次"为2，然后单击"确定"按钮，如图11-72所示。

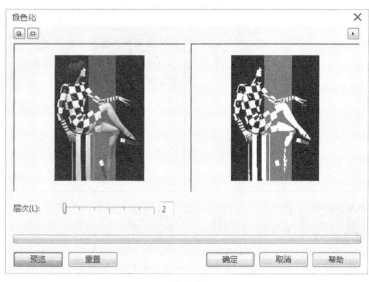

图11-71   图11-72

04 使用"文本工具" 输入美术文本，设置"字体"为"宋体""字体大小"为119pt，填充颜色为白色，将文本更改为垂直方向，然后全选对象进行组合，如图11-73所示。

图11-73

11.4 校正位图色斑效果

"校正"命令可以通过更改图像中的相异像素来减少杂色。

选中位图，执行"效果>校正>尘埃与刮痕"菜单命令，打开"尘埃与刮痕"对话框，如图11-74所示，进行参数设置，然后单击"确定"按钮，即可得到图像效果。

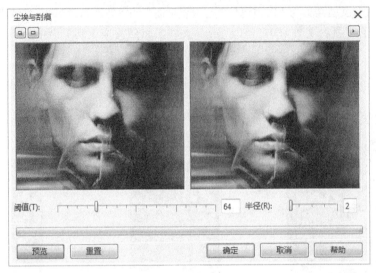

图11-74

11.5 位图的颜色遮罩

在CorelDRAW X7中，用户可以利用为位图图像提供的颜色遮罩功能，对位图中显示的颜色进行隐藏，使该图像变为透明状态。遮罩颜色还能帮助用户改变选定的颜色，而不改变图像中的其他颜色，也可以将位图颜色遮罩保存到文件中，以便在日后使用时打开此文件。

选中位图，执行"位图>位图颜色遮罩"菜单命令，打开"位图颜色遮罩"面板，选择"隐藏颜色"单选项，在色彩条列表框中选中一个色彩条，选中该色彩条，如图11-75所示，单击"颜色选择"按钮，选择图像中需要隐藏的颜色，单击"应用"按钮，即可将位于所选颜色范围内的颜色全部隐藏，如图11-76所示。

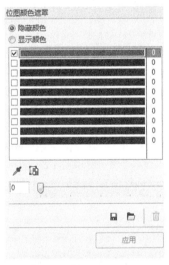

图11-75

图11-76

技巧与提示

在"位图颜色遮罩"面板中拖曳下方的"容限"滑块，可以调整对颜色遮罩的应用程度，"容限"级越高，所选颜色周围的颜色范围越广。

11.6 更改位图的颜色模式

CorelDRAW X7为用户提供丰富的位图颜色模式，包括"黑白""灰度""双色""调色板色""RGB颜色""Lab色""CMYK色"，如图11-77所示。改变颜色模式后，位图的颜色结构也会随之变化。

图11-77

技巧与提示

将位图颜色模式转换一次，位图的颜色信息都会减少一些，效果也和之前不同，所以在改变模式前可以先将位图备份。

11.6.1 黑白模式

黑白模式的图像每个像素只有1位深度，显示颜色只有黑白颜色，任何位图都可以转换成黑白模式。

选中导入的位图，执行"位图>模式>黑白（1位）"菜单命令，打开"转换为1位"对话框，在对话框进行设置后单击"预览"按钮 ▭预览 在右边视图查看效果，然后单击"确定"按钮 ▭确定 完成转换，如图11-78所示，效果如图11-79所示。

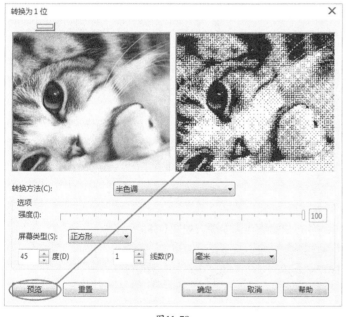

图11-78

图11-79

"转换为1位"的参数选项如图11-80所示。

图11-80

"转换为1位"对话框的参数介绍

＊转换方法：在下拉列表中可以选择7种转换效果，包括"线条图""顺序""Jarvis"、Stucki、Floyd-Steinberg、"半色调""基数分布"，如图11-81所示。

图11-81

＊线条图：可以产生对比明显的黑白效果，灰色区域高于阈值设置变为白色，低于阈值设置则变为黑色，如图11-82所示。

图11-82

＊顺序：可以产生比较柔和的效果，突出纯色，使图像边缘变硬，如图11-83所示。

图11-83

* Jarvis：可以对图像进行Jarvis运算形成独特的偏差扩散，多用于摄影图像，如图11-84所示。

图11-84

* Stucki：可以对图像进行Stucki运算形成独特的偏差扩散，多用于摄影图像。比Jarvis计算细腻，如图11-85所示。

图11-85

* Floyd-Steinberg：可以对图像进行Floyd-Steinberg运算形成独特的偏差扩散，多用于摄影图像。比Stucki计算细腻，如图11-86所示。

图11-86

* 半色调：通过改变图中的黑白图案来创建不同的灰度，如图11-87所示。

图11-87

* 基数分布：将计算后的结果分布到屏幕上，来创建带底纹的外观，如图11-88所示。

图11-88

* 阈值：调整线条图效果的灰度阈值，来分隔黑色和白色的范围。值越小变为黑色区域的灰阶越少，值越大变为黑色区域的灰阶越多，如图11-89所示。

图11-89

* 强度：设置运算形成偏差扩散的强度，数值越小扩散越小，反之越大，如图11-90所示。

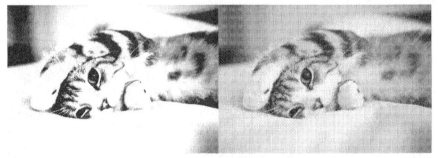

图11-90

* 屏幕类型：在"半色调"转换方法下，可以选择相应的屏幕显示图案来丰富转换效果，可以在下面调整图案的"角度""线数"和单位来设置图案的显示。包括"正方形""圆角""线条""交叉""固定的4×4""固定的8×8"，如图11-91所示。屏幕显示如图11-92到图11-97所示。

图11-91　　　　　图11-92 正方形　　　　　图11-93 圆角　　　　　图11-94 线条

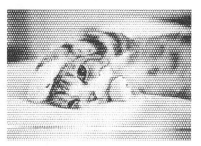

图11-95 交叉   图11-96 固定的4×4   图11-97 固定的8×8

11.6.2 灰度模式

在CorelDRAW X7中用户可以快速将位图转换为包含灰色区域的黑白图像，使用灰度模式可以产生黑白照片的效果。

选中要转换的位图，执行"位图>模式>灰度（8位）"菜单命令，可以将灰度模式应用到位图上，如图11-98所示。

图11-98

11.6.3 双色模式

双色模式可以将位图以选择的一种或多种颜色混合显示。

1.单色调效果

选中要转换的位图，执行"位图>模式>双色（8位）"菜单命令，打开"双色调"对话框，选择"类型"为"单色调"，双击下面颜色变更颜色，在右边曲线上进行调整效果，然后单击"确定"按钮 确定 完成双色模式转换，如图11-99所示。

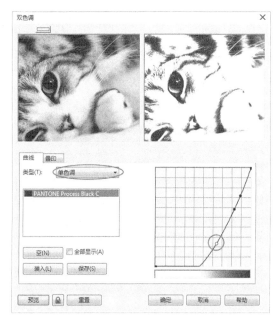

图11-99

通过曲线调整可以使默认的双色效果更丰富，在调整不满意时，单击"空"按钮可以将曲线上的调节点删除，方便进行重新调整，调整后效果如图11-100所示。

图11-100

2. 多色调效果

多色调类型包括"双色调""三色调""四色调"，可以为双色模式添加丰富的颜色。

选中位图，执行"位图>模式>双色（8位）"菜单命令，打开"双色调"对话框，选择"类型"为"四色调"，然后选中黑色，右边曲线显示当前选中颜色的曲线，调整颜色的程度，如图11-101所示。

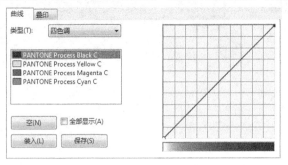

图11-101

选中黄色，右边曲线显示黄色的曲线，调整颜色的程度，如图11-102所示。接着将洋红和蓝色的曲线进行调节，如图11-103和图11-104所示。

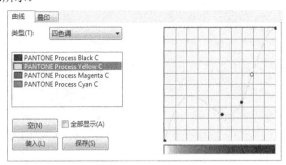

图11-102

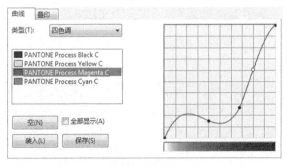

图11-103

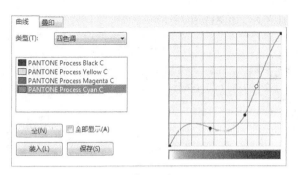

图11-104

调整完成后单击"确定"按钮 确定 完成模式转换，效果如图11-105所示。"双色调"和"三色调"的调整方法和"四色调"一样。

图11-105

11.6.4 调色板模式

选中要转换的位图，执行"位图>模式>调色板色（8位）"菜单命令，打开"转换至调色板色"对话框，选择"调色板"为"标准色"，再选择"递色处理"为Floyd-Steinberg，在"抵色强度"调节Floyd-Steinberg的扩散程度，最后单击"确定"按钮 确定 完成模式转换，如图11-106所示。

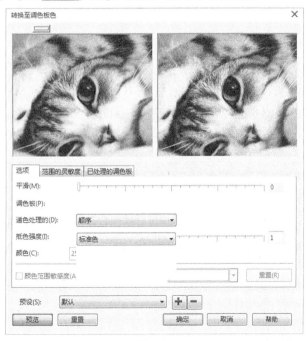

图11-106

完成转换后位图出现磨砂的感觉，如图11-107所示。

图11-107

11.6.5 RGB模式

RGB模式的图像用于屏幕显示，是运用最为广泛的模式之一。RGB模式通过红、绿、蓝3种颜色叠加呈现更多的颜色，3种颜色的数值大小决定位图颜色的深浅和明度。导入的位图在默认情况下为RGB模式。

RGB模式的图像通常情况下比CMYK模式的图像颜色鲜亮，CMYK模式要偏暗一些，如图11-108所示。

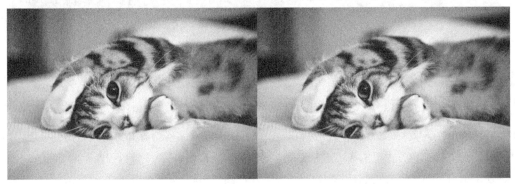

图11-108

11.6.6 Lab模式

Lab模式是国际色彩标准模式，由"透明度""色相""饱和度"3个通道组成。

Lab模式下的图像比CMYK模式的图像处理速度快，而且，该模式转换为CMYK模式时颜色信息不会替换或丢失。用户转换颜色模式时可以先将对象转换成Lab模式，再转换为CMYK模式，输出颜色偏差会小很多。

11.6.7 CMYK

CMYK是一种便于输出印刷的模式，颜色为印刷常用油墨色，包括黄色、洋红色、蓝色、黑色，通过这4种颜色的混合叠加呈现多种颜色。

CMYK模式的颜色范围比RGB模式要小，所以直接进行转换会丢失一部分颜色信息。

11.6.8 实例：制作时尚期刊封面效果

实例位置	实例文件>CH11>实战：制作时尚期刊封面效果.cdr
素材位置	素材文件>CH11>02.jpg
实用指数	★★★★☆
技术掌握	更改位图颜色模式的运用方法

时尚期刊封面效果如图11-109所示。

图11-109

01 新建空白文档，设置文档名称为"时尚期刊"，设置页面大小"宽"为211mm、"高"为316mm。

02 导入教学资源中的"素材文件>CH11>02.jpg"文件，将图片拖曳到页面中心，适当调整位置，如图11-110所示。

03 执行"位图>重新取样"菜单命令，打开"重新取样"对话框，更改分辨率为300dpi，单击"确定"按钮，如图11-111所示。执行"位图>模式>灰度"菜单命令，如图11-112所示，将图片设置为灰色。

图11-110   图11-111   图11-112

04 使用工具箱中的"矩形工具"在页面下方绘制一个矩形，填充颜色为霓虹粉，去除轮廓线，然后使用工具箱中的"文本工具"字输入美术文本，设置"字体"为Ash"宋体""字体大小"为136pt，填充颜色为白色，将文本转为曲线，如图11-113所示，选中矩形与美术文本，在属性栏上单击"移除前面对象"按钮，如图11-114所示。

图11-113 图11-114

05 使用工具箱中的"文本工具"字输入美术文本，设置"字体"为078MKSDMediumCond、"宋体""字体大小"为13pt，填充颜色为白色，将文本转为曲线，然后适当调整位置，最终效果如图11-115所示。

图11-115

11.7 描摹位图

描摹位图可以把位图转换为矢量图形，进行编辑填充等操作。用户可以在位图菜单栏下进行选择操作，如图11-116所示，也可以在属性栏上单击"描摹位图"在打开的下拉菜单上进行选择操作。描摹位图的方式包括"快速描摹""中心线描摹""轮廓描摹"，如图11-117所示。

图11-116   图11-117

使用描摹可以将边界的照片或图片中的元素描摹出来运用在设计制作中，快速制作素材。下面详细讲解描摹的方式。

11.7.1 快速描摹位图

快速描摹可以进行一键描摹，快速描摹出对象。

选中需要转换为矢量图的位图对象，执行"位图>快速描摹"菜单命令，或单击属性栏上"描摹位图"下拉菜单中"快速描摹"命令，如图11-118所示。

图11-118

等描摹完成后，会在位图对象上面出现描摹的矢量图，可以取消组合对象进行编辑，如图11-119所示。

图11-119

11.7.2 中心线描摹位图

中心描摹也可以称之为笔触描摹，可以将对象以线描的形式描摹出来，用于技术图解、线描画和拼版等。中心线描摹方式包括"技术图解""线条画"。

选中需要转换为矢量图的位图对象，执行"位图>中心线描摹>技术图解"或"位图>中心线描摹>线条画"菜单命令，打开"PowerTRACE"对话框，也可以单击属性栏上"描摹位图"下拉菜单中"中心线描摹"命令，如图11-120所示。

图11-120

"中心线描摹"对话框的参数介绍

＊ 技术图解：可使用很细很淡的线条描摹黑白图解。

＊ 线条画：可使用很粗的线条描摹黑白草图。

在PowerTRACE对话框中调节"细节""平滑""拐角平滑度"的数值，来设置线条描摹的精细程度，然后在预览视图上查看调节效果，如图11-121所示，单击"确定"按钮 确定 完成描摹。效果如图11-122所示。

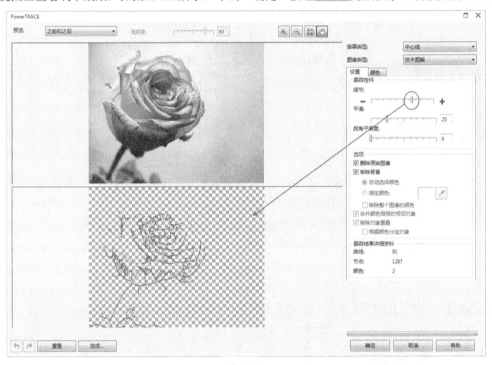

图11-121

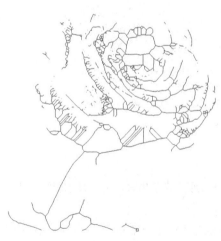

图11-122

11.7.3 轮廓描摹位图

轮廓描摹也可以称之为填充描摹或轮廓描摹，使用无轮廓的闭合路径描摹对象。适用于描摹相片、剪贴画等。轮廓描摹包括"线条图""徽标""详细徽标""剪切画""低品质图像""高品质图像"。

选中需要转换为矢量图的位图对象，执行"位图>轮廓描摹>高质量描摹"菜单命令，打开"PowerTRACE"对话框。也可以单击属性栏上"描摹位图"下拉菜单中"轮廓描摹>高质量描摹"命令，如图11-123所示。

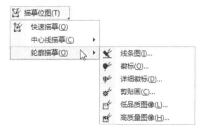

图11-123

"轮廓描摹"对话框的参数介绍

＊ 线条画：描摹黑白草图和图解，如图11-124所示。

图11-124

＊ 徽标：描摹细节和颜色都较少的简单徽标，如图11-125所示。

图11-125

＊ 详细徽标：描摹包含精确细节和许多颜色的徽标，如图11-126所示。

图11-126

＊ 剪贴画：描摹根据细节量和颜色数而不同的现成图形，如图11-127所示。

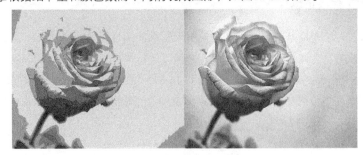

图11-127

＊ 低品质图像：描摹细节不足的图像，如图11-128所示。

图11-128

＊ 高质量图像：描摹高质量、精致图像，如图11-129所示。

图11-129

在PowerTRACE对话框中设置"细节""平滑""拐角平滑度"的数值，调整描摹的精细程度，在预览视图上查看调整效果，如图11-130所示，单击"确定"按钮 确定 完成描摹，效果如图11-131所示。

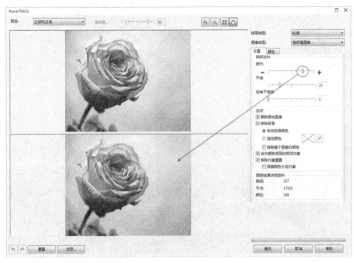

图11-130

图11-131

PowerTRACE对话框的参数介绍

﹡ 细节：控制描摹结果中保留的颜色等原始细节量。

﹡ 平滑：调整描摹结果中的节点数，以控制产生的曲线与原图像中线条的接近程度。

﹡ 拐角平滑度：控制描摹图像拐角处的节点数，控制拐角处的线条与原图像中线条的接近程度。

﹡ 删除原始图像：选中该复选框，在生成描摹结果后删除原始位图图像。

﹡ 移除背景：在描摹图像时清除图像背景。

﹡ 自动选择颜色：勾选该选项后，删除系统默认的背景颜色。通常情况下默认颜色为白色，有偏差的白色无法清除干净，如图11-132所示。

图11-132

﹡ 指定颜色：勾选该选项后单击后面的"指定要移除的背景色"按钮 ✐ 可以选择描摹对象中需要删除的颜色，方便用户进行灵活删除不需要的颜色区域，如图11-133所示。

图11-133

* 移除整个图像的颜色：勾选该选项可以根据选择的颜色删除描摹中所有相同区域，如图11-134所示。

图11-134

* 跟踪结果详细资料：显示描摹结果中的曲线、节点和颜色信息。

* 在"颜色"标签中可以设置描摹结果中的颜色模式和颜色数量。

11.8 本章练习

练习1：转换矢量图

素材位置	素材文件>CH11>03.jpg
实用指数	★★★★★
技术掌握	轮廓描摹转换为矢量图的方法

运用本章所学的描摹位图功能，导入一张位图图像，将该图像转换为矢量图，如图11-135所示。

图11-135

练习2：替换颜色

素材位置	素材文件>CH11>04.jpg
实用指数	★★★★★
技术掌握	替换颜色的方法

运用本章所学的位图调整功能，导入一张位图图像，将该图像的颜色替换，如图11-136所示。

图11-136

第12章
滤镜的应用

滤镜是CorelDRAW的一种特效工具，使用滤镜可以给位图应用各种特殊效果，增强设计作品的表现力和吸引力。本章将针对CorelDRAW X7中最常用的三维效果、艺术笔效果、模糊效果、相机效果、轮廓图效果等滤镜进行介绍，通过本章的学习，读者可以熟练掌握这些滤镜的使用方法。

学习要点

❖ 添加和删除滤镜效果
❖ 滤镜效果的应用

12.1 添加和删除滤镜效果

在CorelDRAW X7的"位图"菜单中，不同的滤镜效果按分类的形式被整合在一起，不同的滤镜可以产生不同的效果，恰当地使用这些效果，可以丰富画面，使图形产生不一样的效果。

12.1.1 添加滤镜效果

添加滤镜效果，只需要在选中位图图像后，单击"位图"菜单，在下拉菜单中选择需要应用的滤镜组，再选择需要的滤镜效果，即可设置滤镜效果。如图12-1所示。

图12-1

CorelDRAW中的滤镜效果都提供有参数设置的对话框。在选择滤镜效果后打开相应的参数设置对话框，设置好效果后，单击"确定"按钮即可得到效果图。

12.1.2 删除滤镜效果

在为图像应用滤镜效果后，还可以还原操作，将图像还原到应用滤镜效果前的状态。

要撤销上一步的滤镜操作，执行"编辑>撤销"菜单命令，如图12-2所示，或按快捷键Ctrl+Z，即可将图像还原到应用滤镜前的状态。

图12-2

12.2 滤镜效果

CorelDRAW X7提供了多种类型的滤镜效果，包括三维效果、艺术笔触效果、模糊效果、相机效果、颜色变换效果、轮廓图效果、创造性效果、扭曲效果、杂点效果和鲜明化效果等。下面介绍滤镜效果的使用功能及方法。

12.2.1 三维效果

三维效果滤镜组可以对位图添加三维特殊效果，使位图具有空间和深度效果，三维效果的操作命令包括"三维旋转""柱面""浮雕""卷页""透视""挤远/挤近""球面"如图12-3所示。

图12-3

1.三维旋转

"三维旋转"通过手动拖动三维模型效果，来添加图像的旋转3D效果。

选中位图，然后执行"位图>三维效果>三维旋转"菜单命令，打开"三维旋转"对话框，接着使用鼠标左键拖动三维效果，在预览图中查看效果，最后单击"确定"按钮 确定 完成调整，如图12-4所示。

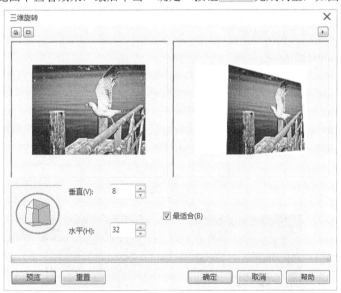

图12-4

"三维旋转"的参数介绍

* 垂直：设置对象在垂直方向上的旋转效果。

* 水平：设置对象在水平方向上的旋转效果。

* 最适合：可以使经过变形后的位图适应于图框。

技巧与提示

在所有的滤镜效果对话框中，左上角 按钮用于窗口预览和取消预览之间进行切换。

2.柱面

"柱面"以圆柱体表面贴图为基础，为图像添加三维效果。

选中位图，执行"位图>三维效果>柱面"菜单命令，打开"柱面"对话框，然后选择"柱面模式"，再调整拉伸的百分比，接着单击"确定"按钮 确定 完成调整，如图12-5所示。

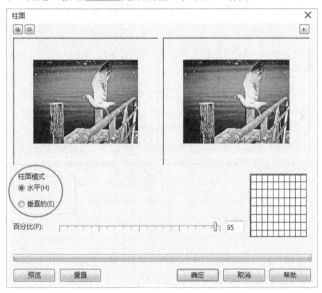

图12-5

"柱面"的参数介绍

＊ 水平：表示沿水平柱面产生缠绕效果。

＊ 垂直的：沿垂直柱面产生缠绕效果。

＊ 百分比：设置柱面凹凸的强度。

3.浮雕

"浮雕"可以为图像添加凹凸效果，形成浮雕图案。

选中位图，执行"位图>三维效果>浮雕"菜单命令，打开"浮雕"对话框，然后调整"深度""层次"和"方向"，再选择浮雕的颜色，单击"确定"按钮 确定 完成调整，如图12-6所示。

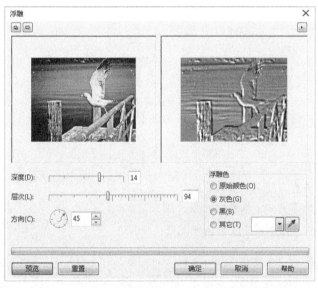

图12-6

"浮雕"的参数介绍

＊ 深度：设置浮雕效果中凸起区域的深度。

＊ 层次：设置浮雕效果的背景颜色总量。

＊ 方向：设置浮雕效果采光的角度。

＊ 浮雕色：创建浮雕所使用的颜色设置为原始颜色、灰色、黑色玻璃或其他颜色。

4.卷页

"卷页"可以卷起位图的一角，形成翻卷效果。

选中位图，执行"位图>三维效果>卷页"菜单命令，打开"卷页"对话框，选择卷页的方向、"定向""纸张"和"颜色"，再调整卷页的"宽度"和"高度"，单击"确定"按钮 确定 完成调整，如图12-7所示。

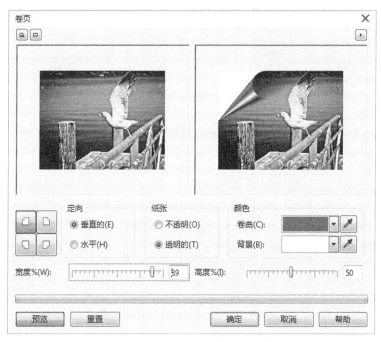

图12-7

"卷页"的参数介绍

＊ 按钮：对话框左侧的4个按钮，用于选择页面卷曲的图像边角。

＊ 定向：将页面卷曲的方向设置为"垂直"或"水平"方向。

＊ 纸张：将纸张上卷曲的区域设置为透明或不透明效果。

＊ 颜色：在选择页面卷曲时，同时选择纸张背面抛光效果的卷曲部分和背面颜色。

＊ 宽度和高度：调整页面卷曲区域的大小范围。

5.透视

"透视"可以通过手动移动为位图添加透视深度。

选中位图，执行"位图>三维效果>透视"菜单命令，打开"透视"对话框，选择透视的"类型"，然后使用鼠标左键拖曳透视效果，单击"确定"按钮 确定 完成调整，如图12-8所示。

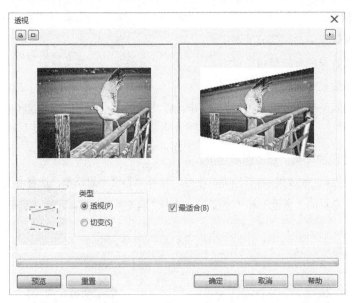

图12-8

"透视"的参数介绍

* 通过调节框中的4个白色方块节点，设置图像的透视方向。

* 类型：设置不同的三维透视或变形效果。

* 最合适：使经过变形后的位图适应于图框。

6.挤远/挤近

"挤远/挤近"以球面透视为基础为位图添加向内或向外的挤压效果。

选中位图，执行"位图>三维效果>挤远/挤近"菜单命令，打开"挤远/挤近"对话框，调整挤压的数值，单击"确定"按钮 ▭ 完成调整，如图12-9所示。

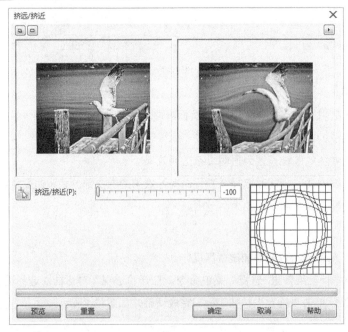

图12-9

"挤远/挤近"的参数介绍

* 单击🖫按钮后,在预览窗口中单击,可设置变形的中心点位置。

* 挤远/挤近:拖曳滑块,设置图像挤远或挤近变形的强度。

7.球面

"球面"可以为图像添加球面透视效果。

选中位图,执行"位图>三维效果>球面"菜单命令,打升"球面"对话框,选择"优化"类型,再调整球面效果的百分比,单击"确定"按钮[确定]完成调整,如图12-10所示。

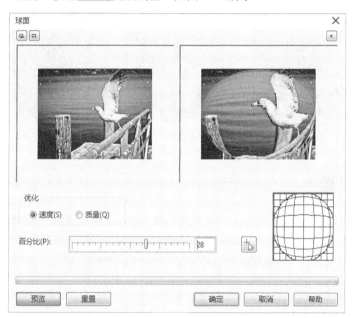

图12-10

"球面"的参数介绍

* 优化:根据需要选择"速度"或"质量"作为优化标准。

* 百分比:设置柱面凹凸的强度。

12.2.2 艺术笔效果

"艺术笔触"用于将位图以手工绘画方法进行转换,创造不同的绘画风格。包括"炭笔画""单色蜡笔画""蜡笔画""立体派""印象派""调色刀""彩色蜡笔画""钢笔画""点彩派""木版画""素描""水彩画""水印画""波纹纸画"14种,效果如图12-11到图12-25所示,用户可以选择相应的笔触打开对话框进行详细设置。

12-11 原图

图12-12 炭笔画

图12-13 单色蜡笔画

图12-14 蜡笔画

图12-15 立体派

图12-16 印象派

图12-17 调色刀

图12-18 彩色蜡笔画

图12-19 钢笔画

图12-20 点彩派

图12-21 木版画

图12-22 素描

图12-23 水彩画

图12-24 水印画

图12-25 波纹纸画

12.2.3　模糊效果

模糊是绘图中最为常用的效果，方便用户添加特殊光照效果。在位图菜单下可以选择相应的模糊类型为对象添加模糊效果，包括"定向平滑""高斯式模糊""锯齿状模糊""低通滤波器""动态模糊""放射式模糊""平滑""柔和""缩放""智能模糊"10种，效果如图12-26到图12-36所示，用户可以选择相应的模糊效果打开对话框进行数值调节。

图12-26 原图

图12-27 定向平滑

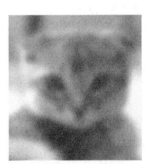
图12-28 高斯式模糊

图12-29 锯齿状模糊

图12-30 低通滤波器

图12-31 动态模糊

图12-32 放射式模糊

图12-33 平滑

图12-34 柔和　　　　　　　　图12-35 缩放　　　　　　　　图12-36 智能模糊

技巧与提示

模糊滤镜中最为常用的是"高斯式模糊"和"动态模糊"这两种，可以制作光晕效果和速度效果。

12.2.4 相机效果

"相机"可以为图像添加相机产生的光感效果，为图像去除存在的杂点，给照片添加颜色效果，包括"着色""扩散""照片过滤器""棕褐色色调""延时"5种，效果如图12-37到图12-41所示，用户可以选择相应的滤镜效果打开对话框进行数值调节。

图12-37

图12-38

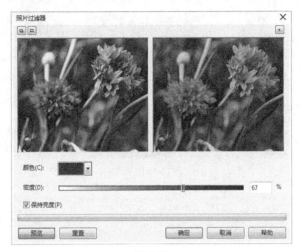

图12-39

图12-40

图12-41

12.2.5　颜色转换效果

"颜色转换"可以将位图分为3个颜色平面进行显示，也可以为图像添加彩色网版效果，还可以转换色彩效果，包括"位平面""半色调""梦幻色调""曝光"4种，效果如图12-42到图12-46所示，用户可以选择相应的颜色转换类型打开对话框进行数值调节。

图12-42 原图

图12-43 位平面

图12-44 半色调

图12-45 梦幻色调

图12-46 曝光

12.2.6 轮廓图效果

"轮廓图"用于处理位图的边缘和轮廓，可以突出显示图像边缘。包括"边缘检测""查找边缘""描摹轮廓"3种，效果如图12-47到图12-50所示，用户可以选择相应的类型打开对话框进行数值调节。

图12-47 原图

图12-48 边缘检测

图12-49 查找边缘

图12-50 描摹轮廓

12.2.7 创造性效果

"创造性"为用户提供了丰富的底纹和形状，包括"工艺""晶体化""织物""框架""玻璃砖""儿童游戏""马赛克""粒子""散开""茶色玻璃""彩色玻璃""虚光""漩涡""天气"14种，效果如图12-51到图12-65所示，用户可以选择相应的类型打开对话框进行选择和调节，使效果更丰富更完美。

图12-51 原图

图12-52 工艺

图12-53 晶体化

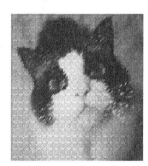
图12-54 织物

图12-55 框架

图12-56 玻璃砖

图12-57 儿童游戏

图12-58 马赛克

图12-59粒子　　　　　图12-60散开　　　　　图12-61茶色玻璃　　　　　图12-62彩色玻璃

图12-63虚光　　　　　图12-64漩涡　　　　　图12-65天气

12.2.8 自定义

"自定义"可以为位图添加图像画笔效果，包括Alchemy、"凹凸贴图"2种，效果如图12-66到图12-68所示，用户可以选择相应的类型打开对话框进行选择和调节，利用"自定义"效果可以添加图像的画笔效果。

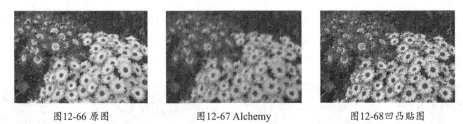

图12-66 原图　　　　　图12-67 Alchemy　　　　　图12-68凹凸贴图

12.2.9 扭曲效果

"扭曲"可以使位图产生变形扭曲效果，包括"块状""置换""网孔扭曲""偏移""像素""龟纹""漩涡""平铺""湿笔画""涡流""风吹效果"10种，效果如图12-69到图12-80所示，用户可以选择相应的类型打开对话框进行选择和调节，使效果更丰富更完美。

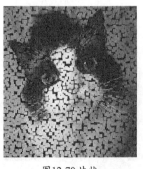

12-69 原图　　　　　图12-70 块状　　　　　图12-71 置换　　　　　图12-72 网孔扭曲

图12-73 偏移

图12-74 像素

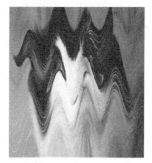

图12-75 龟纹

图12-76 漩涡

图12-77 平铺

图12-78 湿笔画

图12-79 涡流

图12-80 风吹效果

12.2.10 杂点效果

"杂点"可以为图像添加颗粒，并调整添加颗粒的程度，包括"添加杂点""最大值""中值""最小""去除龟纹""去除杂点"6种，效果如图12-81到图12-87所示，用户可以选择相应的类型打开对话框进行选择和调节，利用杂点可以创建背景也可以添加刮痕效果。

图12-81 原图

图12-82 添加杂点

图12-83 最大值

图12-84 中值

图12-85 最小

图12-86 去除龟纹

图12-87 去除杂点

12.2.11　鲜明化效果

　　"鲜明化"可以突出强化图像边缘，修复图像中缺损的细节，使模糊的图像变得更清晰，包括"适应非鲜明化""定向柔化""高通滤波器""鲜明化""非鲜明化遮罩"5种，效果如图12-88到图12-93所示，用户可以选择相应的类型打开对话框进行选择和调节，利用"鲜明化"效果可以提升图像显示的效果。

图12-88 原图

图12-89 适应非鲜明化

图12-90 定向柔化

图12-91 高通滤波器

图12-92 鲜明化

图12-93 非鲜明化遮罩

12.2.12　底纹

　　"底纹"为用户提供了丰富的底纹肌理效果，包括"鹅卵石""褶皱""蚀刻""塑料""浮雕""石头"6种，效果如图12-94到图12-100所示，用户可以选择相应的类型打开对话框进行选择和调节，使效果更加丰富完美。

图12-94 原图

图12-95 鹅卵石

图12-96 褶皱

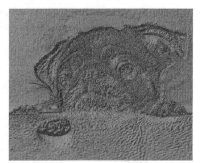

图12-97 蚀刻

图12-98 塑料

图12-99 浮雕

图12-100 石头

12.2.13 实例：制作复古点彩画效果

实例位置	实例文件>CH12>实战：制作复古点彩画效果.cdr
素材位置	素材文件>CH12>01.jpg、02.jpg
实用指数	★★★★☆
技术掌握	滤镜效果的运用方法

复古点彩画效果如图12-101所示。

图12-101

01 新建空白文档，设置文档名称为"复古点彩画"，设置页面大小"宽"为352mm、"高"为279mm。

02 导入教学资源中的"素材文件>CH12>01.jpg"文件，将图片拖曳到页面中心，适当调整位置。执行"位图>底纹>鹅卵石"菜单命令，设置"粗糙度"为100、"大小"为91、"泥浆宽度"为10、"光源方向"为315，然后单击"确定"按钮，如图12-102所示。

03 执行"位图>艺术笔触>水印画"菜单命令，设置"大小"为2、"颜色变化"为25，然后单击"确定"按钮。如图12-103所示。

04 导入教学资源中的"素材文件>CH12>02.jpg"文件，将图片拖曳到页面中心，将前面设置的图像拖曳至页面中心，适当调整位置，最终效果如图12-104所示。

图12-102

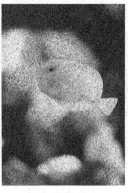
图12-103

图12-104

12.3 本章练习

练习1：制作风暴效果

素材位置	素材文件>CH12>03.jpg
实用指数	★★★☆☆
技术掌握	滤镜组的使用方法

应用本章所学的创造性效果，在滤镜组中选择"天气"效果，为图像添加漩涡效果，如图12-105所示。

图12-105

练习2：制作球面立体效果

素材位置	素材文件>CH12>05.jpg
实用指数	★★★☆☆
技术掌握	三维效果的使用方法

应用本章所学的三维效果，在滤镜组中选择"球面"效果，为图像添加球面立体效果，如图12-106所示。

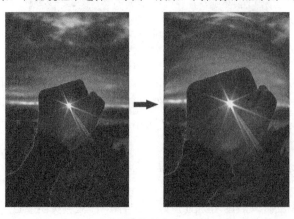
图12-106

第13章
管理文件与打印

CorelDRAW X7还提供了强大的文件管理和打印输出功能，完成作品的设计之后，通常都需要进行打印输出并送样给客户审查。不少设计师都不太重视打印输出环节，其实打印也是平面设计中比较关键的步骤，把作品以最佳的效果打印出来，很有可能进一步提高设计方案的通过率。

学习要点

- ❖ 文件管理功能
- ❖ 打印输出功能
- ❖ 印前技术的相关知识

13.1 在CorelDRAW X7中管理文件

CorelDRAW X7可以将文件导出为多种可在其他应用程序中使用的位图和矢量文件格式。可导入在其他应用程序中创建的文件，用户可以导入格式 PDF、JPEG或 AI文件。

13.1.1 导入与导出文件

在设计工作中，需要配合多个图形处理软件来完成一个复杂项目的编辑，需要在CorelDRAW X7中导入其他格式的图像文件，或者将绘制好的图形导出为其他指定格式的文件，得到可以被其他软件导入或打开的文件。

执行"文件>导入"菜单命令或按下快捷键Ctrl+I，也可以单击工具栏中的"导入"按钮，打开对话框，在"文件类型"下拉列表中选择需要导入文件的格式，选择好需要导入的文件，单击"导入"按钮，即可将文件导入。

技巧与提示

关于导入文件的具体操作方法，参考"11.1.1 导入位图"详细介绍。

要将当前绘制的图形导出为其他格式文件，执行"文件>导出"或者按下快捷键Ctrl+E，也可以单击工具栏中的"导出"按钮，打开对话框。在对话框中设置好导出文件的"保存路径"和"文件名"，并在"保存类型"下拉列表中选择需要导出的文件格式，然后单击"导出"按钮，打开"转换为位图"对话框，如图13-1所示，在其中设置好图像大小、颜色模式等参数后，单击"确定"按钮，即可将文件以此种格式导出在指定的目录。

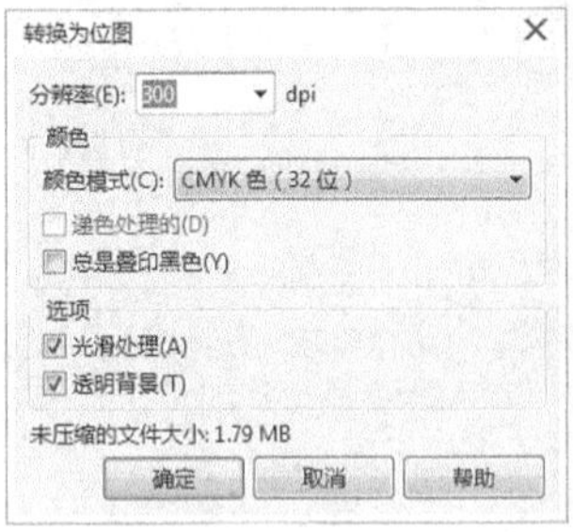

图13-1

"转换为位图"对话框的参数介绍

* 分辨率：根据实际需要设置对象的分辨率。
* 递色处理：模拟数目比可用颜色更多的颜色。
* 总是叠印黑色：通过叠印黑色进行打印时避免黑色对象与下面的对象之间的间距。
* 选项：设置对象转换为位图的"光滑处理""保持图层"和"透明背景"选项。

技巧与提示

在导出文件时，根据所需要插入的文件格式来选择导出文件的保存类型，否则在此种格式的文件中，可能无法打开导出的文件。

CorelDRAW X7中支持导出的文件格式有多种，和支持导入使用的文件格式大致相同，将绘制的图形应用到其他编辑软件中，可以为其提供富有特色的图形素材，成为进行复杂图形设计工作中的有力辅助。在"导出"对话框的"保存类型"下拉列表中，可查看到支持导出的所有文件格式。

13.1.2 CorelDRAW X7与其他图形文件格式

CorelDRAW X7可使文件导入、导出的格式有多种，极大地丰富了素材来源，为创作出丰富的图形文件提供了有力支持。

PSD文件格式：PSD格式是Photoshop的文件格式，可以保持图像的层、通道等许多信息，是在完成图像处理任务前，一种常用且可以较好地保存图像信息的格式。由于PSD格式所包含图像数据较多，因此相比其他格式的图形文件而言比较大，但使用这种格式存储的图像修改起来比较方便。

BMP文件格式：BMP格式是微软公司软件的专用格式，也就是常见的位图格式。支持RGB、索引颜色、灰度和位图颜色模式，但不支持Alpha通道。位图格式产生的文件较大，是最通用的图像文件格式之一。

TIFF文件格式：TIFF格式是一种无压缩格式，便于在应用程序之间和计算机平台之间进行图像数据交换。因此，TIFF格式是应用非常广泛的一种图像格式，可以在许多图像软件之间转换。TIFF格式支持带Alpha通道的CMYK、RGB和灰度文件，支持不带Alpha通道的Lab、索引颜色和位图文件，另外还支持LZW压缩。

JPEG格式：JPEG是一种有损压缩格式。支持真彩色，生成的文件较小，也是常用的图像格式。JPEG格式支持CMYK、RGB和灰度的颜色模式，但不支持Alpha通道。在生成JPEG格式的文件时，可以通过设置压缩的类型，产生不同大小和质量的文件。压缩越大，图像文件就越小，相对的图像就越差。

GIF文件格式：GIF格式的文件是8位图像文件，最多为256色，不支持Alpha通道。GIF产生的文件较小，常用于网络传输，在网页上见到的图片大多是GIF和JPG格式的。GIF格式与JPG格式相比，优势在于GIF格式文件可以保存动画效果。

PNG文件格式：PNG格式主要用于替代GIF格式的文件。GIF格式的文件虽然较小，但在图像的颜色和质量上较差。PNG格式可以使无扣压缩方式压缩文件，支持24位图像，产生的透明背景没有锯齿边缘，可产生质量较好的图像效果。

EPS文件格式：EPS可以包含矢量和位图图形，支持所有图像、示意图和页面排版程序，最大优点在于排版软件中以低分辨率预览，在打印时以高分辨率输出。不支持Alpha通道，可以支持裁切路径。EPS格式支持Photoshop所有颜色模式，可以用来存储矢量图和位图，在存储位图时，还可以将图像的白色像素设置为透明的效果，在位图模式下也支持透明。

PCX文件格式：PCX格式与BMP格式一样支持1-24Bits的图像，并可以用RLE的压缩方式保存文件。PCX格式还可以支持RGB、索引颜色、灰度和位图颜色模式，但不支持Alpha通道。

PDF文件格式：PDF格式文件是Adobe公司用于Windows、MAC OS、UNX和DOS系统的一种电子出版软件的文档格式，适用于不同平台。该格式文件可以存储多页信息，其中包含图形和文件的查找和导航功能。因此，使用该软件不需要排版或图像文件即可获得图文混排的版面。由于该格式支持超文本链接，是网络下载经常使用的文件格式。

PICT文件格式：PICT格式广泛应用于Macintosh图形和页面排版程序中，是作为应用程序间传递文件的中间文件格式。PICT格式支持带一个Alpha通道的RGB文件和不带Alpha通道的索引文件、灰度、位图文件。PICT格式对于压缩具有面积单色的图像非常有效。对于具有大面积黑色和白色的Alpha通道，这种压缩的效果非常明显。

AI文件格式：AI格式是由Adobe公司出品的Adobe Illustrator软件生成的一种矢量文件格式，与Adobe公司出品的Adobe Photoshop、Adobe Indesign等图像处理和绘图软件都有很好的兼容性。

13.1.3 发布到Web

CorelDRAW X7可以为HTML格式发布的文档指定扩展名.htm。默认情况下，HTML文件与CorelDRAW X7源文件共享同一文件名，并保存在用于存储导出的Web文档的最后一个文件夹中。

1.创建HTML文本

HTML文件为纯文本，可以使用任何文本编辑创建，包括SimpleTexe和TextEdit。HTML文件是特为在Web浏览器上显示用的。

当需要将图像或文档发布到Web上时，可执行"文件>导出为HTML"菜单命令，打开"导出到HTML"对话框，如图13-2所示。

"导出到HTML"对话框的参数介绍

＊常规：包含HTML、布局、HTML文件的图像文件夹、FTP站点和导出范围等选项。也可以选择、添加和移动预设。

＊细节：包含生成的HTML文件细节，且允许更改页面名和文件名。

＊图像：列出当前所有HTML导出的图像。可以将单个对象设置为JPEG、GIF和PNG格式。

＊高级：提供生成翻转和层叠样式表的JavaScript，维护外部文件的链接。

＊总结：根据不同的下载速度显示统计文件统计信息。

＊问题：显示潜在的问题列表，包括解释、建议和提示内容。

图13-2

2.导入HTML文本的方法

执行"文件>导入"菜单命令，打开"导入"对话框，在"文件类型"下拉列表中选择一个HTML文件，单击"导入"按钮，打开"HTML选项"对话框，提示是否使用默认的文本窗口颜色，然后单击"确定"按钮，在绘图窗口中单击鼠标左键，即可导入HTML格式的文本内容，如图13-3所示。

图13-3

技巧与提示

导入的HTML文本，可以按照CorelDRAW中编辑普通文本的方式对齐进行编辑。

3.对导出网络图像进行优化

用户再将文件输出为HTML格式之前，可以对文件中的图像进行优化，以减小文件的大小，提高图像在网络中的下载速度。

在工作区选中需要进行优化输出的图像后，执行"文件>导出到网页"菜单命令，打开"导出到网页"对话框，如图13-4所示。

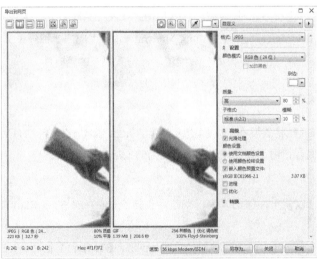

图13-4

"导出到网页"对话框的参数介绍

* 单击 ▯▯▤▦ 按钮：可设置图像预览窗口的数量。

* 单击 ▤▨▨ 按钮：可对各项预览窗口中的图形进行平移或缩放调整。

* 在参数设置区，可对当前所选预览窗口中图像格式的具体参数进行优化设置。

* 在"速度"下拉列表中，可选择图像所应用网络的传输速度，可以在预览窗口中查看图像格式当前优化状态所需的下载时间。

* 选择需要应用的图像优化预览窗口后，单击"另存为"按钮，即可将图像按所设置的参数进行保存。

13.1.4 导出到Office

CorelDRAW 与 Office 效率型应用程序高度兼容。可以在应用程序之间导入和导出文件，还可以将对象从 CorelDRAW 复制或插入到 Office 效率型文档中。

在工作区中选中需要进行优化输出的图像后，执行"文件>导出到Office"菜单命令，打开"导出到Office"对话框，如图13-5所示。

图13-5

"导出到Office" 对话框的参数介绍

* 导出到：选择图像的应用类型，可以选择应用到Word中或所有Office文档中。

* 图形最佳适合：选择"兼容性"，则以基本的演示应用进行导出；选择"编辑"，则保持图像的最高质量，便于对图像进行进一步编辑调整。

* 优化：选择图像的最终应用品质。

13.1.5 发布至PDF

可以将文档导出为 PDF 文件。如果用户在其计算机上安装了 Adobe Acrobat、Adobe Reader 或 PDF 兼容的阅读器，就可在任何平台上查看、共享和打印 PDF 文件，PDF 文件也可以下载到企业内部网或 Web，还可以将个别选定部分或整个文档导出到 PDF 文件中。

执行"文件>发布至PDF"菜单命令，打开"发布至PDF"对话框，如图13-6所示，在对话框的"PDF预设"下拉列表中，可以选择所需要的PDF预设类型，如图所示，在"发布至PDF"对话框中单击"设置"按钮，在打开的对话框中进行设置，如图13-7所示，然后单击"确定"按钮，回到"发布至PDF"对话框，单击"保存"按钮即可。

图13-6　　　　　　　　　　　　　　　　　　图13-7

13.2 打印与印刷

设计作品制作出来的最后一个环节，就是将需要打印的作品打印出来。要成功地打印作品，还需要对打印选项进行设置，使作品效果达到最佳状态。用户可以选择按标准模式打印，或指定文件中的某种颜色进行分色打印，也可以将文件打印为黑白单色效果。

印刷不同于打印，印刷是一项更为复杂的输出方式，需要先制版才能交付印刷。要得到准确无误的印刷效果，在之前需要了解与印刷相关的基本知识和印刷技术。

13.2.1 打印设置

打印设置是指对打印页面的布局和打印机类型等参数进行设置。执行"文件>打印"菜单命令，打开"打印"对话框，其中包括"常规""颜色""复合""布局""预印"和"问题"6个选项，下面分别对选项设置进行详细介绍。

1．"常规"设置

在打开的"打印"对话框中，默认为"常规"标签选项，如图13-8所示，该选项可以设置打印范围、份数及打印样式。

图13-8

"常规"设置参数介绍

＊ "打印机"下拉列表：单击下拉按钮，在打开的下拉列表中可以选择与本台计算机相连接的打印机。

＊ "首选项"按钮：单击该按钮，将打开与所选打印机类型对应的设置对话框。

＊ "当前文档"单选项：可以打印当前文件中所有页面。

＊ "文档"单选项：可以在下方出现的文件列表中选择所要打印的文档，出现在该列表框中的文件是已经被CorelDRAW打开的文件。

＊ "当前页"单选项：只打印当前页面。

＊ "选定内容"单选项：打印被选取的图形对象。

＊ "页"单选项：可以指定当前文件中所要打印的页面，还可以在下方的下拉列表中选择所要打印的

是奇数页还是偶数页。

＊ "份数"文本框：用于设置文件被打印的份数。

＊ "打印类型"下拉列表：在其下拉列表中选择打印的类型。

＊ "另存为"按钮：在设置好打印参数后，单击该按钮，可以让CorelDRAW X7保存当前的打印设置，以便日后在需要的时候直接调出使用。

2. "颜色"设置

单击"打印"对话框中的"颜色"标签，切换到"颜色"选项卡设置，如图13-9所示。

"颜色"设置参数介绍

＊ "复合打印"或"分色打印"单选项："复合打印"是指图像中的所有色彩以直观的混合色彩状态打印，是一般设计工作中预览实际印刷效果最常规的打印方式。"分色打印"可以将文稿中图像上的颜色分为CMYK这4种颜色进行打印。

＊ "使用文档颜色设置"单选项：应用当前文件中的颜色校样设置进行打印。

＊ "使用颜色校样设置"单选项：选择该选项后，在下面的"使用颜色预设文件校正颜色"列表中选择一个颜色校样标准，作为打印机的校样颜色设置。

图13-9

3. "复合"设置

单击"打印"对话框中的"复合"标签，切换到"复合"选项设置，如图13-10所示。

"复合"设置参数介绍

＊ "文档叠印"选项：系统默认为"保留"选项，该选项可保留文档中的叠印设置。

＊ "始终叠印黑色"复选项：选中该复选项后，可以使任何含95%以上的黑色对象与其下面的对象叠印在一起。

＊ "自动"伸展复选项：通过给对象指定与其填充颜色相同的轮廓，然后使轮廓叠印在对象的下面。

＊ "固定宽度"复选项：固定宽度的自动扩展。

图13-10

4. "布局"设置

单击"打印"对话框中的"布局"标签，切换到"布局"选项卡设置，如图13-11所示。

图13-11

"布局"设置参数介绍

* ＊ "与文档相同"单选项：可以按照对象在绘图页面中的当前位置进行打印。

* ＊ "调整到页面大小"单选项：在右侧的下拉列表中，选择图像在打印页面的位置。

* ＊ "打印平铺面"复选项：以纸张的大小为单位，将图像分割成若干块后进行打印，用户可以在预览窗口中观察平铺的情况。

* ＊ "出血限制"复选项：选中"出血限制"复选项后，可以在该选项数值框中设置出血边缘值。

技巧与提示

出血限制可将稿件的边缘超出实际纸张的尺寸，通常在上下左右可各留出3～5mm，可避免由于打印和裁剪过程中的误差而产生不必要的白边。

5. "预印"设置

单击"打印"对话框中的"预印"标签，切换到"预印"选项卡设置，如图13-12所示。在"预印"标签中可以设置纸张/胶片、文件信息、裁剪/折叠标记、注册标记及调校栏等参数。

图13-12

"预印"设置参数介绍

* ＊ "纸张/胶片设置"选项组：选中"反选"复选项后，可以打印负片图像；选中"镜像"复选项后，打印为图像的镜像效果。

* ＊ "打印文件信息"复选项：选中该复选项，可以在页面底部打印出文件名、当前日期和时间等信息。

* ＊ "打印页面"复选项：选取该复选项后可以打印页码。

* ＊ "在页面内部的位置"复选项：选中该复选项，可以在页面内打印文件信息。

* ＊ "裁剪/折叠标记"复选项：选中该复选项，可以让裁切线标记印在输出的胶片上，作为装订厂装订的参照依据。

* ＊ "仅外部"复选项：选中该复选项，可以在同一张纸上打印出多个页面，并且将其分割成各个单张。

* ＊ "对象标记"复选项：选中该复选项，将打印标记置于对象的边框，而不是页面的边框。

* ＊ "打印套准标记"复选项：选中该复选项，可以在页面上打印套准标记。

* ＊ "样式"列表框：用于选择套准标记的样式。

* ＊ "颜色调校栏"复选项：可以在作品旁边打印包含6种基本颜色的色条，用于质量较高的打印输出。

* "尺度比例"复选项：可以在每个分色版上打印一个不同灰度深浅的条，允许被称为密度计的工具来检查输出内容的精确性、质量程度和一致性，用户可以在下面的"浓度"列表框中选择颜色的浓度值。

* "位图缩减取样"：在该选项中，可以分别设置在单色模式和彩色模式下的打印分辨率，常用于打印样稿时降低像素取样率，以减小文件，提高打样速度。不宜在需要较高品质的打印输出时设置该选项。

6. "问题"设置

单击"打印"对话框中的"问题"标签，切换到"问题"选项卡设置，如图13-13所示。在此显示了CorelDRAW X7自动检查到绘图页面存在的打印冲突或者打印错误的信息，为用户提供修正打印方式的参考。

图13-13

技巧与提示

分别单击"打印"对话框的"打印预览"按钮和"扩展预览"按钮，可以不同形式出现该文件的打印预览，如图13-14和图13-15所示。

图13-14

图13-15

13.2.2 打印预览

通过"打印预览"功能，可预览文件在输出前的打印状态。执行"文件>打印预览"菜单命令，进入"打印预览"窗口，如图13-16所示。

"打印预览"窗口的参数介绍

* "页面中的图像位置"下拉列表 与文档相同 ▾：可选择打印对象在纸张的位置。

* "挑选工具"按钮 ：选中该工具后，在预览窗口的图形对象上按下鼠标左键并拖曳鼠标，可移动图形的位置；在图形对象上单击，拖曳对象四周的控制点，可调整对象在页面上的大小。

* "缩放工具" 按钮：该工具与CorelDRAW X7工具箱中的

图13-16

"缩放工具"的使用方法相似，使用该工具在预览窗口中单击鼠标左键即可放大视图。

技巧与提示

通过预览打印效果后，如果不需要再修改打印参数，可单击工具栏中的"打印"按钮，即可开始打印文件。

13.2.3 合并打印

可以使用合并打印向导来组合文本和绘图。

1.创建/装入合并域

要创建合并域,可执行"文件>合并打印>创建/装入合并域"菜单命令,打开"合并打印向导"对话框,如图13-17所示。按照对话框中的提示并进行操作,即可完成对合并域的创建。

图13-17

2.执行合并

要执行合并,可执行"文件>合并打印>执行合并"菜单命令,在打开的"打印"对话框中单击任意一台打印设备,设置完成后单击"打印"按钮,即可完成执行合并命令的操作。当文档中合并有数据后,在执行打印时将弹出提示框,可以根据需要是否打印合并数据。

技巧与提示

如果要确保打印所有的域和页面,可以在"打印"对话框的"常规"选项卡中选中"当前文档"单选项。

3.编辑合并域

需要对合并域中的数据进行修改,可以执行"文件>合并打印>编辑合并域"菜单命令,重新打开"合并打印向导"对话框,对需要的内容进行修改即可。

13.2.4 收集用于输出的信息

CorelDRAW中提供的"收集用于输出"向导功能,可以帮助用户完成将文件发送到打印配置文件的全过程。可以简化许多流程。用户可以选择需要输出的信息并打印到文件,依次完成多个文件的输出和打印。

执行"文件>收集用于输出"菜单命令,打开"收集用于输出"对话框,如图13-18所示,按照对话框中的提示并进行操作,即可完成操作。

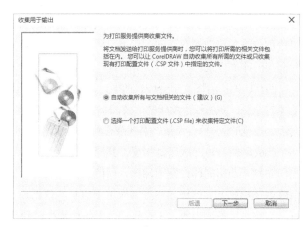

图13-18

13.2.5 印前技术

要使设计作品有更好的印刷效果,还需要了解相关的印刷知识,对于在文稿设计过程中的版面安排、颜色的应用和后期制作等都会起到很大帮助。

1.四色印刷

用于印刷的稿件必须是CMYK颜色模式，因为在印刷中使用的油墨都是由青（C）、红（M）、黄（Y）、黑（K）这4种颜色按不同的比例调配而成的。在印刷时，印刷厂会根据具体的印刷品来确定印刷颜色的先后顺序，通常的印刷流程为先印黑色，再印青色，接着印黄色，最后印品红色。经过4次印刷工序后，就叠合为所需要的颜色。

2.分色

分色是一个印刷专业名词，指的就是将原稿上的各种颜色分解为青（C）、红（M）、黄（Y）、黑（K）4种原色颜色。在电脑印刷设计或平面设计图像类软件中，分色工作就是将扫描图像或其他来源的图像的色彩模式转换为CMYK模式。如果要印刷的话，必须进行分色，分成黄、品红、青、黑4种颜色，这是印刷的要求。如果图像色彩模式为RGB 或Lab，输出时有可能只有K版上有网点，即RIP解释时只把图像的颜色信息解释为灰色。

印刷品中的颜色浓淡和色彩层次是通过印刷中的网点大小来决定的。颜色浓的地方网点就大，颜色浅的地方网点就小，不同大小、不同颜色的网点就形成了印刷中富有层次的画面。

3.菲林

菲林胶片类似于一张相应颜色色阶关系的黑白底片。不管是青、品红或黄色通道中制成的菲林，都是黑白的。再将4种颜色按一定的色序先后印刷出来后，就得到了彩色的画面。

4.制版

制版过程就是拼版和出菲林胶片的过程。

5.印刷

印刷分为平版印刷、凹凸印刷、凸版印刷、和丝网印刷4种不同的类型，根据印刷类型不同，分色出片的要求也会不同。

平版印刷：又称为胶印，由于平版印刷印版上的图文部分与非图文部分几乎处于同一个平面上，在印刷时，为了能使油墨区分印版的图文部分还是非图文部分，首先由印版部件的供水装置向印版的非图文部分供水，从而保护了印版的非图文部分不受油墨的浸湿。然后，由印刷部件的供墨装置向印版供墨，由于印版的非图文部分受到水的保护，因此，油墨只能供到印版的图文部分。最后是将印版上的油墨转移到橡皮布上，再利用橡皮滚筒与压印滚筒之间的压力，将橡皮布上的油墨转移到承印物上，完成一次印刷，所以，平版印刷是一种间接的印刷方式。

凹凸印刷：将图文部分印在凹面，其他部分印在平面。在印刷时涂满油墨，然后刮拭干净较高部分的非图文处理的油墨，并加压于承印物，使凹下的图文处的油墨接触并吸附于被印物上，就印成了印刷品。凹版印刷主要用于大批量的DM单、海报、书刊杂志和画册等。其特点是印刷量大、色彩表现好、色调层次高、不易仿制。

凸版印刷：与凹版印刷相反，其原理类似于盖印章。图文部分在凸出面且是倒反的，非图文部分在平面。在印刷时，凸出的印纹蘸上油墨，而凹纹则不会蘸上油墨，在印版上加压于承印物时，凸纹上图文部分的油墨就吸附在纸张上。凸版印刷主要应用于信封、信纸、贺卡、名片和单色书刊等印刷，其特点是色彩鲜艳、亮度好、文字与线条清晰等，不过只适合于印刷量少时使用。

丝网印刷：印纹成网孔状，在印刷时，将油墨刮压，油墨经网孔被吸附在承印物上，就印成了印刷品。丝网印刷主要用于广告衫、布幅等布类广告制品的印刷。其特点是油墨浓厚、色彩鲜艳，但色彩还原力差，很难表现丰富色彩，且印刷速度慢。

第14章
综合练习实例

在前面的章节中，读者全面学习了CorelDRAW X7各方面的功能和技法，本章将通过几个综合案例来巩固和加深前面所学的软件技法，并培养读者的综合实践能力。本章的综合案例分别是插画设计、名片设计、日历设计和版式设计，这些都是平面设计中比较常见的项目。

学习要点

❖ 插画设计与制作

❖ 名片设计与制作

❖ 日历设计与制作

❖ 版式设计与制作

14.1 综合实例：时尚插画设计

插画设计是常见的平面设计项目之一，在确定好主题和设计风格之后，应用CorelDRAW X7的图形编辑功能使设计师的创作才能可以得到更大的发挥，无论简洁还是繁复，无论传统媒介效果，如油画、水彩、版画风格还是数字图形无穷无尽的新变化、新趣味，都可以更方便更快捷地完成，以得到满意效果。

实例位置	实例文件>CH14>综合实例：时尚插画设计.cdr
素材位置	素材文件>CH14>01.cdr、02.cdr
实用指数	★★★★☆
技术掌握	时尚插画的绘制方法

实例说明

在绘制本实例时，主要使用了CorelDRAW X7中的"矩形工具""椭圆形工具""钢笔工具"绘制画面中的主体图形，并使用"填充工具"填充丰富的色彩，使用"渐变透明度工具"为背景填充渐变效果，使用"文本工具"为画面添加主体，完善画面内容。

时尚插画设计效果如图14-1所示。

图14-1

01 新建空白文档，设置文档名称为"时尚插画设计"，设置页面大小为A4、页面方向为"纵向"。

02 首先绘制插画场景。双击"矩形工具"创建与页面等大的矩形，然后在"编辑填充"对话框中设置"渐变填充"为"线性渐变填充"、再设置"节点位置"为0%的色标颜色为（C:0，M:50，Y:10，K:0）、"节点位置"为100%的色标颜色为（C:77，M:60，Y:0，K:0），接着单击"确定"按钮，如图14-2所示。

图14-2

03 使用"椭圆形工具" ◎.绘制一个圆形，填充颜色为白色，如图14-3所示，然后去除轮廓线，放置页面左上方，适当调整位置，如图14-4所示。

图14-3　　　　　　　　　　　　　　　　　　图14-4

04 使用"钢笔工具" ◐.绘制背景，如图14-5所示，填充颜色为黑色，然后将背景放置页面适当位置，效果如图14-6所示。

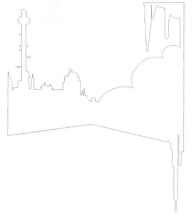

图14-5　　　　　　　　　　　　　　　　　　图14-6

05 导入教学资源中的"素材文件>CH14>01.cdr"文件，拖曳至页面左上方，适当调整位置，如图14-7所示。

06 下面绘制汽车。使用"钢笔工具" ◐.绘制汽车轮廓，如图14-8所示，填充颜色为（C:0，M:0，Y:100，K:0），效果如图14-9所示。

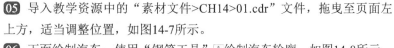

图14-7　　　　　　　　　　　　图14-8　　　　　　　　　　　　图14-9

07 使用"钢笔工具" 绘制汽车阴影，填充颜色为黑色，移动至汽车下方，如图14-10所示。

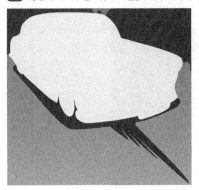

08 使用"钢笔工具" 绘制汽车挡风玻璃，填充颜色为（C:0，M:0，Y:0，K:90），去除轮廓线，如图14-11所示。

09 向内复制两份，由里到外分别填充颜色为（C:100，M:100，Y:100，K:100）、（C:0，M:0，Y:0，K:100），然后去除轮廓线，全选对象进行组合，如图14-12所示。

图14-10   图14-11   图14-12

10 使用"钢笔工具" 绘制玻璃反光，如图14-13所示，填充颜色为（C:0，M:20，Y:0，K:20），去除轮廓线，如图14-14所示。

图14-13   图14-14

11 使用"钢笔工具" 绘制汽车窗户，填充颜色为（C:0，M:0，Y:0，K:90），去除轮廓线，如图14-15所示。

12 向内复制两份，由里到外分别填充颜色为（C:100，M:100，Y:100，K:100）、（C:0，M:0，Y:0，K:100），然后去除轮廓线，全选对象进行组合，如图14-16所示。

图14-15   图14-16

13 使用"钢笔工具" 绘制车窗反光，填充颜色为（C:0，M:20，Y:0，K:20），去除轮廓线，如图14-17所示，然后适当调整位置，效果如图14-18所示。

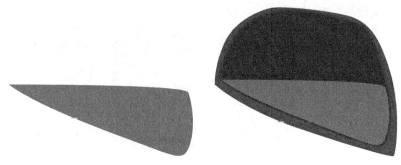

图14-17   图14-18

14 使用"钢笔工具" ⚫️绘制一个不规则长条矩形，填充颜色为（C:0，M:0，Y:0，K:90），复制一份，填充颜色为（C:0，M:0，Y:0，K:100），如图14-19所示，然后适当调整位置，全选窗户进行组合对象，效果如图14-20所示。

图14-19   图14-20

15 使用"椭圆形工具" ⚪️绘制汽车车轮，填充颜色为（C:0，M:0，Y:0，K:90），如图14-21所示，然后向内复制三份，由里到外分别填充颜色为白色、（C:100，M:100，Y:100，K:100）、（C:0，M:0，Y:0，K:100），接着去除轮廓线，全选对象进行组合，如图14-22所示，适当调整位置，如图14-23所示。

图14-21   图14-22   图14-23

16 使用"钢笔工具" ⚫️绘制汽车侧面，填充颜色为黑色，如图14-24所示，然后绘制车头，填充颜色为黑色，如图14-25所示。

图14-24   图14-25

⑰ 使用"钢笔工具"◢绘制车灯，填充颜色为白色，如图14-26所示。

⑱ 使用"钢笔工具"◢绘制车头中间位置，然后由深到浅依次填充颜色为黑色、白色，如图14-27所示。

图14-26　　　　　　　　　　　　　图14-27

⑲ 使用"钢笔工具"在页面右下方绘制矩形，复制一份调整大小，然后填充颜色为白色，如图14-28所示。

⑳ 导入教学资源中的"素材文件>CH14>02.cdr"文件，移动到汽车的左边，然后适当调整位置，如图14-29所示。

㉑ 使用"文本工具"在汽车右上方输入美术文本，设置"字体"为Busorama Md BT、"字体大小"为68pt，填充颜色为白色，然后按快捷键Ctrl+Q转为曲线，最终效果如图14-30所示。

图14-28　　　　　　　　　　图14-29　　　　　　　　　　图14-30

14.2 综合实例：精通名片设计

由于名片能够传达第一印象，其设计也越来越被人们重视，对名片的特点、风格、气氛、元素和形式的要求都必须带有创意感。

实例位置	实例文件>CH14>综合实例：精通名片设计.cdr
素材位置	素材文件>CH14>03.cdr、04.cdr、05.jpg
实用指数	★★★★☆
技术掌握	名片的设计方法

实例说明

在设计本实例时，主要使用了CorelDRAW X7中的"矩形工具"绘制名片中的主体图形，使用"填充工具"填充丰富的色彩效果，使用"文本工具"添加版式效果。

名片设计效果如图14-31所示。

图14-31

01 新建空白文档，设置文档名称为"横版名片"，设置"宽度"为150mm、"高度"为150mm。

02 绘制名片正面。使用"矩形工具"□绘制一个矩形，然后在属性栏上设置"宽度"为90mm、"高度"为55mm，如图14-32所示。

03 导入教学资源中的"素材文件>CH14>03.cdr"文件，执行"对象>图框精确裁剪>置于图文框内部"菜单命令，然后适当调整位置，去掉轮廓线，效果如图14-33所示。

图14-32

图14-33

04 使用"矩形工具"□绘制一个矩形，设置"宽度"为18mm、"高度"为18mm，填充白色，去除轮廓线，然后将矩形水平复制四个，效果如图14-34所示。

图14-34

05 使用"矩形工具"□绘制一个矩形，设置"宽度"为18mm、"高度"为1.228mm，将矩形复制四个，然后填充第一个矩形的颜色为（C:0，M:32，Y:90，K:0），填充第二个矩形的颜色为（C:0，M:69，Y:84，K:0），填充第三个矩形的颜色为（C:0，M:92，Y:30，K:0），填充第四个矩形的颜色为（C:0，M:98，Y:16，K:0），如图14-35所示，接着将四个矩形全选进行组合对象，复制一份，放置在页面下方，效果如图14-36所示。

图14-35

图14-36

06 导入教学资源中的"素材文件>CH14>04.cdr"文件，将素材文件拖曳到白色的矩形中，适当调整位置，如图14-37所示。

07 使用"文本工具"字输入美术文本，设置"字体"为Avante，设置"字体大小"为6pt，然后将文本拖曳到四个白色矩形框中，接着填充最左边文本颜色为（C:0，M:32，Y:90，K:0），填充第二个文本颜色为（C:0，M:69，Y:84，K:0），填充第三个文本颜色为（C:0，M:92，Y:30，K:0），填充第四个文本颜色为（C:0，M:98，Y:16，K:0），最后适当调整位置，效果如图14-38所示。

图14-37

图14-38

08 使用"文本工具"字输入美术文本，设置"字体"为Old Republic，设置"字体大小"为37pt，填充颜色为白色，然后将文本拖曳到页面中心位置，效果如图14-39所示。

09 绘制名片的背面。单击"矩形工具"□在名片背面绘制一个矩形，设置"宽度"为18mm、"高度"为1.228mm，然后将矩形复制四个，接着填充第一个矩形的颜色为（C:0，M:32，Y:90，K:0），填充第二个矩形的颜色为（C:0，M:69，Y:84，K:0），填充第三个矩形的颜色为（C:0，M:92，Y:30，K:0），填充第四个矩形的颜色为（C:0，M:98，Y:16，K:0），再接着将四个矩形全选进行组合对象，最后复制一份，放置在页面下方，效果如图14-40所示。

图14-39

图14-40

⑩ 使用"文本工具"🄃输入文本，设置"字体"为Old Republic、"字体大小"为37pt，然后双击"渐层工具"◈，在"编辑填充"对话框中选择"渐变填充"方式，设置"类型"为"线性渐变填充""镜像、重复和反转"为"默认渐变填充"，再设置"节点位置"为0%的色标颜色为（C:0，M:32，Y:90，K:0）、"节点位置"为30%的色标颜色为（C:0，M:69，Y:84，K:0）、"节点位置"为60%的色标颜色为（C:0，M:92，Y:30，K:0）、"节点位置"为100%的色标颜色为（C:0，M:98，Y:16，K:0），最后单击"确定"按钮 确定，如图14-41所示，效果如图16-34所示。

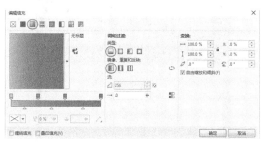

图14-41   图14-42

⑪ 使用"文本工具"🄃输入文本，设置"字体"为Avante、"字体大小"为6pt、填充颜色为（C:0，M:98，Y:16，K:0），如图14-43所示。

⑫ 导入教学资源中的"素材文件>CH14>04.cdr"文件，将素材文件拖曳到文本间的适当位置，效果如图14-44所示。

图14-43   图14-44

⑬ 选中名片页面，单击"阴影工具"，按住鼠标左键在三角形上拖曳，再设置"阴影的不透明度"为60，再设置"阴影羽化"为2，"阴影颜色"为黑色，如图14-45所示。

⑭ 选中名片内包含的所有文本内容，按下快捷键Ctrl+Q转换为曲线，然后分别按下快捷键Ctrl+G组合名片背面和名片正面的所有内容，再选中组合后的两个对象按L键使其左对齐，如图14-46所示。

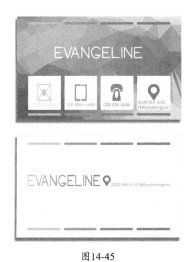   

图14-45   图14-46

⑮ 导入教学资源中的"素材文件>CH14>05.jpg"文件，执行"对象>图框精确裁剪>置于图文框内部"菜单命令，适当调整位置，如图14-47所示，然后移动到页面中间，最终效果如图14-48所示。

图14-47

图14-48

技巧与提示

　　绘制好的名片在输出后选用与名片匹配的纸张或是进行一些特殊工艺的处理，会使名片更具有质感和视觉效果，如图14-49所示。

图14-49

14.3 综合实例：个性日历设计

　　个性日历可以用自己的照片或者自己喜欢的图片做成。个性日历设计比较简单，只要进行图像处理，便可以设计出理想的日历样式。办公室电脑、软件界面日历简洁、美观大方、小巧实用、深受喜爱。

实例位置	实例文件>CH14>实战：个性日历设计.cdr
素材位置	素材文件>CH14>06.jpg、07.jpg、08.cdr
实用指数	★★★★☆
技术掌握	个性日历的绘制方法

实例说明

　　在绘制本实例时，主要使用了CorelDRAW X7中的"表格工具""文本工具"绘制日历中的主体图形，使用"填充工具""透明度工具"填充丰富的色彩效果。

　　日历设计效果如图14-50所示。

图14-50

01 新建空白文档，设置文档名称为"日历"，设置"宽度"为297mm、"高度"为183mm。

02 导入教学资源中的"素材文件>CH14>06.jpg"文件，拖曳到页面上，适当调整位置，效果如图14-51所示。

03 导入教学资源中的"素材文件>CH14>07.jpg"文件，拖曳到页面下方，适当调整位置，然后选中素材文件，单击"透明度工具"，设置"透明度类型"为"无""合并模式"为"如果更亮"，效果如图14-52所示。

图14-51

图14-52

04 导入教学资源中的"素材文件>CH14>08.cdr"文件，拖曳到页面右侧，适当调整位置，如图14-53所示，然后向外复制一份，调整大小位置，填充颜色为（C:0，M:63，Y:0，K:0），效果如图14-54所示。

图14-53

图14-54

05 使用"文本工具"输入美术文本，设置"字体"为TPF Quackery、"字体大小"为39pt，填充颜色为（C:0，M:100，Y:0，K:0），如图14-55所示。

06 单击"表格工具"，在属性栏上设置"行数和列数"为6和7，然后接着在页面上绘制出表格，如图14-56所示。

图14-55

图14-56

07 使用"文本工具" 在表格内单击输入美术文本，设置第一行"字体"为AVGmdBU、"字体大小"为12pt、剩余文本"字体"为Busorama Md BT、"字体大小"为12pt，如图14-57所示，然后选中表格按下快捷键Ctrl+Q转换为曲线，接着将表格框删除，如图14-58所示，填充颜色为（C:0，M:100，Y:0，K:0），最后适当调整位置，最终效果如图14-59所示。

Su	Mo	Tu	We	Th	Fr	Sa
			1	2	3	4	5
6	7	8	9	10	11	12
13	14	15	16	17	18	19
20	21	22	23	24	25	26
27	28	29	30	31		

图14-57

Su	Mo	Tu	We	Th	Fr	Sa
			2	3	4	5
6	7	8	9	10	11	12
13	14	15	16	17	18	19
20	21	22	23	24	25	26
27	28	29	30	31		

图14-58

图14-59

14.4 综合实例：封面版式设计

　　封面是装帧艺术的重要组成部分，犹如音乐的序曲，是把读者带入内容的向导。在设计之余，感受设计带来的魅力，感受设计带来的烦忧，感受设计的欢乐。封面设计中能遵循平衡、韵律与调和的造型规律，突出主题，大胆设想，运用构图、色彩、图案等知识，设计出比较完美、典型，富有情感的封面，提高设计应用的能力。

实例位置	实例文件>CH14>实战：精通日历设计.cdr
素材位置	素材文件>CH14>09.jpg、10.jpg
实用指数	★★★★☆
技术掌握	封面设计的绘制方法

实例说明

在绘制本实例时，主要使用了CorelDRAW X7中的"文本工具"绘制封面中的版式效果，使用"矩形工具""椭圆形工具"绘制图形，使用"填充工具""透明度工具"填充丰富的色彩效果。

封面版式设计效果如图14-60所示。

图14-60

01 新建空白文档，设置文档名称为"封面"，设置"宽度"为197mm、"高度"为296mm。

02 导入教学资源中的"素材文件>CH14>09.jpg"文件，拖曳到页面上，适当调整位置，选中图形，执行"位图>重新取样"菜单命令，打开"重新取样"对话框，设置分辨率为300dpi，然后单击"确定"按钮，如图14-61所示。

03 选中图形，执行"效果>调整>调和曲线"菜单命令，打开"调和曲线"对话框，根据图片需要设置调整曲线，然后单击"确定"按钮，如图14-62所示。

04 导入教学资源中的"素材文件>CH14>10.jpg"文件，拖曳到页面上，适当调整位置，单击工具箱中的"透明工具"，选择属性栏上的"渐变透明度"在图像上进行拖曳，调整透明度效果，如图14-63所示。

图14-61   图14-62   图14-63

05 使用"文本工具"在页面上方输入美术文本，设置"字体"为Action Fore、"字体大小"为112pt，填充颜色为洋红，如图14-64所示。

06 使用"椭圆形工具"向下绘制一个圆形，填充颜色为洋红，设置透明度为"均匀透明度"，然后使用"文本工具"在圆内输入美术文本，设置"字体"为Armalite Rifle、"字体大小"为34pt，填充颜色为白色，设置文本对齐为居中对齐，如图14-65所示。

07 复制一份圆内的美术文本，设置文本对齐为右对齐，适当调整位置，如图14-66所示。

图14-64　　　　　　　　　　　　图14-65　　　　　　　　　　　　图14-66

08 使用"矩形工具"绘制一个矩形，填充颜色为洋红，设置透明度为"均匀透明度"，然后使用"文本工具"在矩形内输入美术文本，设置"字体"为Army Condensed、"字体大小"为23pt，填充颜色为白色，设置文本对齐为右对齐，如图14-67所示。

09 执行"对象>插入条形码"菜单命令，打开"条码向导"对话框，设置好相关参数后，单击"完成"按钮，如图14-68所示，然后适当调整位置，最终效果如图14-69所示。

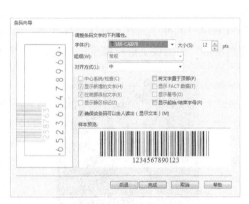

图14-67　　　　　　　　　　　　图14-68　　　　　　　　　　　　图14-69